中国建筑文化遗产

『重走刘敦桢古建之路徽州行暨第三届建筑师与文学艺术家交流会』纪略

遗产守望背景下的探新之旅

19

单霁翔　名誉主编

金磊　主编

天津大学出版社

图书在版编目（CIP）数据

  遗产守望背景下的探新之旅："重走刘敦桢古建之路徽州行暨第三届建筑师与文学艺术家交流会"纪略/金磊主编. —天津：天津大学出版社，2016.12
  （中国建筑文化遗产）
  ISBN 978-7-5618-5747-2

  Ⅰ．①遗… Ⅱ．①金… Ⅲ．①建筑文化-文化遗产-保护-中国-文集 Ⅳ．①TU-092

  中国版本图书馆CIP数据核字（2016）第302793号

策划编辑 韩振平
责任编辑 张明硕
装帧设计 董秋岑 杨文英
      谷明杰 蒋东明 谷英卉

出版发行 天津大学出版社
地 址 天津市卫津路92号天津大学内（邮编：300072）
电 话 022-27403647
网 址 publish.tju.edu.cn
印 刷 北京华联印刷有限公司
经 销 全国各地新华书店
开 本 235mm×305mm
印 张 13.5
字 数 537千
版 次 2016年12月第1版
印 次 2016年12月第1次
定 价 98.00元

CHINA ARCHITECTURAL HERITAGE
中国建筑文化遗产 19
遗产守望背景下的探新之旅
"重走刘敦桢古建之路徽州行暨第三届建筑师与文学艺术家交流会"纪略

A New Exploration Based on the Heritage Preservation—The Sidelights of "Retracing Liu Dunzhen's Road of Ancient Architecture in Huizhou and the 3rd Intercommunication of Architects and Literati"

Instructor 指导单位	State Administration of Cultural Heritage 国家文物局
Sponsor 主编单位	ACBI Group 宝佳集团
	Committee of Traditional Architecture and Gardens of Chinese Society of Cultural Relics 中国文物学会传统建筑园林委员会
	Tianjin University Press 天津大学出版社
	Institute of Urban Planning and Development of Peking University 北京大学城市规划与发展研究所
	Architectural Culture Investigation Team 建筑文化考察组
Co-Sponsor 承编单位	Research Center of Mass Communication for China Architecture, ACBI Group 宝佳集团中国建筑传媒中心

Academic Advisor 学术顾问　吴良镛　周干峙　单霁翔　罗哲文　冯骥才　傅熹年　马国馨　张锦秋　杨永生
刘叙杰　何镜堂　程泰宁　彭一刚　戴复东　郑时龄　邹德慈　王小东　楼庆西
阮仪三　路秉杰　窦以德　刘景樑　费麟　邹德侬　何玉如　柴裴义　孙大章
唐玉恩　傅清远　王其亨　王贵祥　罗健敏

Honorary Editor-in-Chief 名誉主编　单霁翔

Editor-in-Chief 主编　金磊

Director of the Editorial Board & Expert Committee 编辑委员会及专家委员会主任　单霁翔

Deputy Director of the Editorial Board & Expert Committee 编辑委员会及专家委员会副主任　高志　伍江　路红　龚良　刘谞　陈同滨　杨欢　金磊

Editorial Board & Expert Committee 编辑委员会及专家委员会委员　丁垚　马震聪　王时伟　王宝林　王建国　尹冰　尹海林　方海　丘小雪
叶青　史津　朱小地　朱文一　庄惟敏　吕舟　刘军　刘伯英　刘克成
刘若梅　刘临安　刘谞　刘燕辉　孙宗列　汪孝安　余啸峰　金磊　陈薇
邵韦平　吴志强　李华东　李沉　李秉奇　张树俊　杨瑛　张玉坤　张伶伶
张颀　屈培青　舒平　周恺　周学鹰　孟建民　郑曙旸　胡越　洪再生
洪铁城　赵元超　赵敏　侯卫东　贾珺　徐锋　徐苏斌　徐维平　倪阳
桂学文　寇勤　殷力欣　郭卫兵　郭玲　郭旃　钱方　龚良　崔彤
崔勇　崔愷　曹兵武　梅洪元　傅绍辉　温玉清　韩振平　赖德霖　路红
熊中元　薄宏涛　薛明　耿威　马晓

副主编　韩振平　殷力欣　文澂（特聘）　赖德霖（海外）　李沉
运营总监　韩振平　苗淼
主编助理　苗淼
编辑部主任　苗淼
编辑部副主任　朱有恒　董晨曦
文字编辑　苗青　张明硕　郭颖　苗淼　朱有恒　刘安琪（特约）
美术总监　董晨曦
美术编辑　董晨曦　董秋岑　谷英卉　金维忻（实习）
英文编辑　陈颖　苗淼
英文审定　姜凯
图片总监　陈鹤
网络主管　朱有恒
责任校审　高希庚　苗青　张明硕

目 录

CONTENTS

目 录

98项近现代经典建筑入选"中国20世纪建筑遗产"名录——
"致敬百年建筑经典：首届中国20世纪建筑遗产项目发布暨中国20世纪建筑思想学术研讨会"在京举行

2016年9月29日，在新中国诞生67周年前夕，在故宫博物院1914年所建宝蕴楼广场上，中国文物学会、中国建筑学会隆重举办了"致敬百年建筑经典：首届中国20世纪建筑遗产项目发布暨中国20世纪建筑思想学术研讨会"。来自全国文博界、文化界、城市建筑界、出版传媒界的专家学者，20世纪建筑遗产入选项目代表，高校师生共计200余人出席了会议，共同见证由中国文物学会、中国建筑学会联合公布的"首批中国20世纪建筑遗产"名录。参会的主要领导、专家有：国家文物局副局长顾玉才，中国文物学会会长单霁翔，两院院士吴良镛，中国建筑学会理事长修龙，中国工程院院士马国馨、张锦秋、孟建民，全国工程勘察设计大师刘景樑、柴裴义、汪大绥、庄惟敏、周恺、张宇等。本次会议由中国文物学会、中国建筑学会联合主办，中国文物学会20世纪建筑遗产委员会、北京市建筑设计研究院有限公司、中国建筑设计研究院、上海现代建筑设计（集团）有限公司、天津市建筑设计院、天津大学建筑设计规划研究总院、中国建筑西北设计研究院有限公司、中国建筑西南设计研究院有限公司、广州市设计院、天津华汇工程建筑设计有限公司、加拿大宝佳国际建筑师有限公司联合承办，《中国建筑文化遗产》《建筑评论》编辑部承编，中国文物学会20世纪建筑遗产委员会副会长、秘书长金磊任主持人。

中国工程院院士孟建民在大会上宣读了98项"首批中国20世纪建筑遗产名录"，随后多个入选项目代表上台，接受由中国文物学会、中国建筑学会联合颁发的"中国20世纪建筑遗产"铭牌及证书。入选项目的设计机构代表、建筑师家属代表也在会上发言，畅谈感受。中国文物学会20世纪建筑遗产委员会副会长高志宣读了《中国20世纪建筑遗产保护与发展建议书》。作为发布活动的最后环节，受单霁翔会长、马国馨院士的委托，金磊秘书长宣布第二届中国20世纪建筑遗产项目的评选认定工作正式启动。本次活动的亮点如下。

其一，在新中国历史上中国文物学会、中国建筑学会第一次强强联合，在经典20世纪建筑作品的推介上跨界性地迈出第一步；其二，面世的《中国20世纪建筑遗产名录（第一卷）》（天津大学出版社2016年9月第1版）尽可能全面地梳理了中国近现代建筑作品的脉络，展示了时代的整体建筑风貌，还阐述了20世纪优秀中国建筑师的集体与个人建筑史；其三，通过入选建筑与建筑师展示了何为20世纪建筑的特殊意义，何为中国业界乃至社会应敬畏的20世纪建筑遗产，何为各级政府与社会应正确投入保护之力的策略与措施；其四，会议提出的《中国20世纪建筑遗产保护与发展建议书》的六个要点不仅提升了对标志性建筑的认知，而且提升了"20世纪事件建筑学"的广泛认知度。

本次会议的详细报道见《中国建筑文化遗产 20》。

（苗淼整理）

中国20世纪建筑遗产需要深度传播

金磊

2016年2月中信出版社出版的《思虑20世纪——托尼·朱特思想自传》一书作为历史与思想性专著在国内知识界有一定影响，联系20世纪建筑遗产保护工作深读此书能够不断产生新的思想。如作者通过交谈将深刻的话题轻松化，并复活了20世纪的历史、社会、政治、文化思想及思想家，伴随着对那些被遗忘的观念之重访和对时尚思潮的仔细检视，20世纪大千世界的轮廓得以浮现。因此我在阅读它时不认为其是一本关于过去之书，而是一本为21世纪指明新径的申辩之书，是有传统与当代双重考量价值之书，我尤其佩服它是用"传记"引出思想史的有价值的著作。中国20世纪的建筑大家，印在业界内心的当属已故建筑学编审杨永生等在2005年推出的建筑文化普及读物《建筑五宗师》中提到的五位大家：吕彦直（1894—1929年）、刘敦桢（1897—1968年）、童寯（1900—1983年）、梁思成（1901—1972年）、杨廷宝（1901—1982年），他们是20世纪经典建筑作品的设计者，也是用现代方法研究、传承中国建筑思想的教育家，他们的理念是弥足珍贵的，他们是我们应敬仰并记住的先师。历史是伟人的传记，无论我们承认与否，任何一个或沉闷幽暗或光明自由的历史时期，皆离不开伟人的精神之光。刚刚揭晓的首批中国20世纪建筑遗产项目名录不仅是为了建筑记忆，更是为了为建筑创作奉献心智的建筑大家。

2016年4月4日，"建筑界丙申公祭黄帝陵暨《天地之间：张锦秋建筑思想集成研究》首发式"在西安举行，作为该书的策划者，我始终认为这本书的价值不仅仅是为张锦秋院士梳理可集成的建筑思想，更在于探索一个成功的为20世纪中国建筑作出贡献的当代建筑师的设计思想轨迹。回想2009年我们在策划主编《建筑中国六十年》系列时，一边展示中国建筑的魅力，一边探索了中国建筑在技术与文化上超越西方建筑的可能性。同年5月14日系清华大学汪坦教授的百年诞辰，《中国建筑文化遗产》编辑部派人员参加了研讨纪念会，这又是一个为大师、为先贤的20世纪建筑思想的纪念。同年5月12日《人民日报》刊发故宫博物院院长单霁翔先生名为《大匠无名》的长篇佳作，我感受最深的莫过于他梳理了故宫1949年、1973年、2005年的三次大修，最可贵的是单院长描述了世代传承的"工匠精神"，故宫大修至今沿用百年不变的工具"滑轮组"，真正地遵循"原材料、原工艺、原结构、原形制"。尽管这些做法并不适用于20世纪建筑遗产修缮，但它弥足珍贵，是可贵的技术与精神。对于故宫文创单霁翔十条经验的第一条表述为，以公众的需求为导向，做实用性强的东西。他特别强调，要将"工匠精神"发扬光大，要使之变成今天的"文创中国"新品等。

值得注意学者与工匠之间的问题是研究早期欧洲科技史无法绕开的话题，在亚里士多德的体系中有知识、实践知识、技术的区分，在中世纪有自由技艺和机械技艺的区分。到了近代这些内容有变化，如在1952年美国大都会博物馆举办的文艺复兴研讨会上，潘诺夫斯基（Edwin Panofsky）发表了题为《艺术家、科学家和天才：对文艺复兴黎明的注释》的文章，文章指出，与中世纪的工匠不同，从15世纪开始，一批高级匠师开始写技术著作及科学论文，开始填平学者与工匠之间的鸿沟。今日，中国"工匠精神"待重光，建筑师、评论家乃至建筑开发建设者都肩负着改掉"速度为王"的陋习之任，要真正学会何以精耕细作才能尊重文化且回报社会。建筑创作如此，文博建筑修缮更离不开情怀的坚守与不懈的提振匠作精神。

2016年10月

A Profound Propagation of Chinese Architectural Heritage of the 20th Century

Jin Lei

In February, 2016, China CITIC Press published *Thinking the Twentieth Century —an Autobiography of Tony Judt's Thought*, which, as a historical and ideological monograph, exerted an influence in the intellectual circles in China. And relating it to the protection of architectural heritage in the 20th century, reading it with intension could constantly bring out all kinds of new ideas. With his review to the forlorn concepts and his careful inspections on the vogue trend of thought, the author had sketched the kaleidoscope of the world in the 20th century in a conversational style to lighten the weighty topics and to let alive the thinkers and their thoughts of history, society, politics and culture. When I read it, I no longer regard it as a book about the past but a justification of the new paths in the 21st century—a book of dual considerations of both the past and present. And I was particularly amazed by the valuable work for its way of "biography" in introducing the history of thought. The greatest architects in the 20th century in China should be those who were mentioned in the *Five Masters of Architecture*, a series of architectural culture popularization readings published in 2005 by the deceased architectonic editor, Mr. Yang Yongsheng etc. These five masters among whom, the youngest should have been 115 years old by now, if they still had been alive, were Lü Yanzhi (1894-1929), Liu Dunzhen (1897-1968), Tong Jun (1900-1983), Liang Sicheng (1901-1972) and Yang Tingbao (1901-1982). Their concepts are still precious for either design of the classic buildings in the 20th century or their teachings of inheriting China's architectural thoughts by means of modern study and research.

It is noteworthy that the issues between scholars and craftsmen have been a topic inevitable in researching early European scientific history. In Aristotelianism, there were differentiations of knowledge, practical knowledge and technology, in the Middle Ages, there were differentiations of hand crafts and mechanical crafts. Such differentiations changed in modern times. For example, Edwin Panofsky published his article titled *Artists, Scientists and Talents—Comments on Dawn of the Renaissance*, at the Forum of Studies on the Renaissance at Metropolitan Museum of Art in the US in 1952, in which he pointed out that different from the craftsmen in the Middle Ages, starting from the 15th century, some high-grade masters began to write technical works and scientific documents to fill up the wide gaps between scholars and craftsmen. Today, the craftsman's spirit in China needs to be re-brightened to urge the architects, critics and constructors to get rid of bad habit of speed pursuing and to learn truly to respect the culture and to pay back society with fine work. The craftsman's spirit is not only for the architectural creation but also for the renovation of museological relics, which is standing fast with persistence and perseverance.

20世纪美国纽约所建住区室外防火楼梯一览（摄影/金磊）

Bring Home the Culture of the Imperial Palace
—Cultural and Creative Products Stepping into People's Life

把故宫文化带回家
——走进人们生活的故宫文化创意产品

单霁翔*（Shan Jixiang）

摘要：当今社会是一个高度信息化的社会，文化产品要取得社会效益与经济效益的双赢，不仅需要创意好、品质好，还需要策划好、营销好，需要缩短传统文化与现代生活之间的距离。从说教式的灌输转变为感染式的对话，是故宫博物院迈向世界一流博物馆的必要。文化创意产品所具有的实用性和体验性是其他教育传播手段的有力补充。故宫博物院通过不断探索与不懈努力，推动了故宫文化创意产品研发和营销的持续发展。归纳起来，故宫博物院在发展文化创意产业方面获得了十点体会，也是故宫文化创意产品研发遵循的十项原则。

关键词：社会公众需求，藏品研究，文化创意研发，弘扬中华文化

Abstract: We are now living in a highly informationalized society. The win-win situation of cultural products in social and economic efficiency requires not only good originality and good quality, but also good planning, good marketing and a shortened distance between traditional culture and modern life. Replacing homiletic infusion with infectious dialogue is a proper turning of the Palace Museum towards world-class museum. Practicability and embodiment of cultural and creative products is effective supplement of educational communication means. The Palace Museum has kept carrying on the development and marketing of cultural and creative products of the Imperial Palace with non-stopping exploration and unremitting effort. In conclusion, the Palace Museum has obtained 10 points of comprehensions on the development of cultural and creative products, which are also 10 principles of the research and development of its new cultural and creative products.

Keywords: Requirements of the public, Study of collection, Research and development of cultural creativity, Carry forward Chinese culture

　　几年来，故宫博物院通过不断的探索与不懈的努力，推动了故宫文化创意产品研发和营销的持续发展。归纳起来，故宫博物院在发展文化创意产业方面获得了十点体会,也是故宫文化创意产品研发遵循的十项原则（图1~图3）。

1. 以社会公众需求为导向

　　故宫博物院既是一座世界著名的综合博物馆，也是世界文化遗产。故宫博物院每年接待1500万游客，面对着世界上结构最复杂的游客群体，中外游客不同的文化需求决定了故宫文化创意产品研发的多样性。如何有针对性地研发出不同结构、不同层次、不同表达的文化创意产品，满足不同观众群体的差异化诉求，丰富广大民众的精神和物质生活，一直以来都是故宫文化创意产品研发和营销的重要课题。

　　以往故宫文化产品注重历史性、知识性、艺术性，但是由于缺少趣味性、实用性、互动性而缺乏吸引力，与大量社会民众消费群体，特别是年轻人的购买诉求存在较大距离。同时，一般性的旅游纪念品已经很难满足游客不断增长的期望。因此，必须在注重产品的文化属性的同时，强调创意性及功能性。通过游客期

* 故宫博物院院长，中国文物学会会长。

望与文化创意产品升级的互动，使人们真实感受和正确理解故宫博物院所传递的文化信息。

当今社会是一个高度信息化的社会，文化产品要取得社会效益与经济效益的双赢，不仅需要创意好、品质好，还需要策划好、营销好，需要缩短传统文化与现代生活之间的距离。从说教式的灌输转变为感染式的对话，是故宫博物院迈向世界一流博物馆的必要转型。文化创意产品所具有的实用性和体验性是其他教育传播手段的有力补充。

近年来，故宫博物院更加注重研究人们的生存方式和生存状况，例如了解和分析人们在日常生活中喜爱哪些文化元素，了解和分析人们在以什么方式和手段接受文化信息，了解和分析人们如何度过每日的"碎片化"时间，了解和分析不同年龄段游客的差异化文化需求。在广泛进行社会公众需求调查的基础上，确定文化创意产品研发和营销策略，即以社会公众需求为导向，增强文化创意产品的趣味性和实用性，设计生活化且包含中华传统文化元素的文化创意产品，从而让故宫文化融入人们的日常生活之中，让更多日常生活用品拥有文化价值，通过文化创意产品的提升广大民众的生活品质，让博物馆更加轻松、生动、亲切地发挥文化影响力。

图1 故宫文化创意产品活动签约仪式

让文物藏品更好地融入人们的日常生活之中，发挥其文化价值是博物馆的追求。由此故宫博物院确定了使故宫文化通过文化创意产品的形式进入现代生活的研发思路。例如故宫娃娃系列，因具有趣味性而受到少年游客的喜爱，手机壳、电脑包、鼠标垫、U盘等因具有实用性而持续热销。

2014年9月，故宫博物院推出时尚文化创意产品"朝珠耳机"，迅速引起了广泛的关注，也带动了故宫淘宝网络店铺的销售，并且在"第六届博物馆及相关产品与技术博览会"上荣获了"文创产品优秀奖"。这件文化创意产品的研发思路便是功能、时尚与文化的结合。耳机是现代人不可或缺的功能性产品，特别是年轻人，其购买耳机不仅是为了获得耳机的使用功能，更希望通过佩戴耳机体现自己的个性，因此将耳机的功能性与朝珠这一文化载体相结合所产生的文化创意立即引发了大众，特别是年轻人对故宫文化创意产品的关注，进而在使用过程中产生了对故宫文化的兴趣。

图2 故宫端门

一直以来，故宫博物院不仅承担着妥善保管、保护珍贵文化遗产的责任，而且为弘扬民族精神，促进民族文化的繁荣，一直致力于用新颖的展示形式和技术手段展示文化遗产，服务于广大游客和社会公众。今天，人们的生活、工作、学习越来越离不开网络，博物馆也是网络生态环境中必不可少的组成部分。因此，故宫博物院初步搭建起以官方网站为核心和主入口，由网站群、App应用、多媒体数据资源等构成的，线上、线下互通互联的一站式聚合平台。

图3 单霁翔院长接待美国奥巴马总统夫人

为了向广大游客和社会民众提供便捷、全面的博物馆数字资讯，形成具有在线讨论、分享、沟通等功能的"数字故宫社区"，2015年故宫博物院完成了官方网站的改版，强化了英文网站，增加了针对青少年网站的内容，同时举办网上博物馆展览，使社会公众可以更加方便地了解故宫文化，进而喜爱故宫文化。

2. 以藏品研究成果为基础

博物馆文化创意产品的研发应该立足于博物馆自身的文化，在融合博物馆文化元素的基础上进行再挖掘和再创造，其根本目的是促进文化传播。故宫博物院经过七年的院藏文物清理，25大类180余万件（套）精美绝伦的文物藏品得以呈现，使人们感到震撼，迸发出灵感，也成为文化创意产品研发最宝贵的文化资源。同时，故宫博物院拥有众多专家学者，故宫研究院的建立进一步整合了学术科研力量，为故宫文化创意产品研发奠定了良好的基础。

故宫文化创意团队通过对文物藏品全面了解和深入研究，不断推出真正具有故宫文化特色内涵的文化创意产品。在对院藏文物进行清理与研究的基础上，故宫博物院还举办了"故宫人最喜爱的文物评选活动"，从文化创意产品研发的角度，在院藏文物范围内推选出故宫人最喜爱的百件文物，并出版了图书《故宫人最喜爱的文物——故宫百宝》，这项活动也为后续的文化创意产品研发奠定了基础。

在深入挖掘故宫文物资源的过程中，文化创意产品的研发人员经常邀请文物专家进行专项指导，深入梳理和解读文物藏品的内涵，合理提取关联的文化元素，为文化创意研发寻找正确的方向。在故宫博物院专家们的帮助下，选取出故宫特色最为鲜明，兼具文化价值、艺术价值与情感价值的文物元素。例如"海水江崖"系列产品设计元素提取自寓意"社稷永固、江山一统"的织绣龙袍以及永乐宣德青花瓷器藏品。

文化创意产品研发应结合故宫文物藏品的文化元素，体现故宫鲜明的文化特征，强调故宫文化创意的专属性格。例如"动意盎然"系列领带设计元素源自院藏的郎世宁绘画作品《弘历射猎图像轴》中飞奔的白色骏马，图案形象姿态豪放、动态盎然，产品有浅灰、浅橘、蓝绿和紫灰四种颜色，融合了现代人对色彩的审美追求。

在文化创意产品研发方面，故宫博物院逐步加大了对非物质文化遗产的保护传承力度。"故宫笔记·工艺珍赏"系列选取故宫文物藏品中具有代表性的明代、清代大漆嵌螺钿家具各一件作为封面设计元素。"琼树灵花"黑螺钿笔记本的设计元素，源自明代黑漆嵌螺钿花鸟纹架子床，这件家具形貌古朴，床身嵌有硬螺钿，所用团花、牡丹、连理树及花蝶的图案意为富贵团圆、家庭美满。"万寿"红螺钿笔记本的设计元素，源于清代红漆嵌螺钿寿字纹炕桌，这件炕桌主题为"万寿"，桌面刻有一百二十个"寿"字，古人以寿者多为盛世太平之象，"万寿"炕桌符合清代康乾盛世的祥瑞之象。

2013年5月，配合国际博物馆日，iPad应用胤禛美人图正式发布，这是故宫博物院首次尝试研发制作App。与其他博物馆不同，故宫博物院第一次并不是推出一个"大而全"的全面介绍或具有导览功能的App，而是以知名度比较高的"十二美人"绘画藏品为对象，唤起人们对"故宫是个博物馆"的关注。这个应用基于院内书画、家具、瓷器、宫廷生活、历史等领域专家现有的研究成果，将被剥离出原有使用环境的部分院藏器物还原到陈设中，向人们介绍这些器物的实际功用，以图中所绘场景为基础进行情境构建，引导人们读懂画中所蕴含的丰富信息，帮助人们在更深层次上欣赏藏品。

3. 以文化创意研发为支撑

近年来，国家的文化政策逐步完善，鼓励博物馆大力发展文化创意产业，故宫博物院的文化创意工作也在随之改变，从旅游纪念品迅速向文化创意产品过渡。今天，故宫文化创意产品的定位是"根植于传统文化，紧扣流行文化元素"，因为只有社会大众乐于享用的产品才是好的文化创意产品，将传统文化与现代生活相结合，才能有效缩短消费者与博物馆文化的距离（图4、图5）。

图4 故宫藻井

创意是文化产品发展的核心要素，故宫博物院的文化创意产品深入挖掘院藏文物的内涵，在注重文化深度的同时，注重统一产品的整体格调。一方面力求把握传统文化脉络，另一方面注重探索现代表达方式，以求故宫文化创意的多元呈现，使故宫文化创意产品兼具历史性、艺术性、知识性、实用性、故事性、趣味性，不拘泥于以往临摹复制的文化产品类型，涌现出越来越多运用现代技术形式的新型文化创意产品。

在文化创意产品的研发过程中，具有丰富经验的设计团队非常重要，研发部门将所选取的文物藏品元素详细介绍给设计团队，包括文物藏品的历史渊源、文化寓意、昔日的使用者及背后的故事等，使设计团队充分领会文物藏品所蕴含的底蕴，了解研发对象与传统文化的紧密关联，让文物藏品的气质与文化创意产品的气质有效结合。这样的文化创意产品才具有故宫文化的特别性格，并应根据不同的需求形成多样化的设计方案。

图5 藻井伞的设计

截至2015年年底，故宫博物院共计研发文化创意产品8683种，获得相关领域的奖项数十种。故宫博物院的文化产品中创意研发精神无处不在，例如以"萌"为设计理念且充满故宫元素的"宫廷娃娃"家族系列产品以及以在紫禁城内生活的野猫为原型的"故宫猫"系列产品一经推出就受到了游客的青睐。

文化创意产品的设计元素应能够正确体现所代表的故宫文化内涵，揭示元素背后的文化故事，使人们易于接受。同时故宫文化创意产品应具有一定的功能性，文化内涵与使用功能相结合，使人们通过使用文化创意产品更深刻地了解故宫的历史，从而达到传承故宫文化的目的。

"五福五代堂"紫砂茗壶套装将"五福"的概念运用到实用的紫砂茗壶中，将传统文化通过文化创意产品传播出去，为当今人们的生活注入历史的厚度。产品选用了院藏的乾隆时期"宜兴窑御题诗松树山石图壶"、嘉庆时期"宜兴窑杨彭年款飞鸿延年壶"、道光时期"宜兴窑汉瓦铭小壶"、咸丰时期"宜兴窑刻诗句圆壶"、清晚期"宜兴窑国良款提梁壶"的御用壶形，提取了壶形的神韵，简化了多余的装饰性元素，更加符合现代审美标准，并以乾隆皇帝御题的"五福五代堂"匾额命名，借意古人对于幸福的理解，对于长寿以及家族兴旺的期待，体现了古人生命哲学的最高境界。

故宫博物院积极举办各类文化创意产品设计大赛，广泛征集设计方案，并寻找优秀的加工企业，将设计方案转化为文化创意产品。2013年，故宫博物院举办了"紫禁城杯"故宫文化产品创意设计大赛，从参赛作品的原创性、艺术性、实用性、可操作性四个方面进行评选，评选出设计师特邀设计奖6名、金奖3名、银奖6名、铜奖9名、优秀奖30名。以获奖设计方案为依托，陆续研发了"藻井"伞、"宫门"箱包等文化创意产品，因具有较高的实用性、较好的品质，而获得顾客的好评。

故宫博物院还积极参与国内外各文化创意交流论坛、展览及博览会，例如博物馆及相关产品与技术博览会、中国（义乌）文化产品交易会、苏州文化创意设计产品交易博览会、杭州两岸文化创意论坛、海峡两岸（厦门）文化产业博览交易会、香港国际授权展等。这些文化创意交流活动一方面使故宫文化创意产品获得推广与传播，另一方面也为故宫文化创意产品的发展提供了难得的借鉴机会。

4．以文化产品质量为前提

故宫文化创意产品应是文化精品。一件好的文化创意产品，需要具有深刻的思想内涵、新颖的表现形式、鲜明的艺术风格、独特的技术语言、精湛的制造工艺，为实现这些目标需要反复磨砺、完善。故宫博物院在确保每件文化产品都拥有故宫创意元素的同时，也不断加强对产品设计、生产、营销各个环节的把控，力争使每件产品均具有优异的质量。

在设计研发阶段，针对具体的文化创意提出设计思路，与合作单位的设计人员一同对文化创意产品进行深化设计，把控整个产品的设计过程。在产品设计初稿完成后，依据设计要求对产品设计方案进行评审，邀请业务部门的专家对产品设计进行把关，保证产品的文化属性。在设计方案通过后，联系生产企业对产品进行样品制作，再对样品进行二次评审，以保证最后的产品质量与设计方案相符。经过实践，故宫文化创意产品的研发模式运行效果良好，无论是创意设计还是生产质量均比以往有了很大提高，新产品研发数量更是倍增。

在故宫文化创意产品的生产转化阶段，同时联系设计团队和生产企业，探讨如何采用现代工艺呈现设计效果。同时，确定工艺细节、选取制作材料、平衡产品成本，经详细核算后，进入打样测试过程。样品打样常规在4次至5次以上，以精准把握细节、调整产品工艺、完善制造工序，达到最终的理想效果。从文化创意产品本身到包装盒、包装袋都要有统一的呈现，延续整体风格，确认完全达到设计效果和质量后，方可以进行规模批量化生产。一件文化创意产品往往需要历经数月磨合才终得出品。

在故宫文化创意产品的市场营销阶段，文化创意团队定期召开会议，总结产品研发中成功或失败的原因。每三个月还要进行一次检点调整，针对文化创意产品的营销情况以及受众情况开展分析，根据实际销售数据判断，如果属于畅销品，追加此类产品的生产计划，如果销售情况不是很理想，对产品的售价及销售渠道作出相应的调整，并为下一阶段新产品的创作提出研发思路。

在故宫文化创意产品出品的同时，及时整理产品文案，通过图文并茂的说明内容深度呈现文物渊源、文化内涵、工艺特征、使用方法等各方面的信息，使受众在使用的时候潜移默化地接受故宫文化的熏陶，以达到推广、普及传统文化的目的。

"福自天赐"香牌的主题符合传统文化中对福的理解，上天赐福，乃追求天人合一的中国人的理想愿景。在配方方面，所用香料极其考究，非道地香药不选。并且严格遵循传统工艺要求，择日择时，全部手工精制，每一个香牌从炮制、研磨、和香到成型需经数十道工艺，窖藏百日。所制成的香牌香气淡雅、温润持久，具有扶正祛邪、安神正魄、熏衣香体之功效，受到不少顾客的喜爱。

故宫博物院坚持由本院的数字产品研发团队策划推出App应用的内容。资料信息部是负责在线数字展示的团队，就像一个"数字编辑部"，精心选题，将专家的研究成果与游客感兴趣的题材密切结合起来，并且把专家的研究成果"翻译"成游客、特别是年轻游客乐于接受的形式，更加口语化，形象更亲和，不断拉近故宫博物院与广大游客的距离。所以游客说故宫的数字产品"萌萌哒"。

同时，坚持美术制作和程序开发的高水准。故宫博物院所选择的合作伙伴均是具有良好口碑、制作精良的研发团队，成员大多来自于中央美术学院、清华大学美术学院等著名高等院校，所设计的交互方式和绘制的画面精致考究。程序初步完成之后，苹果公司的团队会提出意见，在流畅度、互动形式等方面给出建议。正规军的内容、接地气的策划、高水准的制作成为故宫出品App的一贯风格，获得了"故宫出品，必属精品"的评价。

故宫出版社本着"个性化出版、品牌化经营、市场化运作"的原则，依托故宫的资源，形成了宫廷文化、文物艺术、明清历史三大板块。近年来，故宫出版社出版的图书社会影响力稳步提升。其中《故宫日历》销量逐年递增，成为了故宫出版社的响亮品牌。故宫出版社还进行了较多的文化创意尝试。例如《紫禁城》杂志推出的"百年一梦"通过老照片与现代空间的比对，使人们产生了一种隔空联想，引发了良好的反响。如今故宫出版社立足故宫，在更为广阔的平台上为故宫博物院事业的发展服务，成为了在全国有一定影响力的出版社。

5. 以科学技术手段为引领

除实体产品之外，故宫文化创意产品的另一种形式是新媒体和数字化建设。为了使更多的观众了解故宫文化，故宫博物院不断研发优秀的数字文化创意产品，依托端门数字博物馆，让观众从整体上感受故宫文化的魅力，从细节上体味故宫文化的深度。实践证明，互联网与文化产业结合能够提升文化创意产品的内涵和品质，塑造文化品牌形象，提升文化市场占有率。

近年来，故宫博物院加快"数字故宫社区"建设，提升公众文化服务水平，广泛利用互联网平台推广故宫文化创意产品，扩大故宫文化传播。目前，"数字故宫社区"中的模块内容不断丰富，方式更便捷，传播更畅通，让传统文化有机地融入人们的生活。在移动互联网和移动终端大行其道的今天，人们随时随地可以通过平板电脑和手机获得故宫文化的信息，解读某件或某类文物藏品，这已经成为越来越多喜爱故宫文化的人们所熟悉和依赖的文化生活方式。

近年来，故宫博物院开始探索基于移动设备的服务及藏品介绍应用程序，为人们提供线上文化饕餮盛宴。目前，故宫博物院已经自主研发并上线了8款应用产品，取得了平均下载量上百万的显著成绩，促进了故宫文化的传播。例如韩熙载夜宴图App运用了大量科学技术手段，共有100个内容注释点、18段专家音视频导读和1篇后记，并由台北的汉唐乐府表演团体用非物质文化遗产南音演绎画中的乐舞，给观众以新鲜时尚的富媒体交互体验。

2015年上线的每日故宫App从故宫博物院的180余万件藏品中精心遴选，每日推出一款珍贵文物，通过网络发送给广大手机用户，从而通过新媒体让文化遗产融入人们当下的生活。越来越多的青少年从故宫App的开始接触并喜爱故宫文化。皇帝的一天App是故宫博物院专门为9岁至11岁的孩子研发的移动应用，其通过将具有趣味性、启发性的内容结合交互技术实现有效沟通，将中华传统文化知识用更有趣的方式传达给孩子们，改变了一些影视剧对宫廷文化的误读。

在互联网经济快速发展、新媒体日益为年轻人所青睐的大环境下，如何通过互联网的助力实现故宫文化的传播，成为故宫文化创意需要考虑的重要问题。其中，故宫淘宝网络店铺的创立和发展成为运用电商和新媒体、与时俱进地传播故宫文化的新尝试。其作为故宫文化创意产品的营销窗口之一，从数千个产品中选择200种左右年轻人所喜爱的文化创意产品在网络上营销，分为故宫娃娃、生活潮品、文房书籍等板块。

在文化创意产品的宣传推广方面，故宫博物院充分利用微博、微信等社交平台以及故宫博物院官方网站，组织微话题，推出微展览，充分与人们开展交流互动。为了配合销售、推广，故宫淘宝网络营销还开设了与网店名称一致的微博和微信。故宫淘宝网络营销的微博拥有近30万粉丝，而且粉丝活跃度较高，微博的转发量很大。其微信也拥有数十万粉丝，进一步提高了故宫文化创意产品在社会公众中的知名度。

2015年1月1日故宫商城正式上线，将文化创意产品向社会推广发布。不同于故宫淘宝利用淘宝的平台进行产品销售，故宫商城是委托专业团队建立的网络销售平台，如果说故宫淘宝销售的产品是主要针对年轻人的文化创意产品，那么故宫商城所销售的产品更偏重创意与文化的结合。由故宫商城负责维护的微信、微博也与故宫淘宝的微信、微博在内容上具有差异，更偏重于对传统文化的宣传。

故宫博物院即将与阿里巴巴集团签署合作协议，在天猫和阿里旅行平台筹建故宫博物院旗舰店，建立宣传、展示故宫文化创意的新窗口，使故宫文化创意产品在深度和广度方面均有所发展（图6）。

6. 以营销环境改善为保障

文化创意产品要取得良好的社会效果，不仅要在产品质量上下功夫，还要着重塑造集产品、环境、文化内涵于一体的整体文化体验空间。近年来，故宫博物院对红墙内的古建筑区域开展了"去商业化"行

图6 故宫文化创意展示

动，拆除了昔日占用古建筑的故宫商店及临时建筑，还故宫的古建筑以尊严。

2014年10月10日，故宫博物院89年院庆当天，隆宗门内的游客快餐厅、景运门内的故宫商店等正式拆除，不但有效消除了火灾隐患，增加了游客的活动空间，还原了古建筑的历史原貌，而且通过调整游客服务区域，提升服务水平，让游客更有尊严地参观和休息。

御花园作为多数游客参观的最后一站，在游览高峰时段，往往成为最大的"堵点"，园内聚集蹲坐用餐的场面严重影响游客参观的氛围，更会对故宫世界文化遗产造成损害。为彻底改变御花园的现状，整体提升景观效果和参观环境，故宫博物院采取了系列措施进行整治，御花园内不再售卖各种饮食，撤除园内所有售卖食品的商铺，重新进行整体规划，回归古典园林之美。

与此同时，在红墙外的东长房区域建立与故宫文化环境相协调的文化创意馆。从"故宫商店"到"故宫文化创意馆"，不仅是名称的改变，而且体现了故宫文化创意产品营销思路的转变，即将文化创意馆作为游客离开故宫博物院前的"最后一组展厅"，丰富游客对于博物馆文化的体验，并实现其把"博物馆文化带回家"的愿望。游客从这里带走的不仅仅是精美的故宫文化创意产品，更是对故宫文化的认知，对中华传统文化的情感。

2015年9月，故宫文化创意馆整体开放，包括丝绸馆、服饰馆、影像馆、生活馆、木艺馆、陶艺馆、铜艺馆以及集文化创意展览、文化讲座活动、产品展示销售于一体的紫禁书院。在故宫文化创意馆，游客可以在历史氛围浓郁的优美环境中充分感受故宫文化的魅力，挑选富含故宫元素的文化创意精品。文化创意产品与新型文化空间的结合架起了古代宫殿、文物藏品和当代生活的桥梁，进一步发挥了故宫文化创意的教育传播与文化体验作用。

故宫博物院需要营造高雅的人文景观与优美的生态环境，为游客在参观过程中思考问题、探讨交流提供舒适的空间环境，使游客在宽松的空间氛围中完成博物馆特有的知识之旅。影像馆是故宫博物院与雅昌文化集团合作经营的。雅昌文化集团致力于以最先进的印刷技术研发书画类文化创意产品，在保持古代书画原有文化精髓的同时，尽可能降低产品成本，以更好地弘扬传统书画艺术。在这里游客可以自选喜爱的书画作品，等待十分钟后，印刷设备即可以高品质完成指定书画的复制。

丝绸馆是研发和销售富含故宫元素的丝绸类产品的文化创意馆。经过对企业信誉、产品特色、市场前景等方面的系统考核、反复比选，决定将爱慕集团的弘华之锦服饰有限公司作为合作经营单位引入故宫博物院。该企业对故宫文化有清晰认知，在丝绸和手绣产品方面具有较强的研发能力，拥有独立的设计团队和加工企业，产品种类齐全，品质上乘，承担了"海水江崖手绣披肩""马到成功领带"等多个系列文化创意产品的设计、生产。

近年来，在国际博物馆领域出现了在收藏与展览空间之外增加公共教育空间和公共服务空间的趋势，即博物馆更加注重游客休闲区域的作用，将博物馆接待游客的过程不仅看作向游客提供高品位、高质量的陈列展览与传播知识、传播信息的过程，同时还是向公众提供文化休闲与优质服务的过程，这是新时期博物馆服务理念发生的重要变化。

在进行环境整治以后，故宫博物院对经营网点布局进行了重新规划。即将开放的故宫西部区域服务区设立在宫廷御用冰窖内，这里是清代宫廷贮藏皇室用冰的场所。该服务区在充分尊重古建筑现存状况、历史文脉、文化肌理的前提下，结合冰窖的建筑特色提升服务环境。在为游客提供餐饮服务的同时，也将根据冰窖所承载的文化内涵研发具有故宫文化特色的创意产品。例如具有宫廷特色的冰激凌，其包装设计源于清代皇家的御用冰具，充满了故宫文化特色。这样的设计让游客在享受优质服务的同时，也能够通过文化创意产品了解古代宫廷的避暑方法以及用冰制度。届时，游客可在树荫下、红墙边享受这独有的用餐环境，感受故宫文化。

今年故宫博物院还将在神武门外东西两侧设立故宫文化服务区，为游客提供全面的文化休闲服务。人们在这里接受服务，无须购买门票，也不受闭馆时间的影响。这里以挖掘故宫文化、体验故宫文化、传播故宫文化为核心，向游客提供文化创意产品售卖服务，并将故宫的食文化、书文化、茶文化等特色文化融入其中，使人们在享受这些服务的同时，能够感悟到故宫文化的独特魅力，助力故宫文化的传播。

此外，故宫博物院还在澳门艺术博物馆、北京王府井工美大厦等多处开设了故宫文化产品专卖店或专卖柜台。故宫文化创意产品营销门店布局及环境的改善，在方便服务游客的同时，也使故宫文化创意产品的经营架构及层次更加合理，对销售产生了良好的提升效果。同时这些特色经营项目把故宫的历史价值和文化价值自然地结合起来，促进了故宫文化创意产业与文化旅游的融合。

7. 以举办展览活动为契机

九十年来，故宫博物院通过不懈努力，举办了各类陈列展览千余项，展出的各类文物数以万计。近年来，伴随着对游客开放的区域的不断扩大，故宫博物院继续完善陈列展览格局，持续增加新的展区、展馆、展览，努力提升陈列展览质量，同时在午门雁翅楼等展区设立了故宫文创随展馆。

如今故宫博物院的每一项展览都立体性呈现，在策划展览的同时，制作展览图录、出版相关书籍、召开学术研讨会、研发数字影像辅助导览，并且针对重点展览研发相应的随展文化创意产品，使陈列展览的社会影响得以强化。今天，在弘扬与传播中华优秀传统文化的同时，故宫博物院一次次陈列展览的举办也为文化创意产品的研发与营销提供了契机。将文物展品与文化创意产品相结合，对随展系列产品进行延伸研发，已经成为故宫博物院文化创意发展的重要组成。

2015年适逢建院九十周年，故宫博物院举办了多项重点展览。配合"故宫藏老照片展""《石渠宝笈》特展""普天同庆——清代万寿盛典展""营造之道——紫禁城建筑艺术展""雕塑馆固定陈列"等多项展览，研发了"御品听香·听琴图"套装、"福寿康宁"花香酵素皂套装、"梅溪放艇"水晶镇尺等随展文化创意产品518种。这些随展文化创意产品可以帮助游客提前了解展览内容，参观结束后又可以通过选购文化创意产品将美好的记忆带回家，从而加深对文物展品的认识以及对展览内涵的理解。

在"《石渠宝笈》特展"举办期间，推出了仿真书画系列产品，绝大多数为国家一、二级文物的复仿制品，涵盖了隋唐以后的历代中国书画珍品，包括《清明上河图》《韩熙载夜宴图》《听琴图》《兰亭八柱》《五牛图》等，这些文化产品由故宫的书画专家校色，最大程度地保留了原作的神韵、风貌。在武英殿书画馆处设立的随展商店每天销售额超过10万元，创下了临时展览文化创意产品的销售纪录。正是因为"《石渠宝笈》特展"的火爆人气，才借势营销刷新了销售纪录。

故宫博物院的经营管理部门、市场营销部门、图书出版部门、资料信息部门与藏品保管研究部门一直保持着紧密的联系，配合院内重大展览项目，精心汇集即将展出的文物藏品的信息，通过与策展专家反复沟通确认，组织或邀请设计团队参与策划，最终确定文化创意产品设计所应用的具体文物元素。

文化创意产品的研发不应停留在设计、生产环节，而应该从创意诞生之初就考虑如何实现文化传播的"立体化"，让每一件文化创意产品的推出都能够最大程度地获得社会效益和经济效益的双赢。随展文化创意产品的研发需要提前组织策划，例如今年秋季将在午门雁翅楼展厅举办"梵天东土　并蒂莲花：公元400—700年印度与中国雕塑艺术大展"，目前数十种随展文化创意产品已经研发就绪，静待展览开幕适时面世。

故宫是世界上规模最大的古代木结构建筑群，拥有近5000件古建筑文物藏品。2015年故宫博物院开放东华门城楼和东南角楼作为古建筑馆，并设"营造之道——紫禁城建筑艺术展"作为常设展览，向公众开放。围绕古建筑的主题，推出了一批以古建筑创意为主的文化产品。这些产品的创意理念紧扣展览内容和展览主题，同时力求时尚与功能有机结合。"脊兽跳棋"就是在这个思路下研发的文化创意产品，三套各10枚的棋子造型源自故宫太和殿角脊上排列着的10个小兽。

故宫太和殿是中国明清时期等级最高的官式古建，角脊上的小兽是中国传统文化中的瑞兽，各有吉祥寓意，是典型宫廷建筑文化的产物。将此种建筑文化与跳棋相结合设计出的产品，一方面可以让人们在使用中与产品有一定的互动，增加兴趣；另一方面也可以让人们在使用时了解其中所蕴含的古建筑知识。产品包装时把棋子按照太和殿屋脊上小兽的顺序放置，方便购买者了解这10个瑞兽在屋脊上的排列顺序。

8. 以开拓创新机制为依托

不断创新研发和营销机制，是发展文化创意产品的基础和动力。近年来，故宫博物院不断引进专业人才，改善自主研发团队的结构，形成了以王亚民常务副院长为总设计师，经营管理处、文化服务中心、故宫出版社、资料信息部等部处负责文化创意产品的管理、研发、营销的工作格局，由熟悉故宫文物、理解故宫文化的业务人员组成文化创意产品研发团队，形成头脑风暴，专业水平迅速提高，保障了研发工作的创新性和专业性。

在具体工作执行方面，故宫博物院协调人力、物力、财力资源，大力支持文化创意部门工作的开展。故宫文化服务中心作为故宫文化创意团队之一，近年来围绕故宫博物院的整体发展思路，为丰富文化创意产品的类别加大了研发力度。2013年增加文化创意产品195种，2014年增加文化创意产品265种，2015年增加文化创意产品813种，近三年累计研发文化创意产品1273种。

以往故宫文化创意产品的研发模式主要是合作研发，即由故宫博物院的相关部门提出文化创意产品需求，由社会上的合作单位完成产品的设计、制作。这种完全外包的工作模式好处是可以节省文化产品的研发成本，但是往往生产出的文化产品缺乏创意，对于故宫文化的理解与表现不够准确，有的甚至与故宫文化严重偏离，只能算是一般的旅游纪念品。

几年来，故宫博物院对文化创意工作投入了极大的热情与努力，在认真总结研发工作的基础上，积极调整文化创意产品的研发模式。目前故宫博物院加大了自主研发的力度，由院内相关部门提出文化创意产品的设计方向及设计要求，与合作单位共同完成产品创意的实现，并在合作中加强与合作单位的沟通和引导。经过反复摸索，逐步建立起适用于故宫文化创意产品研发的工作模式，保证了研发工作的效率及质量。

目前，故宫博物院对合作经营单位的选择有严格的要求，通过行业推荐、网络查找、公开招投标等方式，选择兼具设计能力和生产加工能力的社会知名企业，作为文化创意产品的设计加工企业，为此制定了严格的准入程序。首先，审核合作经营单位的资质，从事文化产品研发、生产、销售不少于五年，具有较大规模，有良好的企业文化。其次，考察自主研发能力，合作经营单位应有自主研发团队，研发能力处于行业领先地位。再次，合作经营单位应当具有较好的成本控制能力，拥有自主的产品加工系统，能够兼顾质量和成本。此外，合作经营单位应当具有了解市场的能力，定期进行市场调研，使产品定位和设计贴近公众需求。故宫博物院根据合作经营单位提供的证明材料和赴现场考察的有关情况，对合作经营单位及其产品的各项考核内容进行打分，根据结果择优选择。目前，为故宫博物院提供文化创意产品的设计和加工的企业已达60余家。

为了不断寻找更多更好的具有研发能力的合作单位，故宫博物院每年定期召开文化产品研发工作座谈会，且特别重视与社会知名设计师和非物质文化遗产传承人的合作。2014年由国家级非物质文化遗产传承人朱炳仁先生领衔的金星铜集团进入故宫博物院，承担铜器类文化创意产品的设计、生产、加工，集现代科技、民族文化和传统工艺于一身，研发了百余款故宫元素铜器文化创意产品，其中"五牛图""铜马"等被作为国礼赠送给国际友人，在中华文化的国际传播方面作出了贡献。

9. 以服务广大游客为宗旨

在博物馆的发展历史中，博物馆的教育传播功能和公众服务功能成为越来越重要的职责。作为重要的文化教育机构，故宫博物院有责任进一步履行博物馆的文化传播职能，给广大游客和社会公众带来丰富、精彩的文化体验。故宫文化创意产品的研发过程伴随着持续的市场调查，对市场需求和产品传播形式进行判断，咨询相关文化创意团队，从而对产品转化形成新的认识。2015年，故宫博物院在宝蕴楼开设了文化创意产品展览，对故宫文化创意的开拓创新进行总结。

近年来，故宫博物院文化创意产品的研发与营销始终坚持以服务广大游客和社会公众为宗旨，围绕深厚的文化内涵，依托丰富的文化资源，在博物馆文化创意产业方面持续发力，在文化创意产品的设计研发、生产管理、营销服务等环节上下功夫，通过高水平的设计、高质量的产品、高效力的服务，推出一系列深受社会公众喜爱的文化创意产品。

位于端门的数字博物馆是在传统建筑中建设的全新数字形式的展厅，其以数字建筑和数字文物的形式充分突出信息时代的技术优势，以新媒体互动手段满足传统文化的传播需求。"数字沙盘"基于高精度全景建筑三维模型，通过沙盘动态演示和交互控制，以形象直观的"数字立体地图"进行导览。"虚拟现实剧场"以具有高度沉浸感和可互动的模式，帮助游客在震撼的视听效果中感受紫禁城以及传统文化的魅力。

端门数字博物馆拥有多项互动项目。其中"数字法书"通过"数字毛笔"和"数字水墨"仿真书写让书法藏品贴近现代游客。"数字绘画"通过数字高清影像让游客真切地体会到绘画作品鲜活如生的特点。"数字长卷"采用超大屏幕，让游客通过高清影像欣赏绘画原作。"数字多宝阁"精选近百件故宫典藏器物，通过"可以摸文物"的形式展现丰富的馆藏。"数字宫廷原状"构建了沉浸式立体虚拟环境，使游客身临其境地欣赏宫廷原状陈设。"数字宫廷服饰"通过虚拟试穿的趣味环节带领游客掌握宫廷服饰选择搭配的简单要领。

在文化创意产品的研发过程中，需要借鉴其他机构的成功经验。2014年推出的"故宫护照"便借鉴了世博会护照的创意。故宫作为世界上现存规模最大、保存最完整的古代皇家宫殿建筑群，每处建筑都独具特点和文化内涵，每年都有上千万的游客慕名而来。"故宫护照"采用护照这种形式介绍了午门到神武门之间的十大景区。持护照的游客每到一处景区可以盖上相应的印章，不但可以加深游客对于各个景区的了解，也增加了参观的乐趣，盖满印章的护照也极具纪念和收藏价值。这一文化创意产品推出以来受到游客持续追捧，并在2014年中国礼物设计大赛中荣获创意设计类金奖。

故宫博物院希望通过展开多元化、多渠道的对外合作，让故宫文化创意产品"走出去"，真正实现从"馆舍天地"走向"大千世界"。2015年7月，故宫文化服务中心与华视影视投资(北京)有限公司联合举办了故宫文化创意首套电影联名产品《新步步惊心》"戒急用忍"系列产品的首发仪式。这是故宫博物院首次与主流商业电影出品公司深度合作进行的跨界文化创意项目。故宫文化创意与热门电影合作，开创了传统历史文化与流行文化的合作的先例。

随着故宫文化创意产品的持续创新，故宫文化品牌形象在90后甚至00后年轻群体中的影响力正在持续激活。2015年8月，故宫文化服务中心初次与阿里巴巴集团旗下的营销平台聚划算展开合作，在聚划算平台首页上对故宫文化创意产品以专题的形式进行促销。仅仅一个多小时，1500个手机座就售罄，一天内共有1.6万单故宫文化创意产品在聚划算平台成交。为此媒体进行了专题报道，引起了社会的广泛关注。

10. 以弘扬中华文化为目的

传播文化是博物馆的职责与使命，故宫博物院作为中国最大的综合性博物馆，在传播中国优秀传统文化方面义不容辞。今天，故宫文化空间的开放性、共享性成为人们衡量故宫博物馆管理水准的主要标尺。因此，应使广大游客与故宫博物院更亲近，使故宫博物院成为社会民众乐于到访的地方，增强人们对于故宫博物院的认同感，使故宫博物院不仅具有物质的、外在的形象，更包括丰富的、人性化的文化内涵。

在当代社会生活中，博物馆是新的城市文化中心，是公众交往的重要场所。只有将博物馆的公共空间与优质文化传播有机结合，将使用功能与民众生活有机结合，才能凝炼出富有魅力的博物馆文化。故宫博物院的文化创意团队应以传播故宫文化为己任，深入挖掘故宫博物院丰富的文化资源，研发出故宫文化元素突出，符合时代审美，文化创意精彩，贴近实际需求，深受社会民众喜爱的不同档次的故宫文化创意产品。

实现博物馆的科学管理，最为重要的是尊重游客的参观感受。只有如此，游客才会真正感受到自己也是博物馆发展的利益相关者，博物馆文化与自己的生活息息相关。应充分考虑人们在故宫博物院的行为活动与心理需求，使中外游客的参观过程舒适而充满乐趣。文化创意产品是传播中华文化的重要载体，故宫人深度挖掘最具中国传统文化内涵的文物藏品，对其意蕴进行提取、归纳和阐释，充分尊重和体现文化渊源和特色，结合考究的工艺、新颖的设计，完成具有文化传播功能的优秀文化创意产品。

目前，故宫博物院的多款文化创意产品，例如蓝色大凤真丝绉缎披肩，"九环银佩"真丝披肩，故宫博物院藏品大系，高仿真书画《清明上河图》《千里江山图》，"十二美人"精装礼盒，《五牛图》铜牛，故宫博物院建院九十周年特种邮票等，已被作为重要国礼赠送给美国总统奥巴马及其夫人、俄罗斯总统普京、德国总理默克尔、法国总统奥朗德、英国女王伊丽莎白二世等国际友人，从而将中华文化传播到世界各地。

今天故宫博物院努力将文化创意产业做得更加生动和丰富，为推动中华文化走向世界贡献一份力量。2016年1月，故宫博物院与皇家加勒比国际游轮签署了战略合作协议。皇家加勒比国际游轮是一个全球性游轮品牌，旗下有23艘极具创新性的游轮，航线涵盖了全球最受欢迎的诸多旅游胜地。同年4月，"海洋赞礼号"将正式下水，从英国南安普顿启航，经过53天的"赞礼世界之旅"来到中国天津，被誉为"专为中国打造的国际游轮"，船名寓意为"赞美中华、礼遇八方来客"，希望在为全球宾客奉上优质游轮度假产品的同时，传播中华文化。

故宫博物院拥有无与伦比的文物藏品和丰富的文化内涵，在文化创意产品研发上有取之不尽、用之不竭的资源宝库。故宫博物院在此次合作中扮演文化传播者的角色，通过故宫文化讲座、故宫文化创意产品展示及销售等多方面开展广泛深入的合作，使故宫文化创意产品沿着广阔的海洋传播到世界各地，让更多民众体验到非凡的故宫文化之旅（图7、图8）。

在无形资产保护方面，故宫博物院对商标的分类使用进行了规范，"宫"字商标用于行政用途方面，"故宫"商标用于富含故宫元素的一般文化创意产品，"紫禁城"商标用于富含故宫元素的高端文化创意产品。严格要求各合作经营单位，并在合作经营合同中约定，未经故宫博物院许可，不得擅自销售使用"故宫""紫禁城"商标的文化创意产品，能够在一定程度上保障故宫文化创意产品的文化权益和良好社会形象。

故宫博物院拥共有注册商标7枚。其中"故宫""紫禁城"为国际注册商标，先后在欧盟、马德里协约国、新西兰、印度、中国香港、中国澳门等国家和地区进行了注册。同时对"御膳房"商标共6类、"宫"字商标共40类、"故宫贡茶"商标共6类进行了国内注册，对"紫禁城杯"故宫文化产品创意设计大赛的两枚商标"紫禁城""紫禁城及英文"进行了国内1~45类全类别注册。

最近，故宫博物院对文化创意产品的发展状况进行研讨，确定未来的发展方向。文化精品战略一直为国家所重视和提倡，故宫文化创意产品应该从"数量增长"走向"质量提升"。今后故宫博物院将继续秉承"把故宫文化带回家"的初衷，研发出更多具有高文化创意附加值，并能够代表故宫文化水平的创意产品，让人们通过这些产品直接接触到故宫文化，亲身感受到故宫文化，从而传播故宫文化，切实通过文化创意产品实现中华传统文化的传承。

图7 故宫西区服务中心设计图1

图8 故宫西区服务中心设计图2

在国家政策的支持与社会民众的鼓励下，文化创意事业的发展迎来了新机遇，呈现出蓬勃发展的良好势头。但是从总体上看，目前我国博物馆文化创意产品研发经营整体水平还不高，与发达国家和地区的博物馆相比差距很大。造成这种情况的原因是博物馆文化创意产业发展受到诸多因素限制，尚未走出传统机制的保守模式，这既有博物馆自身的体制机制因素，更多的是博物馆自身解决不了的相关制度保障的缺失。具体表现如下。

一是博物馆从事经营活动的依据模糊不清，存在政策缺位。目前，我国国有博物馆为事业单位，而对于事业单位必要的经营活动却没有明确界定。一部分人将"文化事业"和"文化产业"对立起来，将"公益"和"利润""经营"对立起来，将"不以赢利为目的"等同于"不能赢利"，过分强调博物馆的文化事业属性，没有建立社会公众对博物馆文化创意产品研发与经营活动的正确认识。博物馆文化创意产品的研发和营销甚至受到社会舆论的批评和质疑。在这样的情况下，博物馆只能从为游客提供服务、满足公众的文化需求的角度进行一定程度的文化创意产品研发，想做而不敢做，只求做小不敢做大，限制了文化创意产品研发的进程和水平。

二是文化创意产品研发管理与激励机制滞后。近年来，我国出台了一系列关于文化产业改革发展的法规、规章及政策文件，例如《文化产业振兴规划》《国务院关于非公有资本进入文化产业的若干决定》《国务院关于加快发展对外文化贸易的意见》《国务院关于推进文化创意和设计服务与相关产业融合发展的若干意见》《关于加快发展服务贸易的若干意见》以及九部委《关于金融支持文化产业振兴和发展繁荣的指导意见》《文化部关于加快文化产业发展的指导意见》等。但是这些法规、规章及政策文件中提出的税收减免、贷款贴息、出口退税等政策措施基本上都是对文化产业和文化企业主体的扶持，对于博物馆这样的"事业主体、公益经营"主体并不适用，对于博物馆从事文化创意产品研发缺乏明确的政策支持，博物馆难以启动激励机制，积极性得不到充分调动。

三是缺少足够的资金投入和相关扶持政策。国家大力扶持文化产业发展，博物馆文化创意产品研发却未被纳入文化产业专项经费的范围内，不能享受国家的推动文化产业发展而给予的经费支持，大多数博物馆的事业发展经费也没有将文化创意产品研发经费列入其中。由于博物馆文化创意产品研发在人员配备、经营成果分配等方面缺乏政策支持，因此博物馆的市场行为缺乏相关政策环境的明确支持，也难以吸引社会资本的积极投入。此外，博物馆文化创意产品和博物馆文物展览同时走出国门的路还不太顺畅。国家对于文物出国展览有明确的规定，海关总署对文物展品进出关审查有着明确的流程，但对博物馆文化创意产品目前还没有相关扶持政策，博物馆文化创意产品随文物展品一同走出国门，传播中华民族优秀传统文化的作用还没有得到充分发挥。

在文化创意产品研发方面，博物馆自身也存在一些问题，例如研发文化创意产品的思路不清，文化创意产品同质化；面对文物藏品不知道如何提取文化元素，或提取的文化元素流于表象；面对可以运用的文化元素，在创新方面不够深入，与社会时尚的审美趣味没有完全同步；研发出文化创意产品后没有后续的市场反馈和再设计、再升级，导致文化创意产品种类多而无序，无法形成有影响的文化创意产品系列。

如何挖掘自身的文化资源，将其转化成优质的衍生商品，如何利用市场力量协调衍生商品的研发、生产、营销、推广，以实现社会效益与经济效益的双赢等问题都亟待解决。此外，由于博物馆文化创意产品研发资金没有保障，因此博物馆在文化创意产品研发之初只能寻求社会帮助，引进社会企业共同研发，由此造成文化创意产品的知识产权归属问题。

以上这些问题对于推动博物馆文化创意事业发展十分重要、迫切，希望有关部门采取有效措施，推动体制机制创新，落实完善支持政策，加强支持平台建设，完善文化创意产品营销体系，加强文化创意产品的品牌建设和保护，促进文化创意产品研发的跨界融合，切实解决相关问题。同时，博物馆自身也需要不断加强文化资源梳理与共享，提升文化创意产品研发水平。

李克强总理在今年的政府工作报告中首次提出培育"工匠精神"，明确指出要"鼓励企业开展个性化定制、柔性化生产，培育精益求精的工匠精神，增品种、提品质、创品牌"。这是一个鲜明的信号，更是一个积极的导向，虽然这是针对经济领域的改革发展所提出的号召，但是同样适用于文化领域，标志着文化创意产品研发进入了以质取胜的新时代。"工匠精神"代表着时代的精神气质，精益求精，注重细节，追求完美和极致。

　　"工匠精神"是中国自古以来拥有的民族精神。大国工匠精神的铸造需要各行各业的强力支撑。文化创意产品研发也需要寻找中华传统文化的"工匠精神"。今天故宫博物院应将"工匠精神"渗透到文化创意产品研发、制作、营销的各个领域，去除浮躁，去除单纯逐利的心理，通过文化创意产品将文物背后的人文情怀、艺术造诣、时代精神播种到广大游客和社会公众心中（图9至图12）。

　　故宫古建筑、故宫博物院的文物藏品无不体现着中华民族宝贵的"工匠精神"，千万无名工匠留下的是世界建筑史上的辉煌奇迹，这些铜器、瓷器、漆器、织绣等的背后有一代代普普通通的匠人在几千年的精神传承中的不懈努力。2016年1月，一部名为《我在故宫修文物》的纪录片在中央电视台首播，随后在视频网站爆红，点击量超百万，一度跻身热门搜索行列。该片受到关注的原因是凝结在器物上的一代又一代匠人的匠心，也就是"工匠精神"。

　　让收藏在博物馆里的文物"活起来"，传承中华优秀传统文化，一直是博物馆事业的发展方向和奋斗目标。文化创意产品研发既要有创新精神，又要有"工匠精神"，让"工匠精神"成为今天的价值取向，使游客从一件件凝聚"工匠精神"的文化创意产品上看到辉煌灿烂的中华文明，引发游客对中国传统文化的深厚兴趣和热情。因此，应该努力做到故宫博物院营销的任何一件文化创意产品都优质耐用，这才是"工匠精神"的应有体现。

图 9　故宫东华门古建馆

图10　故宫神武门夜景

图 11　故宫神武门东西长廊服务区

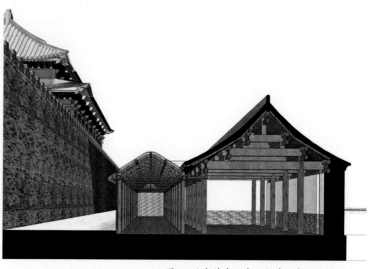

图12　故宫神武门东西长廊服务区设计效果图

Research and Practice on Assessment of 20th-Century Chinese Architectural Heritage

中国20世纪建筑遗产项目认定的研究与实践

金　磊*（Jin Lei）

摘要： 本文从《国家新型城镇化规划（2014—2020年）》提出的 "注重人文城市建设" 这一符合人类城市发展普遍规律的本质要求出发，以中国文物学会20世纪遗产委员会按照联合国教科文组织ICOMOS关于20世纪建筑遗产保护办法的《马德里文件2011》，并结合中国国情制定的《中国20世纪建筑遗产认定标准》（2014年8月），分析研究了由专家历时16个月评选出的首批98项（组）中国20世纪建筑遗产项目的内容及价值。本文还联想了2016年7月揭晓的第40届世界遗产大会入选世遗的17个项目中，勒·柯布西耶的7个跨国项目对中外建筑界的深远影响。从某种意义上讲，柯布西耶及其作品不仅成为持续开展中国20世纪建筑遗产项目认定工作的动力，也在一定层面上为当代建筑师的创作架设了与文化遗产相联系的桥梁。规划师、建筑师在敬畏文化遗产的同时，自然会以对历史、文化、社会发展负责的态度及 "工匠精神" 从事创作与设计。

关键词： 世界文化遗产，勒·柯布西耶，中国20世纪建筑遗产项目，认定准则，建筑创作与遗产价值

Abstract: In the view of the requirement of "laying emphasis on the construction of towns and cities of humanity" that was raised in *The National New Urbanization Plan (2014-2020)* in accordance with the general rules of development of human urbanization, this article has researched and analyzed the contents and the value of the first 98 items and groups of 20th-century Chinese architectural heritage on the basis of *The Criteria of the Assessment of 20th-Century Chinese Architectural Heritage (Aug., 2014)* issued by Chinese Society of Cultural Relics, Committee on 20th-Century Architectural Heritage according to *Madrid Document 2011* of ICOMOS on protection of the heritage of the 20th century. It had taken the experts about 16 months to make the assessment and selection for these 98 items and groups. This article has also associated with Le Corbusier and his 7 international projects of 17 ones announced at the 40th Session of the World Heritage Convention and their profound influence on Chinese and foreign architecture. In some sense, the works of Corbusier will not only drive forward the heritage assessment of 20th-century Chinese architectural heritage but also bridge the creations of modern architects with cultural heritage at a certain level. With the reverence to the cultural heritage, planners and architects will naturally engage themselves in creation and design with craftsmanship and sense of responsibility for history, culture and society.

Keywords: World cultural heritage, Le Corbusier, 20th-century Chinese architectural heritage, The criteria of the assessment, Architectural creations and value of heritage

引言

　　《思虑20世纪》（【美】朱特、【美】斯奈德著，中信出版社，2016年2月第一版）是当代最重要的历史学家、思想家托尼·朱特的绝唱，它将20世纪这个时代相互冲突的智识史统一进了一段高蹈的叙事之中。从历史学及文化发展的视角看，20世纪是一个理念迭出的时代，该书精到地解读了这些理念下的社会实践与承诺，也在一定层面上 "复活" 了一些观点及思想家，从而使这部看上去是讲述过去的书为今天的世界、尤其是城市建筑界开展工作提供了一个有方向的申辩。对20世纪建筑遗产项目的模板多为西方轮廓

* 中国文物学会20世纪建筑遗产委员会副会长、秘书长，《中国建筑文化遗产》《建筑评论》主编。

体现中国20世纪建筑历程研究的著作

的呈现，我认为【美】卡蒂·坎贝尔著的《20世纪景观设计标志》、【美】普鲁唐著的《现代建筑的保护》等书之所以很有价值，是因为它们从人文城市、城镇化建设入手，不仅展示了项目本身，还从当代生活的视角提供了有价值、有意义的生活方式，恰如芒福德（1895—1990年）所言："城市不只是建筑物的群体……，不单是全力的集中，更是文化的归极"。2006年时任国家文物局局长的单霁翔在《从"功能城市"走向"文化城市"》中已深刻阐述文化城市对当代城市与国家发展的特殊价值。文化城市不同于政治城市和经济城市，超出了传统城市的防卫、商业等实用功能，上海交通大学的刘士林教授认为文化城市"以文化资源和文化资本为主要生产资料，以服务经济和文化产业为主要生产方式，以人的知识、智慧、想象力、创造力等为主体条件"。可见，文化城市是衡量城市发展的新尺度，它能揭示城市发展另外的目的，不是城市财富总量及每年递增的国内生产总值（GDP），而是让城市具备文化资源保护、文化心态、涵养、文化价值建设、城市公众文化素养等软实力。事实上，建筑对城市文化的体现最为充分。

一、中外20世纪城市及建筑的保护与毁灭

曾任美国纽约市城市地标保护委员会专员和大都会艺术博物馆讲师的安东尼·滕（Anthony M. Tung）在《世界伟大城市的保护——历史大都会的毁灭与重建》一书中，不仅从保护伦理的觉醒、城市中保护的文化等理论层面论述了华沙、开罗、新加坡、莫斯科、北京、阿姆斯特丹、维也纳、雅典、伦敦、巴黎、威尼斯、纽约、京都等大城市的"活"的博物馆文化，还提出20世纪城市在建筑遗产保护上确有功过得失，他说"我得到的却是一个历史的悲剧，整个20世纪不仅仅是现代文明摧毁了前世留下的大多数建筑结构，在我们和过去之间挖掘了一条宽宽的鸿沟，更糟的是，在每一个大陆，都采取了一种毁灭性的文化，这预示着我们将丢失更多。"感悟安东尼·滕的上述著作有如下几点认知。其一，要承认20世纪是毁坏的世纪，是一个以人类历史上从未有过的速度毁灭城市建筑文化的世纪，如在1900年至2000年间，阿姆斯特丹有近1/4的地标建筑被阿姆斯特丹人夷平了，新加坡推平了充满异国殖民地情调的店铺，纽约成千上万的美丽老屋子被纽约人拆毁了，维也纳人铲除了他们优雅美丽的末世王朝中心的大部分，北京不仅拆除了绝大多数有600年历史的城墙，还铲平了大量传统四合院。其二，世界的城市现代化并未在质和量上同步发展，如1900年大约有2.2亿人住在城市，那时最大的城市伦敦有650万居民，全球只有8个城市人口过百万，截止到2000年，估计有40个城市人口超过1500万，无数历经数百年的历史文化城市甚至以10倍的规模在扩容，不能不说第一次机器时代带来的早期城市有坠入绝望城市之险。可大胆断言，波澜壮阔的城市改造完全是一场物质和精神的重塑

梁思成（1901—1972年）

汪坦（1916—2001年）

变形，要充分认识到人类潜在的自我毁灭倾向导致这场变革带来了几种负面的副产品。其三，20世纪真正的国际运动在带来新风向的同时，也使现代建筑自相矛盾。20世纪初期，在建设更美好城市的轻率的冲动下，许多老城市的建筑遗产被粗暴对待，其周边被塞进新建筑，这场审美革命并非一夜之间完成的，它发生于19世纪中叶到20世纪中叶的百年时间中。20世纪打破老一套的设计大师有赖特（1869—1959年）、格罗皮乌斯（1883—1969年）、密斯·凡·德·罗（1886—1969年）、勒·柯布西耶（1887—1965年）、路易斯·康（1902—1974年）等。20世纪利用新材料、复杂精细的结构工程实现大跨度、覆盖大面积场地、用于公众活动的聚集场所乃至雄伟的张拉结构的最佳例子是奥林匹克体育场和体育馆，罗马的由奈尔维（1981—1979年）设计、东京的由丹下健三（1913—2005年）设计、慕尼黑的由弗雷·奥托（1925—）设计。可见，无论是怎样的20世纪建筑与城市保护策略，都不能是"速写"，而要努力呈现城市保护与发展的如下"故事"：城市社会所创造的具有特殊意义的环境受到人们世代居住的城市形态的影响，社会要逐渐认识到在老建筑上所失去的比可见的古老砖石的毁坏要多得多。进一步，人类必须认同，现代建筑、现代规划乃至第二次世界大战后的城市扩张都改变了人所制造的都市聚合体之美学发展。

张钦楠先生著有《阅读城市》（生活·读书·新知三联书店，2004年1月第一版）及《阅读建筑》（中国建筑工业出版社，2015年3月第一版），两书基本上说明了城市与建筑的关联性。他认为：城市是人类所创造的最美妙、最高级、最复杂而又最深刻的产物。尽管20世纪的"国际风格"在很大程度上抹杀了城市的特色，但每个城市仍然由于各自独特的自然、人文和历史背景而各不相同。城市像一本书，一栋栋建筑是"字"，一条条街道是"句"。正如丘吉尔所言，"人创造建筑、建筑也塑造人"，人造的城市缔造了自己的独特文化。在《阅读城市》中张钦楠是这样评价20世纪巴塞罗那的城市与建筑变化的：在巴塞罗那有一栋现代建筑经典作品，即德国建筑师密斯·凡·德·罗为1929年世博会设计的德国馆，这栋精美绝伦的建筑艺术品遵循了密斯"少即是多"的原则，与高迪复杂的"非理性"形成了鲜明的对照。到了20世纪三四十年代，密斯"少即是多"的"钢化玻璃"模式被工业界所接受，在摩天楼的建造中得到成批的推广，"二战"后更以"国际风格"而风靡全球。在巴塞罗那，尽管高迪的建筑手法在他去世后就终止了，但高迪的那种加泰隆的独立精神却始终存在。在西班牙法西斯独裁者弗朗哥统治时期，加泰隆人顽强不屈地抵抗，在弗朗哥垮台后，这种独立和独创精神以新的力度再现，它使20世纪后期的巴塞罗那出现了许多新的气象，如日本后现代派大师矶崎新为1992年巴塞罗那奥运会设计的体育馆、英国的福斯特设计的电视塔、美国建筑师迈耶设计的当代艺术馆等。张钦楠还进一步归纳了从阅读城市的视角审视建筑的态度，他认为：①建筑反映和表达了社会的各种价值观，包括哲学、经济和美学等观念，反过来，它也巩固、强化

第15次中国近代建筑史学术年会嘉宾合影（2016年7月于大连）

或削弱了这些价值观；②建筑有自己的语言体系，开拓了一条人际对话的重要渠道；③建筑的营造方式和职业特点构成了社会运行中的一种有特殊规律的经营文化，它在一定范围内制约了社会的人际关系。可见，建筑形象是城市最基本、最直接的物性面貌，在城市中栋栋建筑以自己的特殊语言向人们展示各种文化模式。

2016年7月中旬笔者参加了在大连举办的"第15次中国近代建筑史学术年会"，初步感受到军事视角下的近代建筑与城市研究的专题。本人代表中国文物学会20世纪建筑遗产委员会在会上作了简短的祝词性发言。虽只是在会下与中国近代建筑史专家张复合教授交谈，但我认为在汪坦（1916—2001年）先生百年诞辰之时再思他最初倡导建立并发展至今的学术团体，其主要学术贡献有以下三方面：其一，他不仅是中国近代建筑史研究与城市史研究的开创者，也是中国20世纪建筑研究的奠基者之一，张复合教授在传承发展他的理念，他的学生马国馨院士在指导中国20世纪建筑遗产的研究与建设事业；其二，汪坦教授的国际化视野使他留下颇丰的经过审慎整理的中国近代建筑史研究文献，且体现了较充分的20世纪建筑"事件学"的概念及萌芽；其三，他及张复合教授都极为关注中国近代建筑史上作出贡献的老一辈建筑家，十卷论文集谈到的中国建筑师及相关大家逾百人。对于20世纪中外建筑的理解，卡蒂·坎贝尔在《20世纪景观设计标志》的综述中写道："……景观设计就是创造空间，而过去的100年，人们对于空间的理解发生了根本的转变。两次世界大战不仅带来了肉体和心灵的创伤，而且打破了传统的社会结构……"随着人类对于脆弱的生态系统的认识不断深入，自然成为不能被开采的对象，景观越来越多地承载了人类社会的希望和恐惧，将生态与经济相结合，熔传统与创新于一炉，集艺术和建筑于一体。对于中国20世纪建筑遗产的理论研究，天津大学的邹德侬教授在《中国现代建筑二十讲》中指出："现代建筑"一词是个有特定含义的专用名词，它和英国工业革命带来的工业文明有着根深蒂固的联系。现代建筑是这个革新的现代运动（modern movement）的组成部分。邹德侬教授进一步分析道，要通过论证引起共识的是中国现代建筑不应当从1949年开始，因为发源于西方的现代建筑原则和实践早在中华人民共和国成立之前就深入了中国建筑界。所以，他建议保守地将起点定在20世纪20年代末，并确认中国现代建筑是国际现代运动的一部分。可见，如果说近现代建筑是大集合，20世纪建筑是其一部分，那么现代建筑就是其子集，因此必然从思想与方法上借鉴现代建筑的内容。笔者在《中国建筑文化遗产》第15辑《中国20世纪建筑遗产认定标准的再研究——兼论传承中国20世纪建筑师的作品与思想》一文中分析了评选认定标准；在《中国建筑文化遗产》第18辑"主编的话"中讲到20世纪遗产保护要自审和自省，也专论了《20世纪中国建筑发展演变的科学文化思考》，无疑是对中国20世纪建筑遗产的过程进行分析的成果之一。

二、柯布西耶的作品入选第40届"世遗"属重要建筑"事件"

2016年7月，土耳其伊斯坦布尔召开的第40届世界遗产大会传来喜讯：中国申报的文化遗产项目"广西左江花山岩画文化景观"和自然遗产项目"湖北神农架"被顺利列入世界遗产名录，至此中国的世界遗产项目已达50项，中国又向"遗产强国"迈进了一步。遗产强国世遗项目要数量丰富，类别多样，在这方面中国确在进步。但需要说明的是我国尚缺少完备的国家文化遗产体系，如对近现代建筑或20世纪建筑遗产的认知，不仅缺少高素质的人才队伍，也欠缺为国民认同的文化自觉。兴奋之余，作为建筑学人我欣喜地看到，早在2009年就曾进入第33届世界遗产大会终评目录而未果的国际著名建筑师勒·柯布西耶（Le Corbusier，1887—1965年），分别建在7个国家的17座建筑终于入选世界遗产名录，这既是对20世纪"旗手"般的重量级建筑师及其作品的奖赏，也是对全人类20世纪建筑遗产的尊重。它是继巴西利亚（1987年入选）、高迪（1852—1926年）的7座建筑（1984—2005年先后入选）后，国际社会对20世纪现代建筑的再一次肯定。这无疑给20世纪建筑遗产保护、中外20世纪优秀建筑师、城市化发展如何进行城市更新带来了深度启示，要求建筑界与文博界强化自身的思考与创新举措。第40届世界遗产大会呼吁各国要切实采取更多措施，保护世界各地的遗产免遭破坏并重申了第39届世界遗产大会作出的加强对文化和自然遗产的国际保护的承诺，呼吁各国提出"创新和有效的"解决方案，并将遗产保护融入决策过程和安全战略。对于入选的20世纪有代表性的建筑家，世界遗产委员会这样评介："这些在跨度长达半个世纪的时期中建成的建筑都属于被勒·柯布西耶称作'不断求索'的作品。无论是印度昌迪加尔国会建筑群、日本东京国立西洋美术馆、阿根廷拉普拉塔库鲁切特住宅以及法国马赛公寓等，无不反映了20世纪现代运动为满足社会需求，在探索革新建筑技术方面所取得的成果，这批创意天才的杰作见证了全球范围内建筑实践的国际化。"在当今中外城市规划师、建筑师心中，柯布西耶是位想象力丰富的大师，他对理想城市的诠释、对自然环境的领悟乃至对传统文化的强烈信仰和崇敬都相当别具一格。他一直主张用传统的模式来为现代建筑提供模板，他认为，在机器社会中，应根据自然资源和土地情况重新进行规划和建设，要充分考虑阳光、空间和绿色植被的引入。作为20世纪机械美学的奠基人，他说"住宅是供人居住的机器，书是供人们阅读的机器"。他较早将美学引入现代设计并倡导优雅的生活，此次17个入选世遗的项目中住宅就有10项。

作为狂飙突进式建筑思潮的创立者，柯布西耶在关心社会住宅的同时总结了包括立柱、屋顶花园、自由平面、横向长窗、自由立面的"新建筑五点"设计准则，这是在90年前的1926年提出的。在20世纪现代设计史上有三位重要的大师格罗皮乌斯、密斯和柯布西耶，他们均在公众住宅设计上有深入探索。柯布西耶（1887—1965年）那篇最为著名的现代建筑宣言《走向新建筑》（第二版，1924年）研讨的主要问题正是如何为公众设计住宅，他的出发点是人类最为真实而朴素的需求。他进一步说道"现代的建筑关心住宅。它任凭宫殿倒塌，这是一个时代的标

1923—1924年，瑞士
日内瓦湖畔别墅

1924年，法国
弗吕日居住区

1923—1925年，法国
拉罗歇·让纳雷别墅

1926年，比利时
吉耶特住宅

1927年，德国
魏森霍夫住宅区

1928年，法国
萨伏伊别墅

1930年，瑞士
光明公寓

1931—1934年，法国
莫利特公寓

1945年，法国
马赛公寓

1946年，法国
圣迪耶手工工厂

1949年，阿根廷
库鲁切特住宅

1951年，法国
勒·柯布西耶小屋

1952年，印度
昌迪加尔建筑群

1953年，法国
文化之家

1953年，法国
拉图雷特修道院

1955年，日本
国立西洋美术馆

1950—1955年，法国
朗香教堂

志"。在近90年前，他就呼吁住宅问题就是生存问题，如果解决不了住宅问题，社会就会发生灾难，而建筑设计能够避免这种剧烈的社会动荡。其1928年设计的位于法国的萨伏伊别墅极其耐人寻味，是此次入选的17个项目之一。萨伏伊别墅既没有遵循自然主义的浪漫传统，也没有沿袭对称的传统形式，而是站在更高的层面上提出更加激进的探讨住宅与景观各自特点的设计方式。这仿佛是18世纪的景观理想，在20世纪城市环境中的建筑实现。柯布西耶曾这样描述他设想的乌托邦："……房子建在果园的草地上，牛儿依然可以无忧无虑地吃草……树木、花朵、牧群，一切都没有被打扰。居民希望他们悬空的花园没有破坏乡村的完整……"1958年，市政府曾计划拆除别墅，在原址上建造一个学校，国际上一片哗然，法国文化部长对拆除计划予以干涉，别墅才被保存至今，1964年萨伏伊别墅被列入法国历史建筑名册中。

勒·柯布西耶（1887—1965年）

　　纵观中国，虽然世遗项目逐年增加，全国重点文物保护单位已近4300个，但占绝大多数的20世纪建筑的保护在国家层面上尚属空白，相反却不断传来20世纪重要建筑物、中华人民共和国标志性建筑物惨遭拆毁的让人痛心的信息。如2016年6月21日，中华人民共和国"两弹"的发祥地，位于北京中关村北一条的中科院原子能楼被拆毁，原因是要盖国家纳米科学中心实验楼。后因多方呼吁，这个曾先后走出七位"两弹一星功勋奖章"获得者、两位国家最高科学技术奖获得者的"中华人民共和国科学第一楼"才停止被毁。但国家纳米科学中心决定，将原子能楼的南墙按原貌复制为新建实验楼的南墙，并在旧址设立纪念标志物，说这样可同样达到保护和传承历史价值的作用。这一系列做法不得不让人联想到屡屡遭拆的中国一系列历史建筑的厄运，正由于持此论调，今天不少地方又以恢复历史文化价值之名纷纷仿建建筑。对于20世纪中国建筑深陷此种处境，中国文物学会会长、故宫博物院院长单霁翔分析道：由于国家在20世纪遗产的保护理念、认定标准、法律保障和技术手段上尚未形成成熟的理论和实践框架体系，实施抢救式保护迫在眉睫。迄今为止，20世纪50年代的"国庆十大工程"未被列为全国重点文物保护单位，华侨大厦被拆掉重建，这不能不说是建筑界、文博界在20世纪遗产保护上应谨记的教训。

　　2014年4月29日，中国文物学会20世纪建筑遗产委员会成立，它的主要职责是：组建中国20世纪建筑遗产保护与利用的专家团队；提高20世纪建筑遗产保护的业界能力与国民意识；开展20世纪建筑遗产的科学评估、认定、颁布；探索20世纪建筑遗产的保护与合理利用的方法；培养建筑师在建筑创作上有文化自信、有国际视野、有遗产价值等。据此我认为中国20世纪建筑遗产保护前景光明，重要的是我们要从世界文化遗产中汲取营养，找到适合中国20世纪建筑遗产保护与创新发展的方法及策略。

ICOMOS 20世纪遗产国际科学委员会颁布的《关于20世纪建筑遗产保护保护办法的马德里文件2011》

中国文物学会20世纪建筑遗产委员会实施的《中国20世纪建筑遗产认定标准2014》

马国馨院士论述20世纪建筑遗产的文章《百年经典亦辉煌》，刊登于2006年4月出版的《建筑创作》

三、关于首批中国20世纪建筑遗产入选项目的评述

1.关于认定规则

2015年8月27日，首批中国20世纪建筑遗产项目终评活动暨专委会副会长扩大会议在北京柏林寺召开，参会专家有单霁翔、马国馨、费麟、付清远、路红、张宇。中国文物学会秘书长黄元及专委会副会长、秘书长金磊主持了本次会议。会议分为两阶段，上午对终评提名表进行唱票统计，下午对唱票统计结果予以公布。整个活动在北京市方正公证处公证员的全程公证下进行，由专委会秘书处的执行机构《中国建筑文化遗产》编辑部承办。在上午的活动中，工作组在公证员的监督下严肃认真地进行了"终评提名表"的现场拆封、公开唱票、即时录入、统计排序等环节。参照统计结果，最终在初评选出的备选项目中按规则及得票数确定了"首批中国20世纪建筑遗产项目"。在下午的专委会副会长扩大会议中，公证员宣布了此次终评项目评选结果的公正性、合法性及有效性，秘书处向与会专家汇报了历时近10个月的评选过程及结果，随后专家们针对该次评选工作及专委会未来的工作展开了讨论，展现了终评活动的严谨性、权威性及将在社会上产生的影响力。2015年9月30日，终评结果向入选单位逐一发出。入选项目如下表所示。

1	人民大会堂	37	长春第一汽车制造厂早期建筑
2	民族文化宫	38	北京电报大楼
3	人民英雄纪念碑	39	圣索菲亚教堂
4	中国美术馆	40	北京"四部一会"办公楼
5	中山陵	41	上海展览中心
6	重庆市人民大礼堂	42	雨花台烈士陵园
7	北京火车站	43	黄花岗七十二烈士墓
8	清华大学早期建筑	44	阙里宾舍
9	天津劝业场大楼	45	钱塘江大桥
10	上海外滩建筑群	46	重庆人民解放纪念碑
11	中山纪念堂	47	西泠印社
12	北京展览馆	48	金陵大学旧址
13	中央大学旧址	49	松江方塔园
14	北京饭店	50	北京钓鱼台国宾馆
15	国际饭店	51	侵华日军南京大屠杀遇难同胞纪念馆（一期）
16	中国革命历史博物馆	52	首都剧场
17	天津五大道近代建筑群	53	武汉长江大桥
18	集美学村	54	北京天文馆及改建工程
19	厦门大学早期建筑	55	陕西历史博物馆
20	协和医学院旧址	56	国家奥林匹克体育中心
21	武汉国民政府旧址	57	北京市百货大楼
22	孙中山临时大总统府及南京国民政府建筑遗存	58	北京工人体育场
23	清华大学图书馆	59	南岳忠烈祠
24	北京友谊宾馆	60	延安革命遗址
25	武汉大学早期建筑	61	江汉关大楼
26	鉴真纪念堂	62	上海鲁迅纪念馆
27	武昌起义军政府旧址	63	广州白云山庄
28	香山饭店	64	东方明珠上海广播电视塔
29	国立紫金山天文台旧址	65	天安门观礼台
30	未名湖燕园建筑	66	北洋大学堂旧址
31	汉口近代建筑群	67	建设部办公楼
32	北京和平宾馆	68	天津大学主楼
33	白天鹅宾馆	69	北京菊儿胡同新四合院
34	毛主席纪念堂	70	北京儿童医院
35	徐家汇天主堂	71	武夷山庄
36	北京大学红楼	72	中国共产党第一次全国代表大会会址

73	西汉南越王墓博物馆		86	西安人民大厦
74	佘山天文台		87	北京自然博物馆
75	国民政府行政院旧址		88	华新水泥厂旧址
76	同济大学文远楼		89	中国国际展览中心2-5号馆
77	上海曹杨新村		90	西安人民剧院
78	首都体育馆		91	北京大学图书馆
79	上海金茂大厦		92	同盟国中国战区统帅部参谋长官邸旧址
80	广州泮溪酒家		93	重庆抗战兵器工业旧址群
81	中国营造学社旧址		94	南泉抗战旧址群
82	南京长江大桥桥头堡		95	马可·波罗广场建筑群
83	重庆黄山抗战旧址群		96	新疆人民会堂
84	国民参政会旧址		97	南京西路建筑群
85	清华大学1~4号宿舍楼		98	成都锦江宾馆

98个项目中的建筑类别可基本归纳为：①纪念建筑，如人民英雄纪念碑、毛主席纪念堂等；②观演建筑，如人民大会堂、重庆市人民大礼堂等；③教科文建筑，如民族文化宫、中国美术馆、陕西历史博物馆、中央大学旧址等；④体育建筑，如国家奥林匹克体育中心等；⑤住区建筑，如上海曹杨新村、天津五大道近代建筑群等；⑥办公建筑，如国民政府行政院旧址、建设部办公楼、北京"四部一会"办公楼等；⑦宾馆建筑，如北京友谊宾馆、广州泮溪酒家等；⑧交通建筑，如北京火车站、南京长江大桥桥头堡等；⑨工业建筑，如长春第一汽车制造厂早期建筑、华新水泥厂旧址等；⑩商业建筑，如北京市百货大楼等。

2.关于项目特点

相关研究表明，自20世纪20年代以来，中国20世纪建筑体系便步入成熟发展期，建筑类型更加全面，建筑技术有显著发展，建筑形制更臻丰富。首批中国20世纪建筑遗产项目的时间跨度为90年，类型有十方面，现对纪念建筑、教科文建筑、宾馆建筑、工业建筑的主要特点予以描述分析。

（1）纪念建筑。

20世纪的中国有一批优秀的纪念建筑与纪念建筑的研究大家。正如徐伯安教授所言，纪念建筑的出现不是为人类的物质生活，而是人类精神需求的产物。谭垣（1903—1996年）晚年致力于纪念建筑的研究，其20世纪50年代主持设计的"上海人民英雄纪念碑""扬州烈士纪念园"及1983年设计的"聂耳纪念园"均获设计竞赛一等奖，并于1987年出版专著《纪念性建筑》。童寯教授也对纪念性建筑深有研究："纪念性建筑，顾名思义，其使命是联系历史上某人某事，将消息传给群众，俾使铭刻于心，永失勿忘，……以尽人皆知的语言，打通民族国界局限；用冥顽不灵的金石，取得动人的情感效果，将材料功能与精神功能的要求结于一体。"在论及纪念建筑的文化脉络时，徐伯安认为20世纪50年代至70年代中国掀起了纪念建筑热潮，全国建成了难以计数的纪念碑。除北京人民英雄纪念碑外，还有著名的南京雨花台烈士纪念碑和西安阿部仲麻吕纪念石柱等，其中很大一部分具有民族传统的形式，如扬州鉴真纪念堂等。事实上，纪念建筑思想内容的表达十分重要，它给纪念建筑的创作带来了活力。在侵华日军南京大屠杀遇难同胞纪念馆项目中，齐康院士的设计在外形与内涵上均高于常人的创作手法。又如南京中山陵是中国建筑师开始传统复兴建筑设计的标志，它堪称中国建筑师设计传统复兴20世纪建筑组群的起点。规划布局上讲，中山陵坐北朝南，依山而筑，西临明孝陵、东毗灵谷寺，庄严质朴的主题建筑与祭堂后的墓室都融于环境岗峦之中。中山陵的规划之所以受到推崇，源自新式建筑思想的引用。如其平面布局一反中国古代帝王陵墓的格局，将总平面设计成"钟形"，如当年评判顾问、中国土木工程专家凌鸿勋（1894—1981年）所言"有木铎警示之想"，其意义在于没有什么比"钟"的符号更适合初生民国之觉醒了。此外，由吕彦直的设计中体现的中西建筑文化交融的构思，可感悟到他的设计精髓：祭堂建筑是中国古典式外观，它矗立在方形的基座上，四周设计了四个正方形方室，左右对称，好似四个脚墩，它们创新地切断了传统的重檐歇山顶的下檐，颇具现代感的形体。如果将祭堂分为上下两个部分，上半部分沿用了传统的重檐歇山顶，下半部分中西建筑合而为一，这个浑然一体之作是西方几何美学与中国建筑美学的完美结合。

（2）教科文建筑。

教科文建筑泛指教育、科技、文化三大类项目。因教学要求和规模的不同，各种学校从总体到单体建筑设计差别很大；科技类建筑由于实验室的特殊要求，从选址到布局近乎苛刻；文化建筑主要指博物馆、图书馆、美术馆及文化中心等。如位于厦门市集美镇的集美学村，20世纪50年代由爱国华侨陈嘉庚组织设计。其建

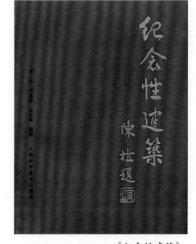

《纪念性建筑》

筑平面一字排开，形制简单以利于使用。建筑采用当地材料和做法，并吸纳国外建筑的构件与细部，屋顶采用当地风格，墙体用当地石材及红砖砌筑，细部考究，有浓郁的地方特色。如砖的应用特点明显，多幢建筑采用质地细腻、色彩明朗的红砖拼出各类美丽动人的图案，磨砖对缝，红砖中衬着白色，格外鲜明。又如陕西历史博物馆，国家"七五"计划的重点建设项目，是我国20世纪80年代首座在设计上突破了传统博物馆模式而兼具研究、科普、会议、购物、餐饮、休息等文化活动中心的综合功能的现代化大型国家级博物馆。张锦秋在设计上采用"象征"的手法，在建筑艺术上借鉴"轴线对称、主从有序、中央殿堂、四隅崇楼"的章法，呈现出中国古代宫殿的空间布局和造型特征；在建筑风格上采用唐风与现代建筑的结构、材料、色彩、手法相结合，巧妙塑造出一组唐风浓郁而又简洁明快的西安标志性建筑。

（3）宾馆建筑。

1949年后，随着第一个五年计划的实施，建筑活动在全国广泛展开，一大批注重功能、经济实用性的公共建筑相继建成，当然也有以"大屋顶"为标签的仿建品，其中北京友谊宾馆当属杰作。张镈大师在《我的建筑创作道路》一书中专门用一个小节讲述设计北京友谊宾馆的前前后后，做成这种形式顶了很大的压力，当时最多的批评之声就是太唯形式，太复古，设计手法过于传统。对此，北京市建筑设计研究院顾问总建筑师张德沛曾表示，当年他与张镈大师共同参与这个设计，他认为张镈的创作很受甲方（外国专家局）的赞赏，项目建成后国外专家评价很好，在当时这个项目非常长中国人的志气。直到20世纪80年代香山饭店建成，北京友谊宾馆一直是北京城内有景观园林的特色高端酒店。尽管该项目已经建成60多年了，但其建筑古朴典雅，装饰和细部均来自传统，在业界好评与日俱增。1985年建成的阙里宾舍与孔庙、孔府等全国重点文物保护单位相邻，戴念慈采用甘做配角的设计方针，以两层建筑为主，运用和孔庙等大多数中国传统民居相似的屋顶、四合院落的布局，在体量、尺度、色彩诸方面尽量做到与孔庙建筑群和谐，使新建筑既突出孔庙建筑群，又具有儒家文化的气质。

（4）工业建筑。

虽然20世纪早期中国工业建筑已呈发展壮大态势，但20世纪50年代工业建筑借鉴前苏联工业建筑设计经验的构件工业化与标准化进程不可忘记，由于原体系固有的"肥梁、胖柱、厚板"的缺陷，使工业建筑美学在国内得到发展。工业建筑关乎国家历史与技术进步，时下的20世纪工业建筑留存最好地体现了"工欲善其事，必先利其器"之思。英国文化历史学者罗伯特·休伊森（1943—）曾对工厂烟囱有段论述："一百根工厂烟囱是繁荣时的污染，十根冷却的烟囱是丑陋的眼中钉，但是最后一根工厂烟囱，受到了拆毁的威胁，却成为过去的工业时代骄傲的象征。"从国内外工业建筑遗产改造发展简史来看，20世纪以来，工业建筑除完成本身的工业生产的功能外，还展现了一种现代生活的机器美学特征。借工业建筑的再利用经验，继承和发扬城市精神与文脉，是愈来愈受到重视的好方法。如业界关注工业建筑遗产改造中的表皮更新，在旧工业建筑改造及利用日益受到重视的今天，建筑表皮作为连接和转换建筑内部与外部空间的直接媒介，十分明显地影响着旧工业建筑改造的结果。恰如刘伯英所说：工业遗产研究主要集中在近代，遗产总是"向后看"得多，而对现当代很少涉及，我们应对当下的工业建筑予以足够关注，关注当下有代表性的工业建筑，还要对未来工业遗产价值有"预见"。

3.项目理念与技艺

建筑作品可被认为拥有自身的内在法则，如几何、结构、比例等，这些法则会根据所选的材料和场地的特定条件而作出相应的调整。如歌德的理念对弗兰克·劳埃德·赖特产生了很大影响，在设计上他比任何建筑师都更加愿意尝试创造"有机"建筑；德国生物学家拉乌尔·法郎士推崇20世纪20年代的功能主义思潮；勒·柯布西耶在他的作品中宣称"生物学是建筑界和规划界的伟大新词汇"。可见建筑和其他视觉艺术一样，要将现代性充分表现出来，就必然涉及一系列美学和技术创新。立体派画作中的浅层空间在勒·柯布西耶20世纪20年代设计的自由平面别墅中找到了"知音"。大玻璃除了提供透明性，并让空间连续表现出结构之外，还能以令人着迷的方式产生反射，捕捉到现代城市的气质。20世纪30年代初，墨索里尼（1883—1945年）宣称"法西斯主义是一座玻璃房子"，但后来朱赛普·特拉尼设计的位于意大利意北湖区科莫的法西斯大厦（1936年）因为使用了玻璃材料，使得古典风格的空间布局、流动性的空间及空间透明感同时存在。古斯塔夫·埃菲尔设计的建筑架构上的透明性及建设上的"真实性"被德国政府视作一个象征，以证明他们有能力创造合乎理性又超然的世界科技庞然大物。由这种"透明"可以方便地计算铁的结构，埃菲尔本人对此很满意。没有任何城市比巴黎更愿意用宏伟的理念与精湛的技法去表现其开放性了，如多米尼克·佩罗设计的法国国家图书馆就是由四座透明的L形玻璃大楼围合而成。研究表明，现代建筑师在纳粹的迫害下从德国出走，是造成国际化风格（表现容积而非体量；强调动态平衡而非对称；淘汰不必要的装饰）向外扩散的主要原因，所以以色列便成为全球这类建筑的集中地。没有任何建筑比纽约帝国大厦（1930—1931年）更能彰显出钢构造的潜力，这栋102层的高楼在长达40年的时间中一直稳居世界第一高楼之位。

四、20世纪建筑遗产保护与发展启示中国建筑师

对于柯布西耶及其作品，不仅海外，国内建筑界也一直好评无数。早在20多年前，总建筑师布正伟即从"建筑的生命来自理性与情感的亲和"的视角归纳了柯布西耶理性光辉永驻的理由。他指出"无论西方还是东方，许多建筑作品都显现出他曾运用的各种独创性手法的影子……他毫不掩饰理性的因素在形式与风格的形成中起着主导作用；在建筑艺术的表芯现中，他将理性与情感熔于一炉，趋向于界线模糊的亲和；他丰富的空间构成想象力和诗人般的激情使他的作品（哪怕是住宅）跳出一般模式。"所以，柯布西耶的作品从民用住宅到公共建筑都真正体现着温情的生命力，体现着城乡环境生态的回归主题。柯布西耶的建筑作品成功申遗使优秀建筑成为丰富的文化遗产资源，这不仅可提升涉及的七个国家（城市）的知名度，也可在一定程度上带动经济发展，这是遗产保护与经济发展共生共赢的重要策略。对中国建筑界乃至建筑师而言，其启示表现为：好的20世纪建筑是有望成为文化遗产的，所以尊敬世纪文化瑰宝很重要；建筑师如何做设计，如何向真正的现代主义大师学习，不论是在中国还是外国，"大师热"和"工匠精神热"都会再度成为潮流；善待城市发展，敬畏城市更新，在传承与发展中寻找创新点是建筑师的追求。

1.如何以中国第一代建筑师的创作为榜样

20世纪上半叶的中国建筑师由于接受西方教育、成立事务所独立执业，因此能始终紧跟国际建筑潮流。20世纪初期从欧美学成归国的中国第一代建筑师董大酉（1899—1973年）、庄俊（1888—1990年）、

首届中国20世纪建筑遗产保护与利用研讨会与会专家合影（2012年7月于天津）

范文照（1893—1979年）、吕彦直（1894—1929年）、杨廷宝（1901—1982年）、赵深（1898—1978年）等，以不同于传统的设计作品改变了建筑界由外国人垄断的天下。基于中国建筑师对"保存国粹"的觉悟及20世纪20年代国民政府定都南京后推行了《首都计划》和《大上海都市计划》，提出"中国固有之形式为最宜，而公署及公共建筑尤当尽量采用"，导致中外建筑师都运用中国传统建筑形式表现当代中国建筑。其特点是：各种类型的传统大屋顶、大柱廊的运用；各种建筑符号，如须弥座、斗拱、马头墙等的大量引用；点缀传统建筑细部的纹饰等。尤其应注意的是中国第一代建筑师无论在设计竞标、创作风格乃至传承与创新上都留下了具有榜样作用的作品与思想。如在1925年南京中山陵设计竞赛中，年轻的吕彦直的设计方案从海内外40多个方案中脱颖而出，筑就了不同凡响的南京中山陵；始建于1936年，直到1947年才建成的南京中央博物院，其主体建筑的大厅以现代结构技术仿辽殿宇风格，并参照宋代法式作法的"大屋顶"，不失为当时的创新之作；南京原国民政府外交部大楼（1931年）、南京中央医院（1933年）、南京国立美术馆（1936年）、上海大新公司（1934年）等现代建筑造型的本源是传统纹饰。第一代建筑师大胆创新并发展，有深度地传承着华夏建筑文明。

2.如何理解建筑评论的当代价值

中科院院士、中国建筑批评学的创始者郑时龄教授一直瞩目着建筑批判的多元化时代，他分析了国际建筑批评学的奠基人——意大利建筑历史学家塔夫里（1935—1994年）。塔夫里曾任威尼斯建筑大学建筑历史系主任和教授（也是意大利维琴察的帕拉第奥中心的研究员），他于1968年出版的《建筑学的理论和历史》奠定了任何建筑都拥有自身的批判性内核的思想，他断言"建筑（或者广义地说艺术）就是批判"。从20世纪中国建筑的发展看，郑院士将当代中国的建筑批评归纳为两个阶段，其一以1953年《建筑学报》创刊以及1959年的"住宅标准及建筑艺术座谈会"为标志；其二以清华大学汪坦教授主持的《建筑理论译丛》的推出以及1999年6月下旬在北京召开的第20届世界建筑师大会为标志。它们无疑在一定程度上推动了建筑学的

中国文物学会20世纪建筑遗产委员会成立会议专家合影（2014年4月29日于故宫博物院建福宫）

社会认知，对全民的建筑审美也产生了积极作用。通过建筑与政治批评、转型期的建筑批判，他进一步推荐了现当代业界应瞩目的建筑评论大家：谭垣（1903—1996年）、冯纪忠（1915—2009年）、汪坦（1916—2001年）、吴良镛（1922—）、罗小未（1925—）、陈志华（1929—）、齐康（1931—）、杨永生（1931—2012年）、彭一刚（1932—）、邹德侬（1938—）、刘先觉（1939—）等。

《中国四代建筑师》　　《建筑编辑家杨永生》　　　《哲匠录》　　　《近代哲匠录》

3.如何树立建筑师的文化遗产保护观

芬兰的尤嘎·尤基莱托在所著的《建筑保护史》论及"法国历史性古迹国家管理的开始"一节中引用了德斯达尔夫人在1813年出版的《论德国》一书中的观点，她强调了"连续的历史"这一概念，她说"没有哪种建筑物可以和教堂相提并论，教堂不仅可以让人想起公共事件，而且让人想起领袖和公民在教堂里分享的秘密思想和亲密感情……"1831年，雨果出版了《巴黎圣母院》一书，他在书中颂扬了这一"法国教堂中的古老女王"，使其在广大公众面前魅力四射，并展示了这个庞大的石头建筑群是如何演奏"一部宏大的交响曲"的。1825年，他写了一篇名为《向破坏者宣战》的文章，指出丑陋的现代住宅迅速地取代了历史性建筑，建筑的历史价值正在消失。值得关注的是，建筑与艺术的人文学家布兰迪（1906—1988年）强调对20世纪遗产的创造性修复理论，他不同意"考古学式修复"的理念，他认为废墟可能是一座年代稍近的建筑物的一部分，同时也是另一件艺术品的一部分。在此种状况下，第二个建筑物的统一性要受到充分尊重，恰如无章无序的城市规划（或称更新设计）极有可能破坏历史建筑与环境的关系。对建筑师、规划师而言，20世纪后半叶最令人不安的是城市崇尚"表面工程"的概念与风向，无论是管理者还是开发商都在经济利益对阵建筑历史价值时作出错误的决定，其后果一般意味着彻底破坏城市历史结构，这是当代建筑师要充分考量的重要设计风险。

结语

张开济（1912—2006年）在1997年5月27日为《中国现代建筑100年》（顾馥保主编，中国计划出版社，1999年10月第一版）所作的题记中说道"温故而知新，推陈而出新"。中国20世纪不仅仅是中国的，也是世界的，因此它必然在全球的浪潮与流派中发生演变，中国建筑无疑从多角度记录下了至少一个世纪中国社会与文化的变迁。建筑是历史的见证，更是文化与科技的"史书"。首批中国20世纪建筑遗产项目的问世在向国人彰显中国建筑文化的同时，也向世界自白：中国建筑与建筑师有超越的底气与可能性。这些带着"建筑中国"集体记忆的作品与优秀建筑师的20世纪建筑，不仅留下了可学习的经典，更留下了瞩目当下、创新未来的设计新思。

参考文献

[1]单霁翔.20世纪遗产保护[M].天津：天津大学出版社，2015.

[2]理查德·T·勒盖茨，弗雷德里克·斯托特，张庭伟，等.城市读本[M].北京：中国建筑工业出版社，2013.

[3]金磊，李沉.京城新"十大建筑"评说与思考[J].北京勘察设计，2001(3)，31-36.

[4]张复合，刘亦师.中国近代建筑研究与保护（十）[M].北京：清华大学出版社，2016.

[5]金磊，赵敏.中国建筑设计30年（1978—2008）[M].天津：天津大学出版社，2009.

[6]天津市国土资源和房屋管理局，中国文物学会20世纪建筑遗产委员会.寻津问道：天津历史风貌建筑保护十年历程[M].天津：天津大学出版社，2016.

[7]陆地.建筑的生与死——历史性建筑再利用研究[M].南京：东南大学出版社，2004.

[8]邹德侬.中国现代建筑二十讲[M].北京：商务印书馆，2015.

[9][英]理查德·韦斯顿.100个改变建筑的伟大观念[M].北京：中国摄影出版社，2013.

[10]中国现代美术全集编辑委员会.中国现代美术全集：建筑艺术（1~5）[M].北京：中国建筑工业出版社，1998.

Remember the Sages Inherit the Thoughts
—Sidelights of Mr. Wang Tan's Centenary Birthday Celebration

缅怀先贤 传承思想
——汪坦先生百年诞辰纪念活动侧记

李 沉*（Li Chen）

图1 著名建筑历史学家汪坦教授（1916—2001年）

2016年5月14日是我国著名建筑教育家、建筑理论家、建筑史学家、清华大学教授汪坦先生100周年诞辰的日子，清华大学建筑学院举办了"西方建筑理论与中国近代建筑史研讨会暨汪坦先生100周年诞辰纪念会"活动。两院院士吴良镛，中国工程院院士关肇邺，中国科学院院士李道增，中国工程院院士马国馨，来自清华大学、同济大学、东南大学、天津大学、深圳大学、大连理工大学及众多建筑院校的师生，北京市建筑设计研究院等建筑规划设计院所的建筑师以及汪先生的家人、弟子和生前同事、好友近百人参加了纪念会。

汪坦先生是我国著名的建筑学家和建筑教育家，中国近代建筑史研究的奠基人。汪坦先生1916年5月14日生于江苏苏州，1941年7月毕业于中央大学建筑系。毕业后他曾在著名建筑师童寯先生主持的贵阳华盖建筑师事务所工作，1943年受聘到中央大学任教。在抗日战争最紧要的关头，汪坦先生毅然参加抗日，1945年到兴业建筑师事务所工作。1948年2月至1949年3月，汪坦先生赴美留学，师从世界著名建筑大师赖特。中华人民共和国成立前夕，他义无反顾地偕夫人马思据女士返回祖国。1949年12月至1956年12月，汪坦先生任大连工学院教授，并担任大连市政协秘书长，1951年起兼任大连工学院基建处副处长。1957年1月汪坦先生应邀到清华大学建筑系执教，担任建筑系副系主任，积极协助梁思成先生认真贯彻党的教育方针，锐意进行教学改革，为建筑界培养了一批批优秀人才，为我国建筑事业的发展作出了杰出贡献。

汪坦先生是我国著名的建筑教育家、建筑理论家和建筑史学家，是中国近代建筑史研究的奠基人，主持翻译和编写了《建筑理论译丛》和《中国近代建筑总览》丛书，曾任清华大学建筑设计院首任院长和《世界建筑》杂志社首任社长，创办了深圳大学建筑系，在当代中国建筑教育和建筑历史研究等多个领域产生了重要影响。

纪念会开幕式由清华大学建筑学院院长庄惟敏主持，清华大学党委副书记，清华大学建筑学院教授邓卫致开幕词，他在开幕词中从爱国报国的赤子情怀、重教育人的名师风范和开放包容的学术品格三个方面简要回顾了汪坦先生在报效祖国、学术研究、教书育人、开拓创新等方面取得的成就和作出的贡献。同济大学副校长伍江、深圳大学建筑学院院长仲德崑、东南大学建筑学院院长韩冬清、天津大学建筑学院院长张颀、大连理工大学建筑与艺术学院院长范悦分别代表所在单位致辞，他们回顾了汪坦先生在学术研究领域拓展创新，在学校建设方面不畏艰苦、辛劳付出，特别是在学科建设、教书育人等方面的贡献，这些宝贵的精神财富令后人珍视。

吴良镛先生回忆了几十年前他为了将清华大学建筑系办得更好，亲赴大连邀请汪坦先生到清华大学执教的情景，这对清华大学建筑系的发展起到了重要作用；他还讲述

*《中国建筑文化遗产》副主编。

了1983年筹办深圳大学建筑学院的时候，汪坦先生义无反顾，勇担重任，称"当时只有汪先生有这个魄力"。

在开幕式后的报告会中，汪坦先生的女儿汪镇美和汪镇平两位教授以"父亲生平"为题，讲述了许多汪坦先生与家人、朋友、学生之间令人难忘的往事，许多生活细节表现出汪坦先生热爱生活、尊重生活、积极乐观的人生态度。

清华大学建筑学院的张复合教授以《汪坦先生：中国近代建筑史研究的奠基人》为题，回顾了汪坦先生创立中国近代建筑史研究30年来所走过的路程和取得的成绩，特别是汪坦先生为中国近代建筑史的确立、发展、研究所付出的心血和努力。

清华大学建筑设计研究院总建筑师吴耀东教授以《我所认识的汪坦先生》为题，讲述了他向汪坦先生学习、与汪坦先生共同工作过程中，汪先生点点滴滴的一些小事，事情虽不大，但却给他留下了终生难忘的记忆。

图2 汪坦先生百年诞辰纪念会1（左起：吴良镛、马国馨）

下午的交流讨论会由清华大学建筑学院的王贵祥教授主持，侯幼斌、马国馨、伍江、徐苏斌、卢永毅、周琦、侯兆年、陈伯超、刘松茯、青木信夫、谭刚毅、李华、林庚、陈伯冲、艾之刚、贾东东、赖德霖、左川等专家学者结合自己的体会和实践，回忆了汪坦先生在学术研究、学科建设、建筑教育、教书育人等方面作出的表率和贡献，并就由此联想到的有关问题进行了交流、讨论。

哈尔滨工业大学建筑学院的侯幼斌教授讲述了一段鲜为人知的个人经历，展现了汪先生坦诚待人、心胸开阔的大家风范。北京市建筑设计研究院的马国馨院士认为，应该认真对待像汪坦先生这样的优秀知识分子和为国家建设作出过积极贡献的专家学者，汪先生在许多方面都有建树，留下了宝贵的财富，总结、宣传汪先生的学术思想，对现在的发展作出的实际贡献，对学术研究、人才培养等许多方面非常有用。同济大学、华南理工大学等在这方面已颇有建树，希望更多的高等院校、研究机构及有关部门作出新的贡献。马院士同时提出，希望将纪念汪坦先生的有关文章、图片汇集成书，使之得以更好地传播。

图3 汪坦先生百年诞辰纪念会2

同济大学的伍江教授说，清华大学建筑学院有众多专家、大师，汪先生是我最崇拜的先生。汪先生博览群书、涉猎众多，且多有建树，汪先生有极强的远见、判断、开拓能力，他将中国近代建筑史研究带入正确的发展轨道，现在有更多人加入这个行列。近代建筑史中的许多方面，如建筑教育、城市管理、建筑技术发展等先后进入研究者的视野，从而使近代建筑史研究越来越深入，越来越被人们所关注。

天津大学的徐苏斌教授介绍道：自1996年进入清华大学学习，拜在汪先生门下，得到了汪先生的悉心指点。汪先生非常平易近人，有什么问题我就直接到他家去请教，从汪先生身上学到了很多知识。在当今社会潮流的冲击下，每个人都面临着考验，汪先生的教诲使我们认真思考自己的人生，进行反思。在中国近代建筑史研究刚刚开始的时候，汪先生高瞻远瞩地指出了近代建筑史的研究方向和发展前景，特别是对出现的问题及时予以指导。他希望近代建筑史的研究能够更加多元化、更加开放、更加国际化，我们的研究能够与他人的研究共同前进，在其开辟的道路上不断前行。

图4 汪坦先生诞辰百年纪念会3

北京市古代建筑研究所的侯兆年先生介绍道，在20世纪80年代，北京市没有近代建筑研究，文物部门主要从事的是古代建筑的保护工作，当时的北京近代建筑处于自生自灭的状态。1988年起，清华大学开始在北京市进行近代建筑调查研究，我们也积极参与到这项工作之中，逐步从理论到实践对近代建筑有了了解和认识，我从中学到了许多知识和价值认定标准，这在文物保护中是非常重要的。现在北京市建立了从市到乡的比较完整的保护团队，并将理论知识运用到实际工作中。北京市第五批重点文物保护单位名录中，有东交民巷、劝业场、燕京大学、清华大学等近代建筑，这是北京市第一次提出近代建筑保护。近几年北京市上报的重点文物保护单位名录中，近代建筑占了相当大的比例。从1996年起，我们和清华大学有关团队合作，开展了对北京市近代建筑的保护实测工作，获得了一大批宝贵资料。北京市近代建筑保护工作取得的成绩与汪坦先生开创的近代建筑保护研究有密不可分的关系。

东南大学的李华教授表示，汪先生是令我高山仰止的学术前辈，是我从事中国近代建筑史学习、研究的重要启迪者。汪先生编著的书籍对我们这些20世纪80年代后半期在大学受教育、作研究的人来说影响是非常大的，对重新思考建筑的作用和意义，定义建筑知识的范畴，对建筑理论的探讨等都有非常大的作用。

天津城建学院的林庚教授认为，当年在汪先生身边学习时，对汪先生的言谈举止觉得没有什么，因为经常与汪先生在一起，汪先生平常就这样，感觉很自然，但其实潜移默化地在自己心中留下了印象。等我们也从事建筑教育工作后，便不自觉地受到汪先生的影响，自然而然地传承汪先生的做法。特别是他对于学生的教育，不只传授知识，他特别强调启发，希望学生能够创新地去思考；他不给学生压力，让学生在有兴趣的很自然的状态下去发挥，这很难得。

上海PHD建筑设计公司董事长陈伯冲表示，汪先生不只传授书本上的知识，更重要的是他告诉你做人的

图5 汪坦先生百年诞辰纪念会4

图6 汪坦先生百年诞辰纪念会5（左起：关肇邺、李道增、汪镇美、吴良镛、马国馨、邓卫）

图7 汪坦先生百年诞辰纪念会6

图8 汪坦先生百年诞辰纪念会7（左起：何玉如、侯幼彬、伍江、韩冬青、张颀、范悦、陈伯超、朱嘉广）

图9 汪坦先生百年纪念会8（左起：庄惟敏、左川、秦佑国、楼庆西、吴焕加、汪镇平）

图10 汪坦先生百年诞辰纪念会9

图11 汪坦先生百年诞辰纪念会10

图12 汪坦先生百年诞辰纪念会11

原则，如何做，怎么做，汪先生真正做到了言传身教。他不是简单说教，而是身教重于言教，用实际行动去感染学生。我将汪先生教给我的知识用在我的教学过程中。是教人，还是教知识，从汪先生处可以得到答案。汪先生在教学中启发学生，引导学生，这是真正的大家风范。

《世界建筑》杂志的编辑贾东东回忆说，汪先生创办了《世界建筑》杂志，我有幸与汪先生在一起工作，令我受益匪浅。汪先生是《世界建筑》杂志社第一任社长，他工作认真负责，对于许多具体工作问得很详细。《世界建筑》就像一个大家庭，每到五一、十一，汪先生就请我们到他家去聚会，我们特别爱听汪先生说话，他一说起话来就神采飞扬，特别能感染人。在工作中他鼓励我们积极进取，我们最初只是一个编辑部，他就说，什么时候能够成为杂志社啊，后来我们就发展成为杂志社。他还抽空给我们讲其他杂志社的办刊经验和做法，鼓励我们认真学习。汪先生在的话我们就特别有凝聚力，与他交流我们感觉到轻松愉快。他是有知识的长者，他是慈祥的亲人。

纪念会持续了一天的时间，由于篇幅有限，不能将每位发言人的话一一记录下来，但就像清华大学建筑学院的左川教授所说：我们都受益于老师，是他们撑起了这片天，对他们的贡献是总结不完的。我们要感谢老师，感谢他们的辛勤耕耘，感谢他们的处事、为人、学问、影响、事业，将他们的精神传承下去，传承许多人、许多代。

汪坦先生已离我们而去，但是他开创的事业将越来越兴旺，他的精神将被后人所传颂，他的思想将得到更广泛的传播，我想这些是我们对汪坦先生最好的纪念。

Teacher Wang and Architectural Aesthetics

汪师和建筑美学

马国馨*（Ma Guoxin）

图1 汪坦先生（1984年）

2016年是恩师汪坦教授的100周年诞辰。为此，清华大学建筑学院在5月14日，即汪坦先生的生日那天召开了"建筑与西方理论与中国近代建筑研讨会暨汪坦先生100周年诞辰纪念会"。先生的两个女儿和来自海内外的多名学者对先生进行回忆和追思，缅怀其贡献，并回顾了先生的为人、处世、业绩、思想，还论及如何继承和发扬先生留给我们的丰厚遗产。

汪先生自1958年到清华建筑系到2001年去世，在清华工作和生活了43年。但除去"文革"10年，加上1989年就退休了，先生真正在岗位的时间也就20多年。但就是在这有限的工作时间内和生前，先生在建筑教育、建筑理论、建筑历史、建筑传媒等多个领域都作出了重要的贡献，是某些领域的创始人、奠基人、开拓者，至今为人们所称颂。我曾于大学本科和攻读博士学位时两度师从先生，对自己的亲身感受以《有幸两度从师门》为题写过一篇文字，回忆了我所了解的先生。这次我想从大家较少涉及的建筑美学的角度回忆一下先生在这一领域的开拓和探索。

美学是一门古老而又年轻的社会科学，是哲学的一个组成部分。它着重研究人们对现实特别是对艺术（包括建筑艺术）作品的审美认识和审美关系，它既要解决美的本质、美的规律、美的标准和美的判断等一系列认识问题，又要指导艺术创作实践，不断提高人们的审美趣味和鉴赏能力。美的表现千变万化，所以两千多年来，一直为哲学家们所追问，他们的哲学思想和美学思想是紧密地结合在一起的。古希腊的毕达哥拉斯及其学派第一次提出"美是和谐与比例"，他们认为圆和球绝对对称与和谐。亚里士多德认为美的主要形式在于有秩序、匀称和明确，同时认为只有各个部分的安排相对于整体来说是匀称的，大小、比例和秩序能够突出完美的整体，才能看出整体上的和谐，从而把事物的形式美和内容美紧密结合起来。古罗马的维特鲁威吸收了希腊美学的观点，认为庙宇的设计有赖于对称，对称原理都出于比例，他的《建筑十书》是最早的一本学科交叉而成的专著，是数学、艺术、工程力学等和谐统一的产物。而后文艺复兴运动促成了文学、艺术、哲学、技术、科学等知识的综合，达·芬奇就涉猎众多学科领域，取得了许多杰出的成果，完美地表达了自然科学和美学的密切关系。他认为绘画再现可见世界，而科学则深入事物内部，绘画反映事物的外在形式美，科学则反映事物的内在本质美。此后哥白尼、伽利略、开普勒、笛卡儿都将科学和艺术充分融合，形成了这一时期美学思想的战斗性特点。与牛顿同时期的数学家欧拉通过力学积分计算提出了自然界的结构是节约的这样一个美学命题，使数学的逻辑美得到了推广和运用。此后的康德既精通科学，又精通美学，他认为世界的结构越合理，它的美持续的时间就越长，但是再完美而合理的结构，也不可能使它的美永世长存，指出了结构的完美性和不完美性的辩证转化。在20世纪初以前，美的焦点集中于真善美的统一，其焦点在于这种统一是以美为基础，还是以真或善为基础。神学界认为统一的基础是上帝的善，而海克尔、玻尔兹曼认为以真为基础，马赫认为统一的基础是美。对美的认识的争论持续了很长时间。

然而时代在发展，人们的审美趣味和对于审美的认识总是在不断地变化，并能够与时代同步。自19世纪末20世纪初以来，钢筋混凝土和钢材等新型建筑材料的广泛运用引起了建筑风格和建筑方法的巨大变革。所以虽然建筑艺术一直为美学家们所关注，然而长久以来并没有成为美学研究中的一个独立领域。在现代建筑技术的条件下，不断创造新的建筑艺术美是时代的需要，加上美学进入新时代以后，一方面哲学美学、心理美学、社会美学等通过交叉渗透而形成美学的新学科，另一方面美学对各种艺术形式的研究日益细致深入，逐渐分化并成更加具体的艺术部门。正是在这种形势下，建筑美学作为美学的一个分支获得了相对独立的发展。如何揭示不同时代不同建筑风格的本质，如何总结其特点，如何找出不同建筑思潮之

* 中国工程院院士，全国工程勘察设计大师。

间的关联以及彼此间的对立和融合，新的材料和技术又如何在前人的基础上创造出新的形式和风格，成为哲学家、建筑理论家、建筑师们关注的热点。美国格林诺夫的《形式与功能》（1853年）中所提出的"形式适合功能就是美""从内到外做设计""装饰是虚假的美"等观点很快成为现代建筑的基本主张，此后格罗庇乌斯、勒·柯布西耶、莱特等从技术美学、有机建筑等方面论述了现代建筑全新的美学思想，塞维、哈姆林、布鲁诺·亚历山大、诺伯格·舒尔茨、斯克拉顿等的一系列理论著作使建筑美学的体系逐渐丰富和完善。然而由于中国的大环境，建筑美学这一课题对于当时的中国建筑界来说是一个遥远而陌生的领域。

对中国建筑界来说，建筑的形式、建筑美感、建筑的艺术特征、建筑和其他艺术的区别等都是建筑师不能回避的主题。前辈梁思成先生在1932年就曾指出："这些美的存在，在建筑审美者的眼里，都能引起特异的感觉，在'诗意'和'画意'之外，还使他感到一种'建筑意'的愉快。"此后徐中先生在1956年针对对于建筑方针的理解，从建筑中有没有客观的美、建筑中有没有艺术的美、客观的物质创造中的美和

艺术中的美在建筑中的统一等三个方面系统地阐述了"建筑的美观，应该是指建筑在客观美和艺术美统一的过程中能表达建筑艺术意图的美好建筑形式，不是空洞的而是有内容、有形式的美观，是建筑艺术内容和形式的统一"。1959年5至6月，建工部和中国建筑学会在上海联合召开了住宅建筑标准及建筑艺术座谈会，除了4天的时间讨论住宅问题外，其余12天都在讨论建筑艺术问题。按当时的提法："大家就建筑理论中的一些基本问题，如构成建筑的基本要素——功能、材料、结构、艺术形象及相互之间的关系，建筑中形式与内容的问题、传统与革新的问题，进行了广泛的讨论。讨论并研究了社会主义建筑的特点，对资本主义建筑及各种学派进行了分析批判。"各建筑院校、设计院的主要技术负责人均作了发言，汪坦先生和吴良镛先生联名在5月28日作了题为《关于建筑的艺术问题的几点意见》的发言。最后，建工部的刘秀峰部长以他在会议结束时的发言为基础，以《创造中国的社会主义的建筑新风格》为题，从研究建筑问题的几个基本观点，建筑的特点及构成建筑的基本要素，建筑艺术问题，传统与革新、内容与形式问题，学习

图2 汪坦先生授课（1988年）

图3 作者夫妇与汪坦先生（1991年）

图4 汪坦先生八十大寿时与弟子们（1996年）

图5 作者与汪坦先生夫妇（1996年）

图6 作者与汪坦先生（1996年）

图7 汪坦先生与吴良镛先生（1999年）

与创造问题，对建筑史的几点希望等方面作了全面系统的总结。这是带有明显时代烙印的纲领性、指导性文件，既总结了经验，提出了政策和观点，也有其时代局限性，1962年梁思成先生的科普文章《拙匠随笔》在介绍历史和设计的同时，也表达了其审美追求。然而由于中国的大环境，在很长一段时间里，美的问题成了建筑界的禁区，这造成了国际上有关美学理论的研究和进展"和我国当前的情况有着时间空间上的实际差别"（汪坦先生语）。

但对这些基本理论的思辨是无法回避的，改革开放以后，建筑界对思想理论的思辨又逐渐活跃起来。邹德侬先生1982年翻译出版了哈姆林的《建筑形式美的原则》一书，这是建筑美学研究的重要著作，作者提出了现代建筑形式美的十大法则，认为艺术上完美的建筑，无不是综合运用这些形式美法则的结果。与此同时汪先生也密切注视着外来理论的进展，这些理论涉及现代哲学、美学、文艺理论、心理学、社会学等，"不是三言两语所能道破"，同时信息论、控制论、系统论以至后现代主义等又不断开拓新的领域。他在大量阅读原文著作的基础上，做了详细的读书笔记，既为后来中国建筑工业出版社出版的"国外建筑理论译丛"做了选题准备，也为他对建筑美学的关注积累了材料。因为"从事建筑理论探讨对比建筑实践来说并非'松绑'，可以随心所欲，想入非非"，而是要"多看原文并和历史事实对照"（汪坦先生语）。

1985年以后，汪先生齐头并进地进行着好几件工作。其中一个重头戏就是"国外建筑理论译丛"的介绍和摘要，当时他向出版社推荐了21册书，并发表了其中7册的读书笔记和内容摘要。如斯科特的《人文主义的建筑》（1914年初版，1924年再版），先生认为其在理论上突出了移情论，为巴洛克建筑作为"人文主义者"建筑原则的完善体现做了有说服力的辩护。对于建筑空间的见解，塞维、科林斯、斯克拉顿等人都曾受到他的影响，审美观亦受到启发。诺伯格·舒尔兹的《建筑中的意向》介绍了符号学，探讨了作为形象艺术的建筑。他的《存在和空间建筑》被认为属于结构主义思潮，按格式塔原则揭示了场所和节点、途径和轴、领域和区域，这些形成了一个完整体，构成了我们所称的"场"。柯林·罗和科特的《拼贴城市》是关于城市规划审美问题的讨论，拼贴是"一种概括的方法，不和谐的凑合，不相似形象的综合，或明显不同的东西之间的默契"。布罗德本特的《建筑中的设计——建筑与人文科学》涉及设计方法，从建筑师的角度讨论了人文科学、技术方法论、信息论、控制论、系统论。拉波波特的《城市形式的人文方面——关于城市形式和设计的一种人—环境处理方法》研究人怎样塑造环境，物质环境如何影响人，探讨任何环境相互作用的机制。他以信息论的观点进行信息编码，人是解码者，环境起到交往传递作用，在这个过程中特别重视感知机制。先生的读书笔记中最后一篇是对塔夫里的《建筑学的理论和历史》的解读，该著作主要涉及对理论和历史的评论："评论和建筑一样，应当连续地自我改革，以寻找新的参数。""本世纪的艺术已经越过了意识形态的常规，纯理论以及类似的美学的围栏，以致对现代艺术所做的真正的评论，只能来自同先驱者的崭新问题的直接的经验的交往，而有勇气抛开那些哲学系统的分析方法。""在任何情况下，我们都不相信可以从传统的美学中派生出评论……美学的问题常常是易变的和被艺术的不可预见的变化的具体经验所确立的。"记得汪坦先生在给我们讲课时多次提到书中所涉及的结构主义评论家潘诺夫斯基、巴尔特等人。在当时这些晦涩难懂的著作译本还未出版的时候，先生的读书笔记就成了研究相关课题最好的导读，为建筑理论包括美学研究提供了各种思路，也可以从中看到他对建筑美学的关注。

先生的另一项重要工作是开设现代建筑引论课程，并不顾年高，先后在浙江、东南、同济、华中、天津、深圳等大学举行一系列的讲座，内容涉及历史主义、现代建筑美学、符号学、类型学、空间理论等。这是他在读书之后融会贯通的基础上的又一次提炼和浓缩。先生讲课留下了相当多的录音资料，但至今没有整理出来，听说一是由于先生的语速较快，加上有些口音，准确整理有一定困难；另外先生的思路如天马行空，跳跃式地旁征博引，整理者是难以理解的。

另外汪先生与陈志华先生合编，于1989年出版了《现代西方艺术美学文选——建筑美学卷》，承先生赐予一册，从中获益良多。该书收录了17位理论家、哲学家、工程师、建筑师的21篇文章摘要，编者认为"当代建筑的主流仍然是现代建筑……本书实质上是当代建筑的美学理论"，后现代主义"从目前的趋势看，远远没有取代现代建筑，成为新阶段的主流的可能"。所以编者解释说："现代主义在近90年的建筑实践中影响最深最广，它的限定也已经公认，这一段思路演变颇值得我国借鉴。"按照丛书的体例，在每篇译文前有编者对译文和作者的简略评介，可以加深读者对文章的理解。《现代西方艺术美学文选——建筑美学卷》从1853年的格林诺夫始，包括未来主义、风格派、包豪斯、构成主义，从格罗庇乌斯、密斯、勒·柯布西耶、莱特到佩夫斯纳、奈尔维、文丘里、斯克拉顿、阿尔海姆，涵盖了现代建筑发展的不同阶段的主要理论和美学观点。如格林诺夫的"形式适合功能就是美"；卢斯的"装饰就是罪恶"；赞颂机械文明的未来主义思潮；受斯宾诺莎影响的风格派；发展了技术美学的包豪斯和柯布的《走向新建筑》；强调建筑的"美"和"真""善"不可分，突出其文化特征，主张"美的观念随着思想和技术的进步而改变"的"全面建筑观"；在建筑形式上无所顾忌地表达复杂性和矛盾性等；直到斯克拉顿认为建筑美学可以成为哲学的一个合法课题，"建筑的审美理解是理性的自觉活动，功能性是建筑美的特征，在建筑鉴赏中，兴趣—倾向具有更深的影响"等。

从早年汪先生在美国学习时的家信中可看出他对于哲学、美学的兴趣和深入研究。他曾列过一个52本书的书单，除去作家、音乐家、戏剧家的著作外，还有亚里士多德、尼采、杜威、帕斯卡、卢梭、斯宾诺莎、柏拉图、叔本华、伏尔泰等哲学家的著作。先生一生热爱音乐，音乐是"比一切智慧，一切哲学更高的启示"（贝多芬），是"心境及其全部的特感和情欲"。音乐美学也要探讨审美观念、审美判断、审美规律，与"凝固的音乐"建筑有相通之处。所以几十年来，他对于建筑美学的关心是十分顺理成章的。但由于多种原因，先生对建筑美学的研究和兴趣并未得到进一步的开拓和展开，他没有来得及把他的思路系统化，也没有形成一个较完整的框架。从这点出发，我认为称汪坦先生为建筑美学研究的引路人似乎更为恰当。建筑美学是有着相当大难度的交叉课题，先生自己也说：我国对于西方建筑理论流派的理解往往偏向美国流行的评论，不习惯像意大利理论家和历史学家塔夫里那样的论证方式，以致阅读起来多感晦涩。汪先生说："我的经验是多读几遍，还是能看出发人深省之处的。"先生谈及自己对于这些西方理论的理解时坦率承认读书笔记"在努力使其易懂之时，不免有曲解之嫌，只有读者留神了"。先生多次说过自己的讲课内容、自己的读书笔记有许多地方需要重新认识，有的地方甚至要否定。像美学这样的人文学科、审美可以有各种不同的解释，我们在这里不对比谁更掌握真理，而是看谁能对现象的解释更合理。但天不假以时日，先生已没有机会来做这些事情了，不能不说是学界的遗憾。

但值得庆幸的是经过改革开放，经过汪坦先生等一批前辈的开拓引导，哲学界和建筑界对于建筑美学的关注，对于建筑审美的研究正在不断深入。除许多译著外，据我所知汪正章、侯幼彬、王世仁、沈福煦、熊明、曾坚等先生陆续有一批美学专著问世。不少学校开设了有关建筑美学的课程，建筑美学的研究对象、内容体系、哲学基础、生成机制乃至审美评价等框架已初步建立。再回首美学研究的曲折历程，汪坦先生在建筑美学领域的贡献将为人们所铭记。

谨以这篇不成熟的小文纪念恩师汪坦先生的百年诞辰。

图8 汪坦先生追思会现场（2001年）

My Father Wang Tan's Story

父亲汪坦的故事*

汪镇美**（Wang Zhenmei）

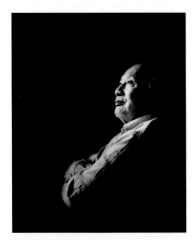

图1 汪坦先生肖像1

图2 汪坦先生肖像2

* 本文得到国家自然科学基金项目"中国北方地区私家园林研究与保护"（项目批准号51178233）的资助。
** 清华大学建筑学院教授、博士生导师、一级注册建筑师，汪坦先生之哲嗣。

今年是父亲汪坦100周年诞辰。父亲的生平被介绍得很多，具体哪年干了些什么不用多说了，我只想讲几个小故事（图1、图2）。

父亲生于1916年，民国初期的知识分子家庭，祖上是从安徽迁到苏州的。祖父汪星伯是民国文人，抚琴、作画、书法、篆刻、鉴赏、医术、园林设计等，无不精通，中华人民共和国成立初期为苏州园林的修复和建设作出了巨大贡献。父亲儿时念私塾，受祖父的影响和熏陶，从小通晓琴棋书画，中国古典文学底子很深。他中学上的是苏高中，受到西方教育影响，英文很好，能将26个英文字母倒背如流，据说是上高中时的英文老师教的。后来父亲赴美看望我们，有一次在华盛顿的林肯纪念堂前用英文大声背诵林肯的《盖茨堡演说》，居然一字不差，引来许多美国人围观，他们都很吃惊，这个中国老头居然能够用英文背诵如此知名的演讲。他说这是他中学的英文老师的功劳，使他到八十几岁还记得。他日后在学术上的钻研和成绩与年轻时打下的坚实的各科功底是分不开的。父亲考入中央大学时是学医的，后来才改行学建筑（图3、图4）。

父亲跟母亲认识是因为喜爱音乐，经朋友介绍去听母亲的音乐会。父亲一生中的大部分业余时间都是在倾听母亲的音乐中度过的，音乐是他生命中不可缺少的一部分。他在1948年从美国写给母亲的信中列了许多书单，其中大部分都是有关音乐的。

1948年，父亲赴美国著名的建筑家弗兰克·劳埃德·赖特（Frank Lloyd Wright）处留学，留学期间他给母亲写了很多信。这些信记录了父亲留学期间的点点滴滴，2009年出版这些信时，母亲为书写了前言。母亲的前言虽然只谈到了1948年的前前后后，但字里行间却是父亲一生为人的最真实的写照。

与汪坦相遇，那是半个多世纪前的事了。1944年抗日战争期间，我不愿意继续在上海日寇接管下的上海音专学习，便提前毕业，前往当时抗日后方的西安西北音乐学院任教。汪坦为了抗日，参军当了美国同盟军的翻译，在西安待命。我的朋友宗玮带他来学校听我演奏，还听我那仅有的破旧的手摇留声机里播放的贝多芬、勃拉姆斯交响乐等的唱片，他乐在其中。汪坦是十足的音乐爱好者，我们因音乐而相识。

1945年日本投降，汪坦复员回到昆明。我则去重庆青木关中央音乐学院任教。我们彼此通信，说说对时局的看法，谈谈文艺、音乐等……他还为我讲解中国历史、介绍他所喜欢的诗词、翻译《诗经》等，涉及的范围很广，我很有兴趣，就把这些信件保存起来了。

1946年，我回到上海，不久，他也南迁苏州，在上海建筑事务所工作。这样，我们有了更多的接触机会，相互进一步了解。1947年初我们结婚，在南京安了二三十平方米的小窝，简陋而甜蜜。

1947年底，汪坦获得公费赴美留学名额。当时正是解放战争时期，时局动荡、人心惶惶，老家需要他补贴家用，我也正在怀孕期间，在这种情况下离开，无论在心理上还是在感情上对他都是极大的考验。他的父亲十分支持他，鼓励他道："男儿志在四方，切勿作儿女情长之举……"我们反复考虑，认为虽然暂时离别，但能获得一生难得的出国深造机会，提高自己的能力，将来为祖国和人民多作贡献还是值得的。这样他便下了出国的决心。

1948年初，汪坦前往建筑大师弗兰克·劳埃德·赖特（Frank Lloyd Wright）的学校塔里埃森（Taliesin）。这期间，他频频来信，除了倾诉思念之情和一些琐碎的家事之外，大多记录了他在塔里埃森的学习、工作和生活情况。在这些信中，他还毫无顾忌地写下了他对建筑、哲学、文学、音乐、艺术、人生观以及周围事物的看法。这些如同他的自画像，他，就是这么一个人。

转眼到了1949年，汪坦回国了。不到一个星期，他的叔叔汪季琦问他是否愿意去东北解放区工作，并说那里是最艰苦的地方，我们立刻答应下来。行期在即，当时猜想是去长期在日本蹂躏下和经过解放战争的废墟工作，便把刚满七个月的女儿送去苏州老家，以轻装无挂。我从来不善于做整理或收藏之类的事，不知怎的在这样忙乱的情况下，居然把汪坦写给我的信，包括1946年的，通通带在身边，可能是因为这些信件有我感兴趣的内容。中华人民共和国成立后，这些信件经历了各项运动，包括"文化大革命"，几经周折。幸运的是，它们之中的一部分回到了我手中。

图3 青年时代的汪坦全家福

图4 初到清华任教的汪坦与家人

我和汪坦生活在一起有半个多世纪。他忧国忧民、有理想、有责任感；他爱憎分明、感情丰富、讲道德；他知识丰富，兴趣广博；他看得远，想得深，我们有说不完的话题，有时有不同意见争执不下时，便暂停，各自保留自己的意见。有时我不免提出些"外行""愚蠢"的问题，令他哭笑不得时，他便摇头不已："可被你考着了！"我与他的差异却无碍于我们的感情，反而增添了一些色彩和乐趣。记得有学生问他："你和师母结婚几十年了，还有那么多的话可说吗？"他哈哈大笑。

说真的，我从来没有见过父母亲吵架，甚至是红脸。

我一直觉得离父亲很远，我从幼儿园开始就住校，很少住在家里。父亲从大连工学院调到北京清华大学后，我便随母亲住在西城区的中央音乐学院，周末才回清华，妹妹镇平则一直跟在父亲身边。父亲很严厉，但从来不打我们，也很少"凶"我们，也许是他那双"鹰"眼让我们敬畏。我们小时候贪玩儿，放了学不回家，父亲下班回来没有听到练琴的声音，就会去找我们。但他从不斥责，他只要往那儿一站，看我们一眼，我们就自知错了（图5、图6）。

图5 汪坦与女儿1

1984年我回国探亲，给他买了一台电脑（记得是苹果Ⅱ）。他高兴坏了，将他的读书目录全部打进了电脑，成为清华当时屈指可数的几位有个人电脑的教授之一。我在美国的图书馆工作后，他不断将书单寄给我，要我给他找文章、查资料，扩充他的书单。听说他要求他所有的学生按照书单上的书目读书。他的书单可谓古今中外、包罗万象，从历史、哲学、建筑、美学到文学、艺术、音乐等各个领域。这些书和期刊中的文章有历史上著名作家的巨著，也有各种新思潮代表的阐明与论述。他力争将当时国际上最先进的思维方法介绍给他的学生们，打开他们的眼界和思路。

父亲一贯主张广读博学，主张专业人才不光要在专业上高标准严要求，还必须通知通晓、知识广博。父亲是个知识渊博的音乐爱好者，听的音乐很广泛，独奏、重奏、交响乐、声乐……以至于我在音乐学院附中的同学都愿意到我家来听音乐，听父亲聊音乐。我们的很多同学、朋友到家里来玩儿都会被父亲滔滔不绝的讲解吸引。他们中许多人都说自己对建筑美学、音乐的关注是从父亲那儿得到的启发。我的舅舅，著名作曲家马思聪，也非常喜欢与他探讨音乐上的事情。在我的印象里，小时候家里总是断不了音乐。父亲有非常大的唱片收藏量，而且都是名家名曲，我们也因此受益，从小就有机会听到许多名家的演奏。

图6 汪坦与女儿2

学生在父亲心目中是占有很重要的地位的，授课对于父亲来说是一件最大的事。虽然有些课程已经教了几十年了，可他次次都像第一次讲或者讲一个新的课题一样一丝不苟地准备。他上课也是家里的大事，如果哪天上课，全家人都会小心翼翼，不大声说话，免得打扰他思考。临走前，他会坐在他"专用"的沙发椅上把上课的内容在脑子里过一遍（图7~图9）。

父母第一次到美国看我们的时候，我们开车带他们到各地游玩。父亲对美国的汽车休息站特别感兴趣，每到一站都要照相，我们都笑他少见多怪。可是他说这个地方很人性化：每个站都不一样，有大有小、风格各异，人们可以在这里吃饭、遛狗、休息……而且一看就是有人管的，干干净净、整整齐齐。父亲20世纪40年代末到美国赖特处留学时，每年暑假学生们都要从南部得州的凤凰城校园背着行囊，自行想办法，辗转数月"迁徙"到北部的威斯康星校园，然后把沿途所见所闻以及对城市、乡村、百姓、房屋、

图7 教学时的汪坦1

图8 教学时的汪坦2

建筑的感受写出来,作为暑期作业。他说,那时候的美国还很简陋,如果有今天这样的条件,那能省多少事!他非常赞同、留恋这种教育方法,这些使他真正从底层接触了美国,了解了什么是真正接地气的建筑(图10、图11)。

不知是否是父母结婚时有约定,我一直跟着母亲学音乐,而妹妹镇平则是准备跟父亲学建筑的。所以我上了音乐学院附中,而镇平上了清华附中。后来因为"文革",镇平没有完成中学学业,恢复高考后因小时候学过音乐,考上了中央音乐学院。这样我们姐妹俩都学了音乐,家里没有人继承父亲的建筑事业,成了我们永远的遗憾。欣慰的是父亲有他视为儿女的学生们,他将自己的一切都毫无保留地给了他们。

父亲很爱学生。记得有一年,父亲到美国探望我们,回程的飞机票定在了某位学生答辩的前一周。临行前一周,父亲已经坐立不安,把家里的钥匙放在口袋里,在房间里踱来踱去,觉得时间过得怎么这么慢。我们搬进中七楼后,每个房间只有十平方米,地方很小,堆满了书籍和杂物,时不时会有老朋友和学生来,一来,满楼就会听到父亲的侃侃而谈和爽朗的笑声,一直传到楼外。到了饭点,大家也都不客气,大嚼母亲精心烹制的马家菜,那时对于长期住校的学生来说,汪先生家的饭菜就是美味佳肴!后来父亲病重时,他的几位学生耀东、伯冲、德林等轮流值班伺候,比子女都亲,替我们尽了孝,直到老人离去(图12~图14)。

在1967年后我们姐妹插队、下部队的几年里,每年回家的时间不多,没有时间跟父亲仔细聊些什么。后来上了大学,有了工作,又有了自己的家,再加上出国多年回不了国,与父母的沟通就更少了。多年后我们可以自由回国了,父母也到美国来看我们,这才享受了一段与父母在一起的天伦之乐。妈妈是搞音乐的,我们之间聊得比较多;父亲的建筑学我们插不上嘴,只有在他的学生们来看他的时候,才会看到父亲手舞足蹈、兴高采烈地侃侃而谈,我们常常感到遗憾:如果当初镇平学的是建筑,父亲会有多高兴呀!(图15~图18)

母亲曾经跟父亲表示过,如果在我们身上多下点功夫,我们会在人生的道路上走得容易一些。最近因为要作这份发言,又翻看了父亲1948年在赖特那里给母亲的信。在我出生的当天,父亲在给母亲的信中写道:"许多人知道了都向我道贺,他们也许是感到这个孩子幸运(同'天才'一天生日)。但我只为你

图9 教学时的汪坦3

图10 赴美探亲时的汪坦夫妇1

图11 赴美探亲时的汪坦夫妇2

图12 汪坦先生与学生们1

图13 汪坦先生与学生们2

图14 汪坦先生与学生们3

的平安而悦，孩子将属于社会及她自己，我们只是她的保姆和学校而已，是否能成为亲密的朋友，还得看她的将来。"（1948年6月8号）我明白了父亲对我们的最高要求——属于社会！

父亲在1948年2月12号的信中曾对母亲说道："记住！假如因乱你未能来美国的话，我会立即回来的。我们正好为新环境共同奋斗一番，我们这一辈子总该为多数穷困了几百年的人尽些力，即使拿我们的血和肉去喂他们也是应该的。"这是父亲一辈子为人的宗旨，为这个国家"穷困了几百年的人尽些力"。我想这也是许许多多老一代知识分子共同的为人宗旨（图19~图24）。

图15 汪坦与友人

图16 "文革"前的汪坦一家

图17 "文革"后复出的汪坦与同事及学生们

图18 "文革"后的汪坦一家

图19 八十诞辰时的汪坦先生1

图20 晚年的汪坦夫妇

图21 自己动手修理家具的汪坦

图22 八十诞辰时的汪坦先生2

图23 汪坦先生肖像3

图24 汪坦先生肖像4

Mr. Wang Tan: the Founder of the Research on Chinese Modern Architecture History

汪坦先生：中国近代建筑史研究的奠基人

张复合*（Zhang Fuhe）

图1 晚年的汪坦先生

编者按： 本文系在张复合教授第15次中国近代建筑史学术年会会刊前言及《中国近代建筑史研究记事（1986—2016年）——纪念中国近代建筑史研究三十年》两篇文稿的基础上整理而成，选择内容的原则是明确提及汪坦先生，不妥之处还望多多指正。

Editorial Note: This article is based on the preface of the 15th Academic Conference of Chinese Modern Architecture History and *The Memoir of the Research on Chinese Modern Architecture History (1986-2016) —Commemorating the 30 Years of Chinese Modern Architecture History*, which were written by Prof. Zhang Fuhe. The principle of content selection is explicitly mentioning Mr. Wang Tan. There may be something wrong in this article, we look forward to your advices.

今年是汪坦先生（1916—2001年）诞辰一百周年。值此之际，我们深切怀念第二时期（新时期）中国近代建筑史研究的奠基人汪坦先生（图1）。

汪坦先生治学严谨、学识渊博，在建筑史的理论研究方面卓有建树，作出了许多开拓性的贡献。他敏锐地认识到中国近代建筑史研究是个亟待填补的学术空白。

"中国建筑的这一段历史是非搞不可的。今天不搞，明天也要搞；我们不搞，我们的后来人也要搞。迟搞不如早搞。这一段历史刚过去不久，许多当事人还健在，许多建筑物还保存尚好。搞得越早，条件越好；晚搞一天，耽误一天。为了中国现代建筑的发展，为了中国建筑的未来，有必要尽早正确认识和评价中国近代建筑的历史。"（1985年4月，汪坦、张复合：《关于进行中国近代建筑史研究的报告》）

为此，不顾当时已七十高龄，汪坦先生以高度的历史责任感开创了中国近代建筑史的研究领域（图2）。

1985年8月，由汪坦先生发起召开的中国近代建筑史研究座谈会拉开了中国近代建筑史研究新时期的序幕。1988年2月，他率中国近代建筑考察团赴日访问，同日本亚细亚近代建筑史研究会正式签署《关于合作进行中国近代建筑调查工作协议书》，从此开始了长达八年的中日共同进行中国近代建筑调查工作的国际合作，汪先生同东京大学教授藤森照信共同主编了《中国近代建筑总览》十六册、《全调查：东亚近代城市与建筑》，为中国

图2 汪坦教授主编的《中国近代建筑总览》

*清华大学建筑学院教授。

近代建筑研究工作打下了坚实的基础。

在有关著述和讲演中，汪坦先生提出结合中国近代建筑的特征探讨历史学理论和方法论，目的是活跃思想，以转变持续过相当长一段时间的"教条""僵化"状态；提倡开创轻松自由搞研究的生动局面，以多种方法、多种途径、多种角度开展研究；提倡各单位和个人之间互通信息、互相交流。

汪坦先生主张，中国近代建筑史研究应呈现一种十分轻松、自由，大家来研究的局面。采用什么方法都行，不给自己套上枷锁，不把研究的范围弄得很窄，使人望而却步。有兴趣的都可以来研究，像玩古董一样来研究为什么不可以呢？这样研究来研究去就可能研究出很有意思的东西来，可以弥补一些目的性很强的研究的不足。

汪坦先生认为，代表一项基本研究工作水平的，不仅是短期内所产出的学术成果，更重要的是长时期持续、广泛开展的学术活动。一项基本研究工作可能要经过十年、几十年，甚至几代人的不懈努力，才能真正有所成就。对于基本研究来说，学术成果是战术性的，学术活动是战略性的。长时期开展的学术活动能培养人才、锻炼队伍，是一项基本研究工作达到高水平的可靠保证（图3~图10）。

图3 本文作者张复合教授

图4 第一次中国近代建筑史研究讨论会

图5 第二次中国近代建筑史研究讨论会

图6 第三次中国近代建筑史研究讨论会

图7 第四次中国近代建筑史研究讨论会

图8 第五次中国近代建筑史研究讨论会

图9 '98中国近代建筑史国际研讨会

图10 第七次中国近代建筑史研究讨论会

汪坦先生虽然已离我们而去，但他所开创的新时期中国近代建筑史研究后继有人、方兴未艾。把汪坦先生所开创的新时期中国近代建筑史研究继续下去，进行到底，是我们对他最好的纪念。

我们高兴地看到，我们的队伍新人接续、人才辈出，参加本次年会的91名研究者中，新人占多半（57名，占63%）。在2014年7月的第14次中国近代建筑史学术年会上，近代建筑史学术委员会正式聘任学术委员、秘书长7人，使组织健全完善；在年会论文征集、年会会刊《中国近代建筑研究与保护》（十）的编辑工作中，学术委员会的核心作用已初步体现。

我们高兴地看到，我们的成果被以多种方式广泛利用，发挥出应有的学术价值。我们看重的不是成果，看重的是产生成果的学术活动；只有广泛持续地开展学术活动，才会不断有新成果出现。

30年的学术活动证明，中国近代建筑史学术年会已经成为不可替代的学术品牌！学术活动广泛持续地开展，正是我们的生命力和活力的表现。

在近代建筑史学术委员会初具规模、基本健全的基础上，增强凝聚力、提高协调性，进一步加强对学术发展的引导，成为摆在近代建筑史学术委员会面前的重要任务。

清华大学建筑学院始终对中国近代建筑史研究高度关注。自2000年第7次学术年会至2014年第14次年会，14年间三任院长连续8次与会；同时，对会议经费一直予以积极的支持。

此次学术年会的召开适逢清华大学建筑学院建院70周年。建筑学院以"继往·开来"为主题，开展了系列学术活动、纪念活动以及展览、出版等活动。作为院庆系列学术活动之一，2016年5月14日举办了西方建筑理论与中国近代建筑史研讨会暨汪坦先生诞辰100周年纪念会；第15次中国近代建筑史学术年会会刊《中国近代建筑研究与保护》（十）被列入院庆系列出版活动。《中国近代建筑研究与保护》（十）反映了近两年中国近代建筑史研究的最新成果，是一部具有学术代表性的重要文献，对中国近代建筑史研究的开展一定会起到推动作用（图10）。

附录：张复合教授文章中对中国近代建筑史起步阶段的大事纪要，从中可以发现汪坦教授的贡献。

20世纪80年代初，中国历史学界对历史学理论和方法论的探讨活跃，尤其对近代（1840—1949年）中西文化交流、碰撞引起的思想动荡极为关注。在建筑历史学界，引发了关于建筑传统与现代风格关系的讨论，使中国建筑历史中处于承上启下的中介环节和中西交叉的汇合状态的近代一段再次引起中外建筑历史学者的注意。

1981年9月至1984年3月，在日本东京大学工学部建筑学科攻读博士学位的村松伸以高级进修生的身份来清华大学，为准备以《中国近代建筑史》为题的博士论文在中国留学；1985年4月，清华大学建筑系教授汪坦先生和张复合向清华大学建筑系领导提交了《关于进行中国近代建筑史研究的报告》，提出"为了中国现代建筑的发展，为了中国建筑的未来，有必要尽早正确认识和评价中国近代建筑的历史"。

1985年8月，由清华大学发起召开的中国近代建筑史研究座谈会在北京举行，并向全国发出《关于立即开展对中国近代建筑保护工作的呼吁书》。可以说"八月座谈会"是中国近代建筑史研究进入第二时期（新时期）的序幕；同年11月在东京大学召开的"日本及东亚近代建筑史国际研究讨论会"可被看作中国近代建筑史研究国际交流的开端。

1986年10月，中国近代建筑史研究讨论会在北京召开。这是继中国近代建筑史研究座谈会之后，中国举行的第一次全国性研究中国近代建筑史的学术会议，是第二时期（新时期）中国近代建筑史研究正式起步的标志。

1987年1月，国家自然科学基金委员会材料与工程科学部、建设部城乡建设科学技术基金会决定把"中国近代建筑史研究"作为联合资助科学基金项目，这意味着第二时期（新时期）中国近代建筑史研究进入轨道。

1986年10月和1987年5月，藤森照信、村松贞次郎先后访问清华大学；1987年11月，以汪坦为代表的中国近代建筑史研究会同以藤森照信为代表的日本亚细亚近代建筑史研究会就合作进行中国近代建筑调查工作达成初步协议。

1988年2月，汪坦率中国近代建筑考察团赴日访问，应邀在日本亚细亚近代建筑史研究会主办的讲演会上作报告，并正式签署《关于合作进行中国近代建筑调查工作协议书》。中日双方的国际合作全面开始。

1988年5月，"中国近代建筑讲习班"在天津举办；1989年4月，中日合作在青岛、烟台进行主要近代建筑实测活动。

1989年6月，《中国近代建筑总览·天津篇》在东京问世，标志着中日合作取得了初步成果；1991年10月，中日合作进行的16个城市（地区）的近代建筑调查已全部完成，取得调查表2612份，中日合作圆满完成；至1996年2月，《中国近代建筑总览》共出版16分册。

1988年4月，第二次中国近代建筑史研究讨论会在武汉召开；1990年10月，第三次中国近代建筑史研讨会在大连召开。

在第二、三次研讨会期间，1988年11月10日，建设部、文化部联合发出《关于重点调查、保护优秀近代建筑物的通知》。这个通知体现了在新的形势下，国家主管部门对近代建筑价值的认识和评价，并开始重视其保存与再利用问题。1991年3月，建设部城市规划司、国家文物局和中国建筑学会约集我国部分著名建筑专家和文物保护专家在北京召开近代优秀建筑评议会，并提出了专家建议近代优秀建筑名单。

1992年10月，第四次中国近代建筑史研究讨论会在重庆召开。

从1986年到1992年的7年间，第二时期（新时期）中国近代建筑史研究举行了4次全国性会议，发表论文179篇，出版论文集4本（收录论文92篇）。4次中国近代建筑史研讨会的召开，中日合作进行中国近代建筑调查工作的成功，说明第二时期（新时期）中国近代建筑史研究已经顺利起步（图11、图12）。

图11 部分中国近代建筑史研究讨论会论文集封面

图12 伏案工作的汪坦先生（汪镇美提供）

Academic Life and Historical Contribution of Mr. Yang Hongxun, the Founder of Archeology of Architecture

建筑考古学奠基人杨鸿勋的学术人生及历史贡献

崔 勇[*]（Cui Yong）

图1 著名建筑历史学家杨鸿勋先生

摘要：中国建筑史学研究尽管几次批判中国营造学社以及梁思成、刘敦桢，但实际上仍然沿着他们的治学道路前进。简单化的批判运动既未能全盘否定他们的历史功绩，也未能使他们的治学观点和方法有所改变。杨鸿勋等新一代建筑史学者的使命是在前人所开创的事业的基础上，突破静止的、孤立的、零散的罗列史料的治学方法，真正进行发展的、演变的、动态的中国建筑史学研究。

关键词：中国建筑史学研究，建筑考古学，杨鸿勋

Abstract: Even though the research of architectural history in China had criticized the Society for the Study of Chinese Architecture and Mr. Liang Sicheng, Mr. Liu Dunzhen for several times, the actual fact was that it still had been following the way of their studies. Simplified criticism neither had totally repudiated their historic feat nor had made any change to their academic standpoint and study methods. The mission of the new generation of scholars on the history of architecture, like Mr. Yang Hongxun, was to break through the learning method merely by enumerating the static, isolated and scattered historical materials and make the research of architectural history in China in a developmental, evolutive and dynamic way.

Keywords: Research of architectural history in China, Archeology of architecture, Mr. Yang Hongxun

杨鸿勋，1931年生，河北蠡县人。中国社会科学院考古研究所研究员，中国建筑学会建筑史学会会长，俄罗斯建筑遗产科学院院士，联合国教科文组织顾问。1955年从清华大学建筑系毕业后，任中国科学院学部委员梁思成的助手、建筑历史与理论研究室秘书、园林组组长。1973年应考古学家夏鼐之邀，调至中国科学院考古研究所。创建了建筑考古学，著有《杨鸿勋建筑考古学论文集》。在从事建筑考古学工作的同时，建筑史、论研究也屡有成就，《江南园林论》《宫殿考古通论》《大明宫》《中国古代居住图典》等论著享誉海内外。杨鸿勋信奉学以致用的理念，半个世纪以来，结合科研不断有建筑设计与规划佳作。曾经担任复旦大学、日本京都大学等的客座教授，现为同济大学顾问教授、台湾大学博士生导师。1998年发起并主持第一届中国建筑史学国际研讨会，起草被誉为中国建筑走向世界的里程碑的《香山宣言》，并被推举为世界营造学社筹备委员会主席，在国内外被称为建筑考古学的奠基人。2016年4月17日23时19分，杨鸿勋先生因病医治无效在北京逝世。杨鸿勋的逝世是中国建筑史学研究难以弥补的重大损失，令文化学术界同人悲痛不已。盖棺论定可谓："六十载雕梁画栋探赜营造万世一系，半世纪宫殿遗址考究奠定学科基石"。

在清华大学初入建筑学之门

* 中国文化遗产研究院研究员，建筑学博士。

杨鸿勋1951年考进清华大学营建系，1955年毕业。营建系后经1952年全国院系改革变为建筑系。梁

思成觉得由日本引进的建筑一词含义太狭隘，不及营建一词确切，所以清华大学在设立了全国唯一的营建系，不仅是延续中国营造学社的意思，也将建筑所涉及的风景园林、城市规划、装饰装修等范畴包含在内。当时营建系的课程表是依照美国的模式设置的，学制是四年，后来由于学习苏联，学制改为六年。清华大学建筑系的学生到四年级的时候被分为工业建筑、居住建筑、城市规划、公共建筑等专业进行培养。那时工业建筑主要进行工厂厂房设计，居住建筑按规定的样式设计，城市规划按照政策或国家相关规定执行，唯公共建筑最有创造性，杨鸿勋的毕业设计就被分在公共建筑组。

杨鸿勋毕业分配时正赶上国防建设急需优秀的建设人才，面向全国名牌学校招收毕业生，当时部队对引进的大学生要进行政治审查，合格了才能正式进入部队，杨鸿勋被通知到军委报到从事军队民用建筑设计，但他没有正式去工作岗位。这时全国兴起了"三反""五反"运动，反浪费是其中的一项重要内容，同时党中央号召知识分子向科学进军，周恩来总理要求毕业生要学以致用，不要让大学毕业生仅仅是到部队里从事文化扫盲工作，各大学要核实学生是否专业对口派用，切不可浪费人才，因为人才的浪费是最大的浪费。这一人才政策改变了杨鸿勋一生的命运和所走的道路，他被改派到中国科学研究院，从此与建筑历史与理论结下了难解之缘。

梁思成是中国科学研究院技术科学部的学部委员（相当于今天的院士），需要配备研究助手。杨鸿勋在大学一年级时专业就比较突出，并且给梁思成留下了深刻的印象。有一次，做建筑设计初步单色渲染效果图作业，杨鸿勋做了一个亭子，并配有水景及柳树。当时梁思成陪同一位苏联专家来参观、审查学生的建筑设计初步作业，他们在杨鸿勋的作业前面停留下来并点名要杨鸿勋到跟前示意。清华大学当时实行五分制度，杨鸿勋各门功课的成绩都比较好，建筑设计从一年级到四年级一直是五分，而且在学生时期他就对建筑历史与理论研究情有独钟。所以梁思成就把杨鸿勋要到了中国科学研究院做他的学术助手。

图2 杨鸿勋先生的办公室

图3 杨鸿勋先生接受媒体采访

在建筑历史与理论研究室做梁思成的助手

　　杨鸿勋到中国科学研究院报到后就协助梁思成建立研究室，并兼任秘书工作。该研究室系中国科学研究院土木建筑研究所和清华大学建筑系合办，被称为建筑历史与理论研究室。建筑历史与理论研究室成立后不久，先后调入了傅熹年、张驭寰、王世仁等人，清华大学的教师刘致平、莫宗江、楼庆西等也在建筑历史与理论研究室兼职。梁思成当时的社会名望很高，社会兼职工作很多，还有许多外事活动，具体的研究工作并不明确，也顾及不了。加之梁思成当时还有一个想法，认为中国古代建筑史研究基本上形成了完整的体系，并有《中国建筑史》《图像中国建筑史》及《清式营造则例》等学术专著，可以告一段落了，应该做些中国近代建筑研究之前的调查工作。于是建筑历史与理论研究室同人们的工作就暂时是对北京市内及近郊的近代建筑进行调研与考察，作为助手的杨鸿勋茫然失措。在梁思成的带领下，建筑历史与理论研究室编著了一本《中国建筑》，由郭沫若题词。同时接受国家文物局的委托，完成了曲阜衍圣公府的调查测绘，在报刊上发表了若干篇文章，并为梁思成计划开展的中国近代建筑史研究测绘了几座北京近代建筑。

　　1958年中国建筑工程部建筑科学研究所扩大队伍成为建筑科学研究院，全盘接纳了中国科学院撤销的以梁思成为主任的研究室，将其更名为建筑理论及历史研究室。这一研究室在新的形势下成为推动中国建筑史学研究事业发展的核心机构。建筑理论及历史研究室下设中国古代建筑史研究组、中国近现代及外国建筑研究组、园林研究组、民居研究组、建筑装饰研究组。杨鸿勋受到梁思成的信任担任园林组组长。1965年，这一研究室被解散。

　　当时，杨鸿勋应邀做了桂林、杭州及济南等地的园林规划，并为几内亚、美国、加拿大、日本、泰国等提供了若干园林设计构思方案，也考察与调研了国内一些地方园林。他的岳阳楼风景园林规划设计获得了郭沫若、周恩来、梁思成、杨廷宝等人的称赞。梁思成说，岳阳楼风景园林的设计创作是中华人民共和国成立以来走民族创作道路的一个里程碑。此时，恰巧莫宗江对江南园林也有兴致，并决定去实地调查，便问杨鸿勋是否愿意一同去调查，他当然很乐意去从事这样的调查研究，因为在此之前，杨鸿勋对皇家园林及江南园林就有许多想法，于是他带着许多问题同莫宗江一道去考察江南园林。对于江南园林，杨鸿勋的关注点与富有艺术气质的莫宗江不同，莫宗江深受梁思成的艺术气质影响，比较关心江南园林诗情画意的艺术特性。杨鸿勋除了关注江南园林的艺术特性之外，更悉心研究江南园林的内在造园哲理、历史成因及演变。在调查研究的过程中，他进行历史考证并查阅文献，写了大量读书笔记和学习研究心得，逐渐形成了系统的思想观念。他将这些整理成一个提纲，并不断补充、完善其内涵，《中国古典造园艺术研究——江南园林论》一书的思想观点和思路主要就是在那时形成的。杨鸿勋1956年就完成了《中国古典造园艺术研究——江南园林论》的写作提纲，但出书是在20世纪80、90年代，历时将近30年。这不是急功近利之作，凝聚了他多年来对中国园林艺术的理性思考。为此，他付出了许多代价，其中很多篇章是白天烧锅炉，晚上挤时间熬夜写出来的。他这样苦心经营的目的是一改过去那种游记或随笔杂记式地直观描述的园林研究方式而作理论上的探讨，在学理上揭示以江南园林为代表的中国传统园林造园艺术的基本特征和规律。在《中国古典造园艺术研究——江南园林论》中他从园林艺术论、创作论、典型园林评析等方面全面论述。《中国古典造园艺术研究——江南园林论》与童寯的《江南园林志》、陈从周的《说园》、彭一刚的《中国古典园林分析》同为20世纪中国古典园林艺术研究的学术名著而被载入史册。

图4 《杨鸿勋建筑考古学论文集》书影

承夏鼐之衣钵创建建筑考古学

1960年，在北京召开了中国建筑史学务虚会议，对中国建筑史予以批评，同时讨论如何编写中国建筑史，与会者对这一学术问题各抒己见。杨鸿勋提出了自己的看法，认为中国建筑史不能成为考古发掘和文献考据史料的汇编，而应该反映出中国建筑发生、发展的动态过程。鉴于此，杨鸿勋认为中国建筑史研究必须充分利用考古发现的史料，但又不能拘泥于考古资料，应避免单纯的考古发掘与文献考据。在这次中国建筑史学会议中杨鸿勋的观点旗帜鲜明，引起了很大反响，有人批判他的史学观没有反映劳动人民建筑。好在杨鸿勋在科研工作中认真研究过马列哲学著作中有关生产资料的再生产以及人类自身繁衍的再生产的科学思想论述，并以此来捍卫自己的学术观点。1961年建筑学界在香山召开了中国建筑史编写会议，即刘敦桢主编的八易其稿的《中国古代建筑史》的前身。《中国古代建筑史》直到1980年才由中国建筑工业出版社出版。在中国建筑史学界，杨鸿勋一直被部分人认为是脑子里比别人多点什么又缺点什么的人物。在20世纪60年代初期的那场学术争论中，杨鸿勋始终坚持自己的品格——道德文章并举，这对他之后的学术研究产生了恒久的影响，他已经完成正待出版的《万世一系——中国古代建筑史》中的许多观点都是当时萌生过的。30年后的1993年，在中国建筑史学会成立大会上，当他被推举为继单士元之后的又一任中国建筑史学会会长时，学术观点依然如故。

"文化大革命"开始后，建筑理论及历史研究室被解散，研究室的所有人都不得不自谋出路。中国社会科学院考古研究所的专家夏鼐先后两次请梁思成推荐一位学有所成的建筑史学人才进考古所协助他筹建建筑考古学科，这恰恰是中国建筑史学研究发展所需要的。1973年，夏鼐将杨鸿勋调到考古研究所，这对杨鸿勋来说是一个机遇也是一个学

图5 杨鸿勋先生考察火山岩地貌

图6 杨鸿勋先生考察园林1

图7 杨鸿勋先生考察园林2

图8 杨鸿勋先生在第三届中国建筑史学会上发言

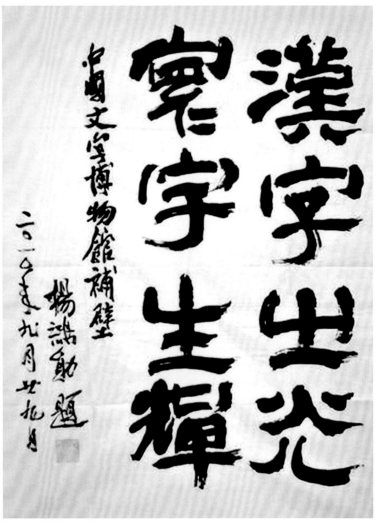

图9 杨鸿勋书法

术转折点。此后直到退休杨鸿勋一直按照夏鼐的要求极力进行建筑考古学研究工作。几十年来，杨鸿勋的建筑考古学研究工作已使古建筑、古聚落、古城市遗址的考古学研究进入科学的轨道，一门新的考古分支学科——建筑考古学正在形成。1987年，文物出版社出版了他的专著《建筑考古学论文集》，显示出建筑考古学作为一门学科存在的必要性以及它的基本内涵，引起了国内外学术界的关注。1989年和1993年杨鸿勋先后被美国和日本称为建筑考古学创始人。目前，其历经四十余载苦心编撰的《中国建筑考古学概论》将由科学出版社出版发行。

在杨鸿勋看来，建筑考古学的建立是考古学和建筑史学发展的必然要求。对建筑史学来说，前期阶段缺乏或者没有完整的古代建筑遗构资料，唯有依靠考古学才能获得文献所不能提供的实物材料。建筑史学要如实地阐明建筑发展的本来过程，首先要力求认识各历史时期的建筑原状，因此可以说，建筑考古学的核心是空间复原研究，包括科学技术史在内的一切历史研究都是复原工作。中国的木构建筑天然地具有易朽的本质特性，目前能见到的中国建筑原物仅存山西五台山唐代佛光寺与南禅寺。所以中国建筑史学必将随着建筑考古学这门新兴学科的出现而突破史料汇编的修史方法，步入"史"的实质性研究阶段。因为建筑考古学所涉及的是一个科学性的认识论范畴，一方面通过考古史料复原建筑实物，另一方面还原古代建筑在社会文化发展中应有的历史地位，采用建筑考古学的观念与方法解决诸多建筑历史上的疑难问题。目前的中国建筑历史研究，凭借现存的古建筑实例，只能编写一部现存古建筑的史料汇编，而不能完成一部真正阐明建筑发生、发展的动态过程的史书，加强建筑考古学建设势在必行。他的《宫殿考古通论》就是用建筑考古学的方法研究的成果。

杨鸿勋以建筑考古学的科学方法对中国古代建筑的历史情状应用了建筑学、工程学、考古学、民族学、音韵学、工艺学、美学等学科的观点，大大拓展了人们对消失了的古代建筑的理解，也具体考证了历史遗迹对建筑记载的真伪，这无疑是世界学术界的杰出成就。杨鸿勋的建筑考古学理论与方法是继梁思成之后中国建筑史学研究向前迈出一大步的动力。

图10 杨鸿勋先生在古建筑修缮现场

图11 杨鸿勋先生在施工现场1

将中国建筑史学研究推向世界

1978年，中国建筑史学也在"真理面前人人平等""实践是检验真理唯一标准"的原则指导下进入反思、总结历史经验的阶段。中国建筑史学界在肯定前人成绩的基础上敢于正视前进中的问题，最为突出的一是基础学科的建设，二是学术路线的改革，并将中国建筑史学研究推向世界。

1993年10月，中国建筑史学会成立大会暨第一次年会在北京召开，杨鸿勋作为会长在大会上作了演讲。在演讲中，他第一次公开阐述了中国建筑史学研究的反思，提出了问题并指出了前进的方向，艰难地迈出了突破传统习惯的第一步。回顾中国建筑史学发展的历程，第一阶段可以中国营造学社时期梁思成所著的《中国建筑史》为里程碑，第二阶段以刘敦桢主编、集体编写的《中国古代建筑史》为里程碑。后者是前者的扩大、充实及延续，两者一脉相传，都是中国营造学社治学观点和方法的具体体现。中国建筑史学研究尽管几次批判中国营造学社以及梁思成、刘敦桢，但实际上仍然沿着他们的治学道路前进。简单化的批判运动既未能全盘否定他们的历史功绩，也未能使他们的治学观点和方法有所改变。新一代建筑史学者的使命是在前人所开创的事业的基础上，突破静止的、孤立的、零散的罗列史料的治学方法，真正进行发展的、演变的、动态的中国建筑史学研究。

在杨鸿勋积极倡导并获得多方援助的情形下，1995年，中国建筑史国际会在香港召开；1996年，应台湾大学、东海大学、暨南大学之邀，杨鸿勋连续作了题为"中国建筑史学史再认识"的演讲；1998年，中国建筑史学会与清华大学历史与文物建筑保护研究所联合在北京香山召开了第一届中国建筑史学国际研讨会，并发表了《香山宣言》；2001年，第二届中国建筑史学国际研讨会在浙江杭州召开，并发表了《杭州宣言》；2004年，第三届中国建筑史学国际研讨会在"天下第一城"召开，并发表了《世界营造学社宣言》。杨鸿勋的目的是通过中国建筑史学国际研讨会架构起连接中国和世界的文化桥梁。他不同意弗莱切尔将中国建筑视为"建筑之树"中的非正统枝叶，中国古代建筑遵循"天人合一"的生存哲学，讲究人为环境与自然环境融合的有机建筑营造哲理及意匠，对人类的贡献是有目共睹的。东亚建筑学派重史料，欧美学者重思辨，然而只有两方面有机结合，才能产出真正有价值、有启发的学术成果，否则不是囿于史料，就是言之不足据。

在这一系列国际性的学术研讨会上，杨鸿勋一再申明：面对世界性的环境问题，以当代的目光重新审视中国建筑遗产，可以发现它包含着对今天和未来都有价值的宝贵思想。中国古代建筑文明表达了一种人与自然完美结合的理念，包含了中国古典哲学丰富而深刻的对人类社会与自然环境关系的理解。人与自然的和谐关系是中国建筑理念的核心，无论是聚落和都市的选址、建筑群的规划，还是个体建筑的设计以及结构与装饰的处理，都体现了人与自然之间的有机融合的关系。中国古代建筑研究希望揭示这种关系的真谛，探讨在新的历史条件下建立这种关系的方式和手段。在全球化过程日益明显的今天，保护民族与地方文化的多样性已经成为人类的共识，保护的基础是对文化进行深入的科学研究。因此，对中国建筑历史的研究本身便成为人类对这种文化遗产再认识和保护的内容。

现代建筑实践一再证实了中国古代建筑文化的生命力。现代建筑在推进建筑发展的同时，也给社会造成了物欲横流、生态失衡、人情失却的负效应。中国古代建筑文化所表达的人为环境与自然环境统一的空间观念、"墙倒屋不塌"的构架观念，乃至有机与无机相结合的建筑材料加工观念都曾为现代建筑的发展提供过可贵的借鉴。温故而知新，丰厚的中国建筑遗产不但已在现代建筑的变革中显示出它的价值，而且对未来的生存空间建设亦有益。在研究方法上，杨鸿勋坚持认为，今天建立的"科学建筑史学"的概念已经不是狭义的风格类型学，而是"建筑学的动态研究"，是建筑的素质教育。因此，作为建筑史学的传承者，希望对于传统建筑文化的理解不再沦落为退守式的"保留"与"保护"。保留是根本，但不是全部。所谓传统建筑的研究，并非只是斗拱、材质之类的工程做法和各式各样的建筑形制，而是更为深刻的人为与自然环境空间关系的诠释，从而使东西方的建筑立场由主观的差距回归到客观的差异上来，进而互动与互补，以造福于全人类的美丽家园建设。

中国建筑史学研究自此越来越引起国际学术界同人的普遍关注，从而真正走向世界。杨鸿勋也因此成了在国际上享有卓著声誉的学者。中央电视台的"东方之子"节目，中央电视台科教频道的节目均对他进行过专门的访谈。2001年，国家文物局机关报《中国文物报》组织了"20世纪最佳文博考古图书"征集活动，他的《杨鸿勋建筑考古学论文集》和《中国古典造园艺术研究——江南园林论》分别获得第一、第二名的殊荣，体现了中外学术界对其的认同与高度评价。

杨鸿勋将毕生的精力奉献给了中国建筑史学研究和弘扬中国优秀建筑文化的事业，也为我国重要考古遗址、古代建筑的保护以及古典建筑与园林的创新发展作出了重要的贡献，他卓著的学术贡献、求实创新的学者风范及道德文章并举的品格将彪炳千秋，载入建筑史册。

图12 杨鸿勋先生在施工现场2

图13 杨鸿勋先生在实验室

Research on Architectural History under the Historical View of Science: Professor Yang Hongxun's Academic Contribution

科学史观下的建筑史学研究：杨鸿勋教授的学术贡献

江柏炜*（Jiang Bowei）

摘要：杨鸿勋教授是20世纪后半叶迄今中国建筑史上的典范人物。皓首穷经且才华洋溢的他在学术生涯中结合考古学、历史学、语言学及其他学科的方法，建立了科学史观的建筑史研究路径，使之能与近代以来的人文学科并驾齐驱，学术贡献卓著。

杨鸿勋教授长期在中国社会科学院考古学研究所任职，曾客座于上海复旦大学、日本京都大学、台湾大学、成功大学，发起中国建筑史学国际研讨会、中国古典园林国际研讨会，担任世界营造学社（WSYS）筹委会主席，累积了丰富的第一手史料，佐之以扎实的论证，在中国建筑史学的学术积累方面贡献颇多。本文以《江南园林论》及《宫殿考古通论》两本重要著作为主，在知识论的基础上通过与多学科对话，探讨其研究价值，深化东亚文明研究的杰出成就。

关键词：建筑文化，科学史观，考古学，东亚文明

Abstract: Prof. Yang Hongxun was a key person on discipline of Chinese architectural history after middle 20th-century. He was a knowledgeable and talented researcher, and tried to combine architectural history with archaeology, philology and linguistics in order to build a scientific approach for Chinese architectural history studies. Therefore, as one of discipline of the modern humanities, architectural history could play an important role.

Yang was a senior researcher at the Institute of Archaeology, Chinese Academy of Social Sciences for a long-term. He also taught at Fudan University, Kyoto University, Taiwan University and Cheng Kung University. He originated International Conference on Chinese Architectural History, International Conference on Classical Gardens of China, and was first president of WSYS. He accumulated plentiful academic achievements for Chinese architectural history and the humanities. This paper will introduce his two classic publications, *A Treatise on the Garden of Jiangnan* and *The General Theory of Palace Archaeology*, and analyze his contribution for the interdisciplinary methodology and his creative viewpoint. Yang's research not only promotes the Chinese architectural history but also lets us understand the East Asian civilization further.

Keywords: Architectural culture, Scientific view of history, Archeology, East Asian civilization

* 台湾师范大学东亚学系教授兼主任，1968年3月12日出生于台北。台湾大学建筑与城乡所博士，曾受教于夏铸九、杨鸿勋等名师。毕业后曾任教于金门大学建筑学系、闽南文化研究所，并任人文社会学院院长。2009—2010年赴哈佛燕京学社（Harvard-Yenching Institute）做访问学者。长期致力于建筑史学研究、海外华人与华侨研究、物质文明史研究及文化遗产保护研究等。

一、上穷碧落下黄泉，动手动脚找东西

杨鸿勋教授是20世纪后半叶迄今中国建筑史上的典范人物。皓首穷经且才华洋溢的他在学术生涯中结合考古学、历史学、语言学等其他学科的方法，建立了科学史观的建筑史研究路径，使之能与近代以来的人文学科并驾齐驱，学术贡献卓著。

杨鸿勋教授长期在中国科学院考古研究所任职，曾客座于上海复旦大学、日本京都大学、台湾大学、成功大学，发起中国建筑史学国际研讨会、中国古典园林国际研讨会，担任世界营造学社（WSYS）筹委会

主席，累积了丰富的第一手史料，佐之以扎实的论证，在中国建筑史学的学术积累方面贡献颇多。

首先是关于《江南园林论》（台北：南天书局，1994年）的讨论。南宋到明末的五百年间，园林的发展迈向新的纪元，可称为中国古典园林江南时代。经济发达可说是江南园林蓬勃发展的物质基础。元、明以来，江南一带成为国家财税的重心，粮税达全国的百分之十三以上，一府之地超过中原一省而有余；至于布匹更为悬殊，一府所征常数倍于他省。商人阶级的兴起、仕进之门的开放、文学艺术的盛行、风雅生活的追求，可说是园林艺术发达的基础。江南地区成为中国文化的大熔炉，汇聚成一种独特的、大众化的、世俗化的文明。这种文明最恰当的象征就是江南园林，而江南园林最系统、最具创见的著作首推杨鸿勋的《江南园林论》。

图1 杨鸿勋先生

其次是《宫殿考古通论》（北京：紫禁城出版社，2001年）的介绍。继《建筑考古学论文集》（北京：文物出版社，1987年）、《江南园林论》两本重量级的巨著之后，杨鸿勋整理了多年学术工作的思路与独特的见解，出版了《宫殿考古通论》一书，为中国古典人文学科（humanities）领域再创新局。该书在论述的广度与深度上远远超过先前断代分期的中国建筑史的一般性写作，已经自成体系而成为一门学科（discipline），学术价值极高。

因此，本文以《江南园林论》（1994年）及《宫殿考通话学》（2001年）两本重要著作为主，在知识论的基础上通过与多学科对话，探讨其研究价值，深化东亚文明研究的杰出成就。

二、《江南园林论》的成书背景

付梓于1994年的《江南园林论》是杨鸿勋长期积累的丰硕成果。在前言中作者提及："还是在1956年初，在'向科学进军'的年代，笔者被分配担任梁思成先生的助手未久……携自选课题'江南古典园林研究'的初步大纲赴江南进行实地考察。""1959年至1964年期间，笔者在主持桂林、杭州、苏州、济南等地风景区、园林规划、设计的实践中，得以比较、考核所推论的江南古典造园艺术原理的客观性；并借各种学术活动的机会，与造园界同人及理论工作者交换意见；1961年，刘敦桢教授垂询其巨著《苏州古典园林》付梓定稿的意见时，笔者有将表明对'江南园林'管见的拙作详细提纲转呈刘敦桢教授请教。""1981年至1983年间，《建筑历史与理论》及《文物》先后以《江南古典园林艺术概论》为题发表了本项研究的文字初稿和以本项研究为基础的《中国古典园林艺术结构原理》一文（为联合国教科文组织撰写），得到海内外一些同行的首肯和印刊专著的要求"[①]。在增补了所需的照片、数据后，1989年终完成，后历经数年才出版，距离研究初始已近三十年，其中客观环境因素占主要部分。

该书不同于一般园林著作游记式或杂感随笔式的写作风格，作者试图建立园林研究学科之严谨的科学性。全书分为五章、三大部分：第一部分为园林理论，包括绪论、园林艺术论、园林创作论；第二部分为实例评析，分城市地、山林地、江湖地、村庄地园林作品评论；第三部分是结论、插图、目录与英文摘要。全书由实例总结理论，以理论检视实例，前后呼应，自成体系。

①杨鸿勋：《江南园林论》，前言，上海，上海人民出版社，1994。

图2 杨鸿勋与学者交流 　　图3 杨鸿勋生活照

三、《江南园林论》的主要内容及观点

园林理论是本文讨论的焦点。以下对《江南园林论》的主要内容进行介绍。

第一，绪论，作者提出了园林为人类文明的需求，"用造园艺术的手段加工或再现的自然风景，是理想化、蓄以人类生活情趣的园林景象，它潜在地给人以劳动战胜自然的欣慰；而更为直接地给人以如吟诗、读书的赏心悦目的美感享受。"[①]接着作者从比较研究的宏观角度分析了中国古典园林的国际影响，回溯了中国园林艺术思潮与日本造园史的历史关系以及17世纪至19世纪初叶中国艺术风格对于欧洲的影响。最后阐明了本书的写作范畴，即研究时空与对象上界定的江南园林。

第二，园林艺术论。作者以"一种具有实用价值的时空艺术"归结中国园林的价值，同时强调了其与传统绘画的关系以及园林艺术如何再现自然。作者指出"风景画即中国所谓'山水画'，是用绘画艺术的手段再现三度空间的自然风景于二度的平面画幅上，是在平面上经营空间。被西方称为'自然式''风景式'的诗情画意的中国园林，不但是空间的现实，更是空间的艺术的描写，是一种艺术的空间。"此外，作者也纠正了一般园林著作将"现象"视为"理论"的谬误，如将"小中见大""曲径通幽"等效果视为设计原理，而未探究其园林景观艺术的本质。

是故，作者提出两种研究途径来讨论园林艺术，一种从园居方式、园林观、创作思想来论"江南园林的功能内容"，另一种是从园林艺术的基本单位、园居形式来论"景象"。前者回顾了秦汉的神仙思想如何运用园林手段创造理想的"长生不老"居住境界[②]，魏晋以降士大夫阶层崇尚自然及山林隐逸的思想[③]，宋明理学—禅宗思想自然观的基础上以淡泊隐逸为园林的理想境界，景象创作多以诗、画所提炼的主观化了的自然为蓝本，直至封建社会晚期（尤其是清中叶以后）反映帝国没落意识、苟延残喘的富贵享乐代替了对淡泊湖山的追求。后者将"景象"视为一个空间概念，并视江南园林的创作主要是把"景象要素"与"景象导引"在一定的实用要求下与主题思想统一起来的过程。[④]杨鸿勋细致地将园林生活、园林观、创作思想联系起来，并通过设计思想与理论（design thought and theory）剖析景象（scenes），相当具有新意，可帮助我们更深刻地理解江南园林的哲学思想、空间构成与艺术价值。

第三，园林创作论，是本书最具分量、最重要的篇章，作者从论景象之构成、论意境之创造两个方面切入，建立了体系完备的园林创作理论。

（1）景象之构成。

作者延续园林艺术论的论述，进一步将景象构成分为景象要素（景象结构基础）、景象引导（景象结构关系）。景象要素包含：(a)地表塑造（筑山、迭石、理水）；(b)建筑经营（园林建筑的类型[⑤]及其与山

①杨鸿勋：《江南园林论》，2页，上海，上海人民出版社，1994。

②汉代形成的东海神山或曰太液、蓬莱，继而演变成唐代的"一池三山"（太液池及蓬莱、方丈、瀛洲三神山）的典型景象，正是此思想的体现。（杨鸿勋：《江南园林论》，19页，上海，上海人民出版社，1994）。

③经过当时发展起来的自然、田园文学、绘画的启示，园林创作丰富和改造了前期寓意仙居的山水景象，而出现描写大自然风景的更富生命力的现实主义作品。（杨鸿勋：《江南园林论》，19页，上海，上海人民出版社，1994）。

④要素与导引双方是相互依赖、互为前提的，这就是实际创作中所谓"因景设备、因路得景"的关系的实质。像宇宙间一切事物一样，构成园林景象的对立而统一的双方——要素与导引，是相对的，而不是绝对的。根据游园活动的条件，双方不时地在相互转化。（杨鸿勋：《江南园林论》，22页，上海，上海人民出版社，1994）。

⑤详细整理了厅堂、楼阁、亭、廊、洞门、洞窗、漏窗等不同建筑类型及做法（杨鸿勋：《江南园林论》，80-121页，上海，上海人民出版社，1994）。

水自然的联系、园林建筑艺术的尺度设计、方位与采光、虚实处理以及建筑装修、家具、陈设等）；(c)植物配置（常用植物种类及其意义的赋予、植物的园林艺术功能、植物配置的景象统一性等）；(d)动物点缀（常用动物种类及欣赏观点、动物点缀与其他景象的统一性）。景象引导探讨：(a)途径（园路安排、视点运行、停点设施等）；(b)掩映（景象构图与景面、景象组群的蒙太奇①，景深的强化②）。景象要素层次分明地归结出园林的空间构成，景象引导则探究各要素及活动间的关系。

西方著名的地景学家林区·凯文（Lynch Kevin）在论及"感觉的景观与其组成元素"时认为"一个地方之感觉质量是地方形态与观赏者相互作用而来的……感觉是活生生的，知觉包括属于观察者与物体的瞬间的、强烈的、深远的，似乎和其他影响无关的美感经验。""设计者设计造形是要在感觉之相互作用中构成一种意图，使得观察者创造一个和谐的、有意义的、生动的景象。我们所设计追寻的是一种'景观'。这种景观为有技巧性地组织而成，各部分共同作用，谐和一致，亦为视觉景象与生命、活动相互调和的整体。在自然界，一个调和的景观是由相互平衡的自然力连续作用而成的。在艺术界，调和的景观是艺术家综合应用技巧的结果。"③借用林区的观点，杨鸿勋对江南园林带给人们的感觉结构（structure of feeling）进行景象构成分析，以设计者的观点深刻指出园林生态、仿自然景象、人为建筑之间和谐且富于变化的景观样貌，并且透过空间要素之间、游园者与环境景观之间的互动关系，呈现出园林体验中视觉、听觉、触觉、嗅觉等身体感官的综合艺术。江南园林具有突出的感觉质量与艺术价值，是适当地响应了江南风土的地域性（locality）与南宋、明清以来的商贾及文人的社会生活（regional life）的空间创作。

此外，园林中"游"的活动借由景象的引导而达成。"游"是中国重要的艺术精神，也是契道的境界显示。儒家要"游于艺"，道家要"逍遥游"，都企慕以"游"的精神来往于道艺境界。园林是"所"游的对象，文人的心灵则是"能"游的主体。④透过感官可及的"目游""身游"，园林中的文人常移情入景地去欣赏人为驯化的自然所具有的精神之美。是故，景象的引导正是园林设计中至关关键的部分。

(2)意境之创造。

作者从三个层次探究园林意境之创造。功能与景象的统一：(a)思想情趣与景象的统一；(b)景象与园居方式的统一。景象再现自然（景象的概括性）。意境的深化：(a)时间的延续，空间的拓展；(b)景象的应时而借（天时的渲染）；(c)诗文的开拓（诗文在园林艺术中的作用、诗文与景象的统一性、诗文的景象组织形式）。

美学理论家李泽厚认为我们民族美学的主要精神之一就是"形中见神，以形写神"，以艺术的有限具体形象反映、表现广阔深远的内容；"意境"的基础首先就是"形象"，而所谓"景外之景，象外之象""水中月，镜中花"实际上都只是"真与不真""似与不似"的意思。⑤进一步说，园林空间意境虽是抽象的美感经验，却由生活功能（life function）、自然的再现（representation of nature）、时间与空间的交织（intertexture

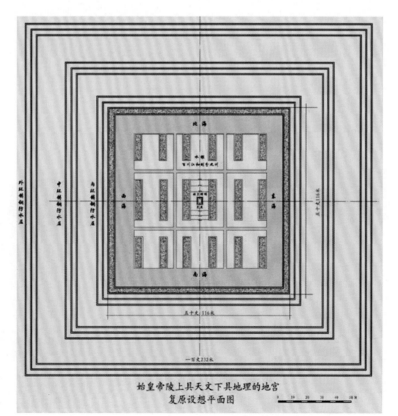

图4 杨鸿勋所作秦陵复原设计想象图

①亦即静观与动观序列，包括障景、对景、点景等（杨鸿勋：《江南园林论》，230-254页，上海，上海人民出版社，1994）。
②特别是借景，包括邻借、远借等手法（杨鸿勋：《江南园林论》，254-257页，上海，上海人民出版社，1994）。
③Lynch Kevin, Hack Gary：《敷地计划》，167页，成其琳，译，3版，台北，六合出版社，1995。
④侯乃慧：《诗情与幽境：唐代文人的园林生活》，473-474页，台北，东大图书，1991。
⑤李泽厚：《美学论集》，343-345页，365-366页，台北，三民书局，2001。

①江南园林一般幅员较小，占地面积大多为1~10亩（0.07~0.7公顷），最大的宅园也不过几十亩（5~6公顷）。（杨鸿勋：《江南园林论》，10页，上海，上海人民出版社，1994）。
②杨鸿勋：《江南园林论》，263、266页，上海，上海人民出版社，1994。
③Lynch Kevin, Hack Gary：《敷地计划》，189页，成其琳，译，3版，台北，六合出版社，1993。
④侯乃慧：《诗情与幽境：唐代文人的园林生活》，490页，台北，东大图书，1991。

between time and space）、文学风景（literature scene）所解构，这是"以形写神"最典型的例证之一。江南园林在有限的空间中①深刻传达了情感，具体再现了传统社会"虽隐待仕"的理想生活范型以及晚明以降因物欲为风流所发展出的才子生活范型这些文人、商绅所追求的心智状态（mentality）。

此外，关于时间在空间中的作用因素，特别是园林艺术所创造出来的意境，可说是一种人与环境之美学沟通与移情想象（imagination of empathy）。杨鸿勋论述道园林意境"不仅在于其景象空间的变幻，更在于游览程序与历程的组织；在于四季、晨昏、风雨、晴晦的季相与时态的渲染；在于通过匾联、题刻之类的诗文开拓。"同时呼应了《园冶》所谓"应时而借"的提法，"借助天时的渲染来加深景象的意境"。②这些看法与西方地景艺术的观点不谋而合，林区在讨论"时间的感觉"时强调："时间感觉之传达，就像表达空间形态一样重要，因为时、空二者是创造我们环境的重要尺度……除了'地域感'（sense of place）外，也要有'偶发感'（sense of occasion）"①③。园林生活除了设计者所意图创造的情境经验外，还提供给使用者不期而遇（encounter unexpectedly）的可能性——具有偶发感的时空经验，这与西方现代建筑功能主义（functionalism）对活动的精准控制大大不同。

第四，典型园林作品评论。作者实地查访了二十八座江南园林，参考《园冶》的相地篇，依坐落环境与园林布局将园林分为城市地、山林地、江湖地、村庄地四种类型，分别评价其艺术价值与设计意匠，以印证前文所阐述的园林理论。这些园林地点涵盖苏州、常州、天台、宁波、扬州、南京、上海、杭州、无锡、嘉兴、湖州等富裕的江南鱼米之乡，为一时之选，亦具代表性，堪称江南园林中的精品。

四、《江南园林论》的理论价值

园林的存在是出于人类对山水自然的喜爱。中国古代的文人们强调及肯定自然对于人的精神具有洗涤除垢的作用，将自然山水视为创作的素材，环境对人情、文情也有一定的触引效果。园林借由人为力量使得自然之美更加集中、突显，造园过程中的迭山、理水、植木、建筑及布局都是以人工创造自然或整理自然、略加点拨，使其富于自然的趣味，使众美骤然朗现。④《园冶》卷一园说云："虽由人作，宛自天开"，说明了园林是人文与自然调和的显现。

杨鸿勋的《江南园林论》是总结园林艺术论、创作论最全面且深入的一部巨著，从理论架构的严谨度、史料的完备度、成果结论的独创性来看，已建立起具有设计观点的园林理论，将园林研究由感性鉴赏

图5 杨鸿勋的《大明宫》书影　　　　　　　　　　　图6 杨鸿勋的《江南园林论》书影

带向理性评析。该书在海内外均获得极高的赞誉，在2001年中国国家文物局的《中国文物报》发起并主持开展的公开、公正、透明的全国公投普选中被评为"20世纪最佳文博考古图书"，并荣膺"论著类"书籍第三名，杨鸿勋的另一本巨著《建筑考古学论文集》获得第一名。①中国台湾、中国香港、新加坡、日本、欧美等国家和地区关注中国古典园林发展的学术界对本书也推崇备至，显见其不凡的学术价值。

这本书一方面继17世纪唯一的园林论著《园冶》以来，开创了全新的园林理论视野，摆脱了随笔式的书写方式，让园林研究得以登上学术之林；一方面也让我们更深入地掌握了文人理想的"游息观居""城野与仕隐兼融"的意境是如何设计的，空间与文化、空间与绘画、空间与文学、空间与生活是如何对话与交融的。《江南园林论》，实为中国园林史、建筑史的重要篇章。

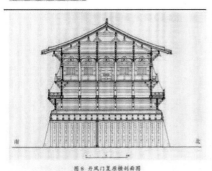

长庆四年(824年)正月，穆宗病逝，敬宗即位。三月，敬宗御丹风楼大赦天下，免收京畿及季青苗钱，减收秋季青苗钱，命令各州郡在常贡之外不得进献财物等。翌年正月初一，敬宗于圆丘祭天，再次登丹风楼大赦天下。

宝历二年(826年)十二月，敬宗被宦官弑于寝殿。文宗即位。翌年正月，文宗登丹风楼大赦并改元"大和"。

文宗死后，武宗即位，照例于正月在南郊祭天回宫后，登丹风楼大赦天下，并颁诏改元是为会昌元年(841年)。

大中元年(847年)，宣宗即位也同样在南郊祭天后，登丹风楼大赦天下，并颁布"大中"改元。大中十三年(859年)夏，宣宗"驾崩"于大明宫，懿宗即位，翌年十一月，他照例等天后登上丹风楼，大赦天下并改元"咸通"。咸通四年正月，懿宗在祭祀天地之后，登丹风楼大赦天下。

咸通十四年(873年)七月，懿宗死后，僖宗即位。翌年十一月，他仍然是按照定制，于南郊祭天后，登丹风楼大赦天下及宣布改元"乾符"。僖宗已是唐朝的尾声，一次的战火破坏，使大明宫破败不堪。

僖宗死后，其弟即位，是为昭宗，昭宗只能在太极宫举行登基典礼，在武德殿接受朝贺，颁布大赦与"龙纪"改元，这是自宣宗登丹风楼楼大赦以来的百余年间的首次破例，就是说，僖宗是御丹风楼楼颁布大赦及改元的最后的一位皇帝。昭宗上要使用太极宫，很少到能烧大半的大明宫去了。丹风门随着唐朝的灭亡而灰飞烟灭成为一片废墟。

二、现存城门墩台的遗迹现象

丹风门遗址发掘前是一东西49米，南北29米，高2米多的小土岗，上面建有房圆。2006年1月完成发掘，遗址表明宫门墩台是黄土夯筑而成，西部保存较好，东部二门道破坏严重，只残有底部的部分基础。这便是仅凭铲探不容易

辨认五个门道的原因。

发掘报告记述：城门墩台从外皮包砖计算，东西长74.50米，南北宽33米，但是附图为31米许；残存最高处为2米多。黄土夯筑的墩台，是一完整的横壁红基础，基底深在唐地面下2.2米。墩台方向为北偏东1°20′，与含元殿中轴线的方向一致(图3)。

墩台遗址虽然残破，但是仍然可以看出其平面与明德门一样是五个门道，但比明德门大出许多。明德门东西长56.5米，南北宽18.5米，丹风门比它东西长出18米，南北宽出14.5米⑤。另外不同的是，墩台东西两端在宫城内一面与宫墙马道相接的部分，向西多出7.8米，由墩台北壁向南延伸5米，比宫墙北所测马道厚出4.6米。

墩台西壁与宫墙相接的内转角处，残有少量倒在原位的包壁灰色长砖，厚0.8米。值得注意的是，内角以西的包壁砖向西延伸3.2米，砖墙面与宫墙夯土面相平。另外，发掘报告中有两处文字叙述与附图不符，一处是"西墩台的平面……南端边69米，然后呈直角北折6.4米与西侧城墙的南边相接。

图9 宋·张择端《清明上河图》城门形象

图10 敦煌晚唐138窟北壁燕五间进井有时时阿楼的宫门形象——应为大明宫丹风门的写照

图7 杨鸿勋的《中国古代居住图典》书影

五、建筑学与考古学的遭遇

1.宫殿考古的重要性

在这本著作中，杨鸿勋以反映思想意识、最高技术成就与象征表现的宫殿建筑为研究对象，结合考古学与建筑史学的理论方法，大大提高了我们对于中国古代建筑与古代社会的理解。他在绪论中提到："宫殿是中国建筑史学研究的重要组成部分。西方古代最伟大、最辉煌的建筑是宗教建筑，而中国在历史上长期以来以儒立国，古代轻于宗教，注重伦理，使得宫殿成为建筑最伟大的代表，可以说是中华民族以儒为基本伦理的文化载体。辉煌的中国宫殿，是一本伦理教科书。"同时，"宫殿建筑是王（皇）权的象征。不论对哪个国家来说，宫殿都是一种特殊的建筑。它的建造，集中了民间建筑的经验，同时具有宫廷化的严谨格律。在中国，它集中体现了古代宗法观念、礼制秩序及文化传统的大成，没有任何一种建筑比它更能说明当时社会的主导思想和传统。"因此，从宫殿建筑切入来了解中国古代的社会制度、哲学思想、工艺技术、文化美学，是十分适当且精准的。

2.学科整合的研究视野："建筑考古学"的兴起

众所周知，土木结构的中国建筑并不耐久，加上朝代更迭时的破坏，隋唐以前的建筑实物几乎不复存在。然而，大约早在东汉时代，中国古典建筑文化的体系已然成形，深入地了解实有其必要性。当缺乏完整史料的困境遇上了关键性课题时，过去的研究不是语焉不详，就是纯从文献臆测、论断建筑，因此产生了许多无法说服人的假说与看法。

杨鸿勋教授的贡献在于他提出了建筑考古学的理论方法，使古代建筑史学摆脱了困境，也对过去忽略空间史料的考古学有所帮助。他提道："从考古学来说，古聚落、古城市、古建筑遗址和古墓葬是同等重要的考察对象；就建筑史学而言，前期缺乏或者没有遗留下完整的古代建筑实物，唯有依靠考古学

①杨鸿勋跨领域、新创学科的《建筑考古学论文集》荣膺第一名的殊荣；中国考古学会第二任会长苏秉琦的《考古论文集》获第二名；中国科学院院长郭沫若的《两周金文大系续编》获第四名；中国考古学会第一任会长夏鼐的《考古学与科技史》获第七名。

图8 杨鸿勋的《宫殿建筑史话》书影

才能获得文献所不能提供的实物材料。""在历史上，越是早期，建筑越是重要。它的生产几乎集中了当时社会生产的各个门类，因而它集中反映了社会生产力的状况；在一定程度上，也反映了社会生产关系和意识形态的状况。"确实，对居住遗址的发掘与研究对于认识历史具有无可替代的重要价值，一如摩尔根（Lewis Henry Morgan）在《古代社会》中所提到的"与家族形态及家庭生活方式有密切关联的房屋建筑，提供了一种从野蛮时代到文明时代的进步相当完整的例解。"[1]建筑史学的重要性不言而喻。

因此，建筑考古学除补齐了缺乏实物的古代建筑之理解，也帮助了传统以"墓葬考古"为主流的考古学（archaeology）重视"遗址考古"中的空间复原课题（建筑考古学）。以仰韶文化遗址为例，多数学者将之区分为居住、制陶、墓葬三区，居住区围着中央广场在四周建屋的向心规划布局反映了氏族公社的秩序及成员平等的母系社会原则；到了龙山时期聚落打破此一布局，广场上出现住房甚至墓葬，居住区有陶窑，住房也出现变化，室外的公共窖藏被移到室内，说明私有概念、贫富差距及偷盗现象萌生，是向父系社会过渡的例证。因此，杨鸿勋说：

"遗址所保存的历史残留信息是极其丰富多彩的，它为具备智能的考古学家提供了大量认识历史的依据。"并谦称这是一种"特殊考古学""专业考古学"。事实上，杨鸿勋的宫殿建筑考古学已经开拓了一个崭新的、有价值的学科视野，将中国的人文研究推向了顶尖学术之林。

六、从风格分类学到科学的建筑史

《宫殿考古通论》是建筑考古学方法论的集大成之作。在该书中，杨鸿勋阐述了其认识论与方法论，指出科学性的复原对建筑史研究的重要性，"发掘遗址不等于'建筑考古学'"，"建筑考古学的核心是复原研究……复原的首要原则是忠实于遗迹现象；另一点是古聚落、古城、古建筑的复原需要借助必要的有证据或根据的科学论证"。"不应只是抱着史料的观点，而要有历史的观点。考古学的基本对象是实物，它与侧重文献的所谓'历史的研究'不同。"换言之，建筑考古学是一门严谨的实物复原科学，必须通过理论辩证获得新的诠释；其也与一般的人文学科的历史研究不同，用依赖"任凭文献的历史学方法研究古代建筑的演变是不能解决问题的，只有在考古学研究的基础上才能真正建立起可靠的建筑史学"。

我认为杨鸿勋的见解事实上已经触及一个核心的老问题，那就是常规建筑史可说是一门"风格的分类学"（typology of style），以形式主义风格作为铺陈建筑史的主轴，而建筑考古学是一个科学性的认识论，属科学史的范畴，这样一来除可通过考古史料复原建筑实物，也还原了古代建筑在社会文化发展的应有地位。

这部厚达583页的著作，可以说是一部横跨时间与空间的宫殿建筑考古巨作。作者除了在绪论：宫殿考古概说中介绍了认识论与方法论外，还随着中国历史发展的进程，以二十五章的庞大架构铺陈了从新石器时代至明清时代的宫殿建筑考古历史，分别是宫殿与社稷的前身：新石器时代的"大房子"与"昆仑"、论宫殿的雏形：从大地湾看"黄帝合宫"、论二里头遗址所反映的原始宫殿、商都亳的宫城：偃师商城I号址、郑州商城的宫殿、殷晚期的离宫：小屯的"殷墟"、殷商的方国宫廷建筑：黄陂盘龙城及周原凤雏遗址、从考古学材料推断"周人明堂"形制、东周王城宫廷建筑遗存、从东周诸侯国宫城遗址看周朝宫殿制度、东周列国的"高台榭、美宫室"、周朝宫廷建筑的营造成就、秦帝国气吞山河的宫殿群落、"非壮丽无以重威"：西汉宫殿、南越王和闽粤王的宫殿、东汉雒阳的宫殿、三国南北朝的宫殿、划时代的隋朝宫廷建筑、大唐宫殿、渤海国上京王宫、从形象材料管窥北宋宫殿的一斑、西夏皇帝的陵塔、元中都宫殿遗存、明中都与南京宫殿遗存、明北京奉天殿两庑·明清紫禁城巡守值房等。每章都可独立成篇，亦又前后连贯，形成了完整的历史论述体系。

值得注意的是，除对中国上古、中古时代中原地区的宫殿建筑着墨外，杨鸿勋也揭开了神秘的"华夏

①路易斯·亨利·摩尔根：《古代社会》，1页，杨东苑，马雍，马巨，译，台北，台湾商务印书馆，2000。

边缘"国度的宫城，如南越国及闽粤国宫殿、渤海国上京王宫、西夏王朝陵塔等，从文化比较学的观点来看，甚具意义。这些具体而微的研究成果都呼应了作者于绪论一章所提出的理论方法，不仅为建筑考古学奠定了坚实的基础，亦打造了国内外后辈学者短期内难以超越的高大结构。

七、破解中国与日本上古史之谜

在这本书中，最吸引我的内容之一是关于上古史"昆仑"的论证，以及日本原始神社建筑的起源。杨鸿勋旁征博引，以建筑考古学、语言学的知识，指出古籍中所载的"昆仑"即是"干栏"，"京"是干栏的原始语音，其形、音、义都表达着原始"明堂"—"社"（奉祀农神）与"稷"（谷仓）。甚至以《三国志》卷三十《高句丽传》为证，指出深受中原文化影响的朝鲜半岛亦将高架谷仓称作"桴京"，说明了古代东亚文化的共通性。这一论点的提出除印证了干栏是上古时期极为神圣的建筑形式了外，也直接证实了《史记》中所记载"黄帝时明堂"的正确性。

图9 杨鸿勋先生考察古村落1

杨鸿勋不但解答了上古干栏建筑形式之谜，还把握在日本担任客座教授的时间，考察了弥生时代的"社"，以鸟取县羽合町长濑高滨聚落遗址、群马县前桥市鸟羽聚落遗址为例，推论这种原始氏族晚期的"社"（后世日本"神社"的祖型）应是距今四千年左右（绳纹时代后期）从中国传入了稻作技术与原始的农神崇拜后出现的（即为"社"），到了距今三千年左右的弥生时代，聚落"社"的设置已然普遍，而"社"的建筑形式就是干栏。据我所知，这个观点的提出在日本考古学界造成了极大的震撼。因为在过去，日本考古学界相信绳纹时代与弥生时代的文化源于日本本土，而非受中国的影响。杨鸿勋铿锵有力地提出不同于既有日本上古史的看法，让许多人哑口无言，佩服不已。

在这部巨著中，杨鸿勋隐含了一个时间序列，以大量严谨的资料论证清代以前中国宫殿建筑的发展，其中包括我们目前尚不熟知的南越王和闽粤王的宫殿、渤海国上京王宫、西夏皇帝的陵塔、元中都宫殿遗存、明中都与南京宫殿遗存等，既丰富了中国宫殿建筑发展史的脉络，也为中国建筑史提供了辉煌的一页。

对于古代建筑史的研究，杨鸿勋先生采用建筑考古学的科学方法，综合运用建筑学、工程学、考古学、民族学、工艺学等多领域的观点，大大增强了我们对于消失了的建筑的理解，也具体考证了史籍对于建筑记载的真伪。无疑这项工作处于世界学术的尖端，是继梁思成先生之后让中国建筑史学界向前迈出一大步的动力。

谨以此文悼念辞世的杨鸿勋教授，并感谢他长期的教诲。

参考文献

[1]李泽厚. 美学论集 [M]. 台北：三民书局，2001.

[2]侯乃慧. 诗情与幽境：唐代文人的园林生活 [M]. 台北：东大图书，1991.

[3]杨鸿勋. 江南园林论[M]. 上海：上海人民出版社，1994.

[4]Lynch Kevin, Hack Gary. 敷地计划[M]. 成其琳，译. 3版，台北：六合出版社，1995.

[5]路易斯·亨利·摩尔根. 古代社会[M]. 杨东苑，马雍，马巨，译. 台北：台湾商务印书馆，2000.

图10 杨鸿勋先生考察古村落2

The Contribution of Yang Hongxun to Landscape Architecture Theory
—Reread *A Treatise on the Garden of Jiangnan*

杨鸿勋对园林理论的贡献
——再读《江南园林论》

刘庭风[*]（Liu Tingfeng）

图1 著名建筑历史学家杨鸿勋先生

摘要：《江南园林论》是杨鸿勋先生对园林理论的重要贡献。该书基于对江南园林的全面考察，系统梳理了景象要素假山、水体、建筑、植物的类型，考证了其历史渊源，探索了山水形态与周边自然环境、人文环境的关系。该书还提出了江南园林文化主题和游览路线的设计方法。把考古论用于江南园林之中，并提出园林要素的自然观，对全面认识和建造具有中国文化特色的江南园林具有重要意义。

关键词：《江南园林论》，杨鸿勋，园林理论，贡献

Abstract: *A Treatise on the Garden of Jiangnan* is a celebrated contribution to the theories of garden, which writed by Yang Hongxun. Based on a comprehensive study of the garden of Jiangnan, this opus systematically carded the various types of the landscape elements, including the artifical hill, water, buildings and plants, proved its historical origin, explored the relationship between the patterns of landscape and the natural environment, and its correlation with the human environment. Meanwhile, it has put the design methods of themes of garden culture in Jiangnan and the touring route. Adopting the archaeological theories in the garden of Jiangnan, it has raise the nature views of the landscape elements, which has a significance for comprehensively understanding and establishing the of garden Jiangnan in Chinese culture.

Keywords: *A Treatise on the Garden of Jiangnan*, Yang Hongxun, The theory of garden, Contribution

公允地评价，古典园林三史三论中，周维权的《中国古典园林史》当属翘楚，汪菊渊的《中国古代园林史》和张家骥的《中国造园史》或可补充；杨鸿勋先生的《江南园林论》与彭一刚先生的《中国古典园林分析》和陈从周的《说园》不相上下。无独有偶，诸者宿皆历民国和中华人民共和国两个阶段，其理论酝酿于"文革"之中，成熟于改革开放初期。陈先生年纪最长，为江南才子，民国之江大学中文系出身，集诗、书、画、园于一身。其论著为诗画般的美文，于1976年刊行问世，被誉为园林品鉴文学的巅峰之作。同来自江南皖地的彭一刚先生，比陈从周小14岁，游学于北方唐山，建筑科班出身，受西方现代建筑理论影响，所创图解分析法成为学界之范本。与彭先生伯仲之间的杨先生是典型的北方汉子，就读于清华大学，其凭借建筑科班优势，甫毕业即担任建筑大师梁思成的助手，兼任历史理论研究室的秘书，工作才两年（1957年）就任建筑工程部建筑科学研究院园林研究组组长，其独特的建筑考古方法成为业界至今无法逾越的巅峰。

《江南园林论》之所以被评为"二十世纪文博考古最佳图书"第三名，不是因为杨先生供职于中科院建筑考古所，而在于先生对江南园林具有深度的考古论、自然观和艺术论，他考证园林建筑的历史和形态，阐明园林山水的自然源流和文化源流，解构园林设计的逻辑结构、游线组织和景象特点。

经杨先生统计，园林建筑类型达十七种。诸式之名与实的关系大相径庭。杨先生对此进行了字源和形态的考证，经观察，发现园林建筑的类型名与匾额名严重不符，"除亭、廊、楼等有较为明确的含义外，

*天津大学建筑学院教授。

表1 陈彭杨作品一览表

名/生卒年/祖籍	大学/专业	工作单位	园林代表著作	出版时间	特点	设计作品	其他著作
陈从周/1918—2000/浙江杭州	之江大学/中文系	同济大学	《说园》	1976	文学性	云南楠园、豫园东部修复、天一阁东园、纽约明轩	《苏州园林》《园林谈丛》《书带集》《春苔集》《帘青集》《随宜集》《山湖处处》《绍兴石桥》《上海近代建筑史稿》《中国名园》《书边人语》
杨鸿勋/1931—2016/河北蠡县	清华大学/建筑系	中科院	《江南园林论》	1994	考古探源	鸦片战争博物馆、中国文字博物馆、空海纪念堂、桂林展览馆、玉泉观鱼改、潍坊归真园、几内亚克纳克里公园	《宫殿考古通论》《中国园林史话》《建筑考古学论文集》
彭一刚/1932—/安徽合肥	北方交大/建筑系	天津大学	《中国古典园林分析》	1986	图解分析	天大建筑馆、甲午海战馆、王学仲艺术馆、平度公园、伦敦中国城	《建筑空间组合论》《中国传统村镇聚落的景观分析》

图2 杨鸿勋的《江南园林论》新版书影1

其余名称大多没有固定样式。以这些名称来命名，只是取其古雅或淳朴之意。"如远香堂为堂，林泉耆硕之馆为馆，古猗园的浮筠阁为榭，并不临莲池的颐和园玉澜堂西配殿叫藕香榭，金溪别业临水方亭叫香雪轩，狮子林山中楼阁称卧云室，等等。此现象其实并不只出现在江南，源于具有诗性的文人对建筑类型的随意拓展。

假山是中国园林区别于世界园林的最重要特色，杨先生肯定了假山源于真山，但是，假山的艺术评价标准是：神似高于形似，即假山理论与绘画理论同源。另外，杨先生从史学的角度对山景规模进行对比，认为《汉官典职》对汉武帝上林苑"聚土为山，十里九坂"的描绘与《三辅黄图》对同时代的袁广汉宅园"构石为山，高十余丈，连延数里"的描绘，肯定了汉代皇家园林和私家园林的共同之处在于山景规模的宏大，与现代公园高达十余米、几十米的大土山一样，但"在大自然面前，仍不过一篑土、一篮石而已"，"其艺术效果远不如三五米高的江南古典园林作品更富有山林的真实感。"

杨先生把江南园林的山分成土包石、石包土和土石相间三种。通过研究明代文学家兼造园家文徵明的《拙政园图》，杨先生发现拙政园原为土山，叠石是后加的。又经考证，艺圃是明代万历末年张南阳的作品，当初并没有随处可见的太湖石，"近年已整修一新，可惜未严格地按科学复原，平岗小坂被彻底破坏了，实在令人痛心。"由此，他表达了对张南垣写实主义的推崇，认为张南垣以写实主义为指导，造山则平岗半坡，陵阜一隅；理水则滨湖一角，溪谷半边。这种截取风景局部的描写形神兼备，看来确实逼真。与南宋画家夏圭、马远被讥为"残山剩水"的描写山水半边一角的风景画一致。

图3 杨鸿勋的《江南园林论》新版书影2

通过对比，发现江南园林中很多太湖石是园主"炫耀财富而堆砌的多余石块"，如果勇敢地剔除，"效果会更好一些"。因为自然的山是与林结合在一起的，石山难种植，土山蓄万物，"所以就园林艺述来说，山不在高，而以得山林效果为准则。"晚清凡园必石，已经走向写意，一方面写的是文人的仁山之意，另一方面写的是园主的财富之意。

杨先生绝非恨石，相反，他是爱石和爱山的。其最爱的假山作品当属苏州的环秀山庄。对环秀山庄寸石寸地的热爱和无数次的游览使得他绘制的游线图可以贯穿石山诸态诸景的峰峦、崖岸、脊麓，可以表达内外、上下和阴阳。对于表达江南喀斯特地貌的山洞，他盛赞拙政园远香堂南假山的复合做法，认为山洞内用太湖石，可悬石如钟，山洞外用黄石，可节约资金并展现出雄壮的气势（注：笔者认为此法与真山相左，为败笔）。

依据自然水态，江南园林水景被归结为江、河、湖、海、溪、涧、潭、瀑、池塘等。杨先生对每一种水态都进行了考证。从《诗经》的"王在灵沼，于牣鱼跃"到《述异志》的夫差作天池泛龙舟；再到汉武帝为训练水军而穿凿十平方公里的昆明池，诸样皇家园林水景以湖海为象，追求壮阔的气势。

图4 苍梧亭（残粒园）　　　　　图5 深潭做法的残粒园水池

图6 窗框景（拙政园涵青）

图7 门框景（拙政园梧竹幽居）

记得2000年12月9日在广州的南越国遗址是秦汉船台还是宫苑建筑的论战，杨氏宫苑建筑论的依据就是西汉私家园林袁广汉园的溪流景观描述"积沙为洲屿，激水为波澜"。船台论就此偃旗息鼓，此战中园林考古学大放光彩。杨氏江南园林论处处充满考古手法。

对于江南园林中最为普遍的池塘，通过考察分为自然和整形两类。前者在中小型园林中广泛应用，以至于人们普遍认为，江南园林的水池皆为自然式，不仅平面曲折自然，而且沿岸用太湖石镶缀。杨先生发现了大量整形水池，不仅规则式庭院用之，而且自然景象的庭园也用之：苏州王洗马巷万宅庭园小墨池、马医科巷俞氏曲园池塘、惠荫园"繁松霭深"南池、天一阁曲池、温州某宅方池、临海方一仁药店方池。这一发现更正了以往的片面和误解。

对于湖泊景观，杨先生总结出了一个江南园林湖泊模式，第一，岸线曲折，使透视产生水湾港汊的效果；第二，模拟自然，或为土岸散置自然石，或完全由自然石叠筑；第三，岸边标高近水面，产生拍岸荡漾浩瀚之感；第四，设岛屿、矶滩、步石、纤路、桥梁、码头、堤堰之类，以刻画江南湖泊风光。此类湖泊是江南特有的，并非西部的高原湖泊，也非岭南的峡谷湖泊。

对于江河景观，他根据做法的土岸间石和S形河道两个特征断言江南园林的河流景观是模拟田野河道，如留园以南河流、秋霞圃河流、汇龙潭河流、古猗园河道、苏州西园西部等。

以摹写长江中下游平原景观为主的江南园林中有无山间河流的景观现象呢？这在江南园林中还真的是很少，只有拙政园西部补园塔影亭一带这么做，两岸全部用自然石叠筑，堤岸很高。这种山间河流，杨先生称之为山溪。与山溪相近的一种河景被杨先生称为濠濮。其山水相依，重点表现水，两岸较高，可以当成两岸夹山的做法。自然石护岸，藤本攀缘，营造了幽深濠涧的气氛。杨先生批评了一种人所持的败笔观，认为"如果说这座桥是败笔，拙见其败不在于高架，而在于曲折——不应采取纤桥形式。"

很多人不理解某些园林的水面很小，还很深，如听枫园、寄畅园秉礼堂、残粒园、阊门外新马路林宅，进而怀疑是不是古人做错了。杨先生说，此景亦是自然之中的景象，名为渊潭，"水面集中而空间狭隘，是渊潭的创作要点。渊潭岸边叠石，不宜被土；光线处理宜阴沉浓郁，不宜光明灿烂；水位标高宜低下，不宜涨满"。然而，此类做法少，说明江南地区地下水位高，自然中此类景观少，一旦到了南岭、秦岭、太行、燕山，此景就极为普遍了。

正是因为走遍了所有江南园林，深入研究了每一个园林，杨先生才有更多发现。对于源泉，他总结了两种，其一是天然源泉的加工，其二是模拟自然的艺术创作。前者有两种：一种为建筑意匠，如惠山天下第二泉和杭州玉泉，整形水池，刻龙吐水；另一种是自然风致的处理，如天平山玉泉精舍和虎跑泉。模拟自然在江南很少，不做落瀑，而做石窦、岩涵、小潭景象，只有在雨天方有跌水出现，"望之若深邃幽暗似有泉涌"，他说环秀山庄的飞雪泉因雨才有《飞雪泉记》，网师园殿春簃的涵碧泉因雨才有碧泉流淌。

江南园林的源流称水口，分为来水的天门和去水的地户，杨先生所说的水口特指前者。其制式分为自然式和引入式两种：自然式如留园闻木樨香轩的溪涧和秋霞圃河汉的叠石，引入式如郭庄引水的涵洞。

在论述完园林要素后，杨先生开始讨论园子的游线设计。游线被杨先生称为途径。途径分动观和静观两种，静观特名停点，即停下来休息观赏之所。江南园林的路线有四个特性，第一是诱导性，第二是与景的对应性，第三是行进的曲折性，第四是周始的回环性。四性道出了江南园林的景点之间的关系。

在景的设计上，景象与景面被归纳为一对范畴。"景象是三维的，景面是二维的。""景象要素是有限的，景面是无穷的。""景面源于景象，但只有在具体的导引条件下，亦即在一定的途径与掩映的交互作用下，才能获得景面。途径的创作在于获得具有一定艺术效果的景面序列，即在于选定途径的形态背景，亦即选定其赖以存在的掩映，这就又落实到景象的构图上。"景象组群的蒙太奇——静观与动观序列。"一座园林由若干组景象所构成，各组景象本身以及相互之间都保持一定的结构关系。"理清景象与景观的逻辑关系，有助于理解图与象的关系，把电影创作的理念引到景观分析中来，更有助于景观序列的时间设计。

掩映成为杨先生对江南园林认知的又一个专有语汇。掩是为了遮掩多余和不良部分，映是为了突出中心和优秀部分。此词本身就是一对范畴。杨先生认为障景与对景是可以相互转化的。"障景是掩，对景是映。障景虽障，功能却是引入。"障景有实障与虚障之分。实障如梧竹幽居与见山楼之间的土山和耦园城曲草堂与山水之间的石山。"隔断障景有如兵法之'隔而不围，围必缺'。切断一面的观赏线及游行线，不可围死；即使需要包围一个封闭的景象空间，也必须围中留有预示景象的缺口。"如西湖三潭印月的片断粉墙。把兵法引入园林分析，简洁明了且十分生动。

杨先生眼中的点景指在空白的庭院中，起弥补空白、活跃死角、锦上添花作用的景观。是局部点缀，以近观为主，不会影响大局。其用法是花草树木、叠石、石峰、石笋、石刻之类，配以小幅度的地表处理。位置或户前屋后的夹道、小天井，或路边、墙角的空白处。构图有二度与三度之分。如《园冶》写道"粉墙为纸……只作二度的平面构图即可，必要时并作限制一面观赏的处理。"三度者如留园的古木交柯。三度空间的自然式点景使得江南院落与北方四合院的对称格局形成鲜明对比。

杨先生的园林艺术观是不盲从的，他对计成的《园冶》中的借景五式提出质疑，认为其分类概念不清，必须"进行科学的澄清"，并赋予"确切的内涵"。因为拘于骈体文的字数、平仄、押韵，"内容则往往失之于含混，片片飞花，丝丝眠柳，看竹溪湾，观鱼濠上等语，就颇有指园内之嫌；所谓'半窗碧隐蕉桐，环堵翠延萝薜'，显然与借景无关。"杨先生把计成的五借：远借、邻借、仰借、俯借和应时而借归为三借：远借、邻借和应时而借，把仰借和俯借纳入应时而借。从古而不泥古，大学者也。

图8 堆石精品（环秀山庄）

图9 黄石假山（网师园）

图10 点景（网师园）

东方园林的中国园林最高境界在于意境，杨先生认为意境的终极目标是"象外之象，景外之景"。要达到这一目标，要做到三点：统一、再现、深化。统一指的是思想情趣与景象的统一、景象与园居方式的统一。前者如网师园的渔隐主题，是《园冶》所述"意在笔先"的做法。杨先生认为留园藤架破坏了寒碧庄的主题，耦园东园曲桥高架破坏了濠濮的意境。后者如拙政园的三十六鸳鸯馆，是为了听戏用。再现指的是景象要再现自然，这种再现要在"形似与神似之间"，且"神似以形似为前提"。深化指的是意境的深化，其一是时间的延续和空间的拓展，采用欲露先藏、曲折、点景、空心画的手法，延续时间。其二是景象的应时而借，天时渲染。其三是诗文的开拓，匾联题刻。横为匾，竖为额，它们对园林景象起画龙点睛的作用。在园林中活动的文人以情景交融的诗词、园记提高了园林的格调，渲染了场所中人与景对话的鲜活气氛。

对于一个园林到底是否有一根主线作为创作思想，杨先生的回答是肯定的。比如文人造园家苏东坡爱竹种竹，提出"宁可食无肉，不可居无竹"。陈继儒虽为一介文人，但是他一生园居，于花特好，写下四季赏花篇《花镜》，在"花间日课"中对花的描写十分细腻。到了清中叶之后，"反映帝国没落意识、苟延残喘的富贵享乐代替了对淡泊湖山的追求。这反映在景象上是提供园居生活享乐的建筑比重大为增大，而作为园林结构基本因素的植物已退居陪衬的地位。"一句话解答了晚清园林建筑充斥的疑问。

杨氏江南园林论对江南园林理论的形成有着重要的意义。如果说陈从周的《说园》是对江南园林理想境界的描绘，彭一刚的《中国古典园林分析》是对园林景观设计和欣赏的图解分析，杨鸿勋先生的《江南园林论》则是对造园要素山、水、石、屋、木、文的深入解读。境界观强调高雅，图解观重空间，要素观重构成。要素解析的基础是要素类型的分级，其次是要素本身，最后是要素的历史。对要素本身的论述在其他学者的论著中均未见，不仅从材料、形态和渊源方面解构，还分析了前世今生因人而异的认识变化（本质上是审美变化）而导致的形态变化。

他提出了许多新的理念，如园居、掩映、景象、景面、土石山等，对于江南园林的认识可谓十分深刻。首先要明确的是，该书的理论源于大量的实地考察；其次，用考古学的方法对园林诸要素的源流进行了考辨，明晰了关系；第三，认为园林景观现象是

图11 后补石的土山（艺圃）

图12 濠濮纤桥（耦园）

由环境决定的，从而顺理成章地建置了所有要素与江南自然环境和人文环境的有机关联；第四，不盲目崇拜，不人云亦云，敢于否定古人和今人的普遍认知；最后，巧用比喻，如兵法之围缺、戏剧之龙套、电影之蒙太奇等，恰如其分地表达了园林"擅巧"的设计理念。

重读杨论，景变得有源，序变得有理。从古今对照中认知时间的源流，从观察现象中认知景观与周围环境的关系，从逻辑构成中认知美学构图和心理路线的原理。这些理论或回答了时人的疑问，或阐明了构景的原理，或平息了学界的纷争。

谨以此文纪念杨鸿勋先生！

图13 借景的观点（沧浪亭见山楼）

图14 跌水（寄畅园八音涧）

图15 整形水池（曲园）

图16 孤峰（豫园玉玲珑）

The Research Process of the Past Scholars Like Mr. Liu Dunzhen Et Al. of the Society for Research in Chinese Architecture

—Commemorating the 60th Anniversary of the Publication of Liu Dunzhen's *Chinese Housing Survey*

刘敦桢先生等中国营造学社先贤的民居建筑研究历程

——写在刘敦桢先生的《中国住宅概说》问世六十周年之际

摘要：刘敦桢曾指出："大约从对日抗战起，在西南诸省看见许多住宅的平面布置很灵活，外观和内部装饰也没有固定格局，感觉以往只注意宫殿陵寝庙宇而忘却广大人民的住宅建筑是一件错误的事情。"中国营造学社自成立以来，主要以中国古代官式木构建筑为研究对象，意在弥补中国文化传统中对建筑传统认识的不足，以另辟蹊径地探究中国文化精神；而以刘敦桢为代表的部分学者逐步将研究视野拓展到民居建筑，开创性著作为刘敦桢《中国住宅概说》，其意义在于使建筑艺术更直接地服务于大众生活，服务于中国当代建设。

关键词：中国营造学社，刘敦桢，民居建筑，官式建筑

Abstract: Mr. Liu Dunzhen has pointed out, "During the anti-Japanese war, when we saw a lot of residential houses in southwest provinces which were of flexible plane layouts and unfixed outer and inner decorations we had a feeling that it had been a mistake to focus ourselves on the great building of palaces, temples and tombs only but ignor the residential houses of the masses." Since the establishment of the Society for Research in Chinese Architecture, the research subject had been mainly concentrated on ancient official wooden architecture trying to make up for the deficient regards of traditional architecture in Chinese culture and to find new ways of study on the spirit of Chinese culture. Some of the scholars like Liu Dunzhen, extended the study to the residential houses by his work *Chinese Housing Survey* which was of great significance in motivating the architectural art directly serve the life of the masses and modern construction in China.

Keywords: Society for Research in Chinese Architecture, Liu Dunzhen, Residential buildings, Official buildings

　　1956年，我国杰出的建筑历史学家刘敦桢（1897—1968年）出版了一部在学科发展史上被公认具有里程碑意义的著作——《中国住宅概说》。这部著作之所以能够获得如此高的声誉，表面上看是由于其一改过去将主要精力放在古代官式建筑研究的旧局面，将研究视野拓展为官式建筑研究与民居建筑研究并重，极大地丰富了中国建筑历史的内容，可谓引领时代之先声。在深层的文化意义上，是将以往纯学术性质的借建筑研究之途径探索中国文化精神改变为将建筑与大众生活紧密关联。

　　刘敦桢先生在书中指出："大约从对日抗战起，在西南诸省看见许多住宅的平面布置很灵活，外观

* 《中国建筑文化遗产》副总编。

和内部装饰也没有固定格局，感觉以往只注意宫殿陵寝庙宇而忘却广大人民的住宅建筑是一件错误的事情。"这对于当时的建筑界而言，是启发学界同人走出象牙塔尖的振聋发聩之作。

从主要研究官式建筑扩展到研究民居建筑，中国建筑历史学界经历了长达三十七年（1919年至1956年）的探索过程。在这三十七年间，有如下事件值得铭记。

① 内容来源于《中国营造学社汇刊》。
② 姚承祖原著，张至刚增编，刘敦桢校阅《营造法原》，北京，建筑工程出版社，1959年。

一、1919年朱启钤重刊《营造法式》

1919年，朱启钤先生在南京发现宋《营造法式》（丁本），这是一个中国建筑历史学科赖以奠基的重大发现，也是事关中国文化再认识的文化史大事件。之后，朱启钤进一步在四库全书中找到了丁本之外的其他《营造法式》抄本、刻本，请陶湘等版本学专家校雠，于1925年刊行了权威版本——陶本《营造法式》。朱启钤称此书"属于沟通儒匠，濬发智巧者"，又谓："中国之营造学，在历史上，在美术上，皆有历劫不磨之价值，鄙人自刊行宋李明仲《营造法式》，海内同志，始有致力之涂辙。方今世界大同，物质演进，非依科学之眼光，作有系统之研究不能与世界学术名家公开讨论……"① 1930年中国营造学社正式成立，朱启钤延聘学贯中西、具备"科学之眼光"的梁思成、刘敦桢先生分别担任法式部、文献部主任。之后，刘致平、陈明达、莫宗江、单士元、邵力工、赵正之、王璧文等成为骨干力量。学社同人在研究《营造法式》的同时，也开展了对清工部《工程做法》的研究（梁思成为主要研究者）。其间陆续开展的一系列古代建筑遗构田野考察都是围绕着解读这两部典籍展开的。可以说，以宋《营造法式》、清《工部工程做法》两部典籍为主要研究项目，以五台山佛光寺、应县木塔、正定隆兴寺和明清紫禁城等代表性木构为主要论证实例，中国营造学社对古代建筑中官式建筑的研究成了那一时期中国建筑历史研究的主旋律。回顾那段历史，朱启钤提出的"沟通儒匠"意在以久被忽视的工匠传统弥补正统儒学文化之不足。在这一点上，朱梁刘三位先贤达成了共识，但也存在细微差异：朱启钤基本上是立足本土文化的维新派人士，梁思成偏重于以建筑艺术途径探索中国文化精神，刘敦桢则较早关注建筑与社会生活的关系问题（图1~图3）。

图1 朱启钤重刊之《营造法式》书影

二、1926年刘敦桢开始关注姚补云所著的《营造法原》

1926年，在苏州工专任教的刘敦桢先生结识了苏州民间工师首领姚补云先生。姚补云"家世袭营造业，苏州近数十年住宅、寺庙、庭园经他擘画修建的不少"，其在工专执教的讲义称《营造法原》，"这是姚补云先生根据家藏秘笈和图册，为苏州工专建筑工程系所编的讲稿，是南方中国建筑之唯一宝典"。② 姚补云的这部讲稿记载了部分官式建筑的做法，也有大量非官式建筑的民居建筑的大木做法及小木作工艺传统。从那时起，刘敦桢先生即开始关注《营造法原》的整理、出版工作。刘敦桢即使离开工专去中国营造学社，仍嘱托学生张至刚先生协助姚补云整理旧稿、增编成书。此书稿历经波折，直至33年之后的1959年才得以出版面世。著名建筑历史学家陈明达先生将此书视为与《营造法式》《工程做法》同列的中国传

图2 《中国营造学社汇刊》第一卷第一期书影

图3 中国营造学社先贤（左起：朱启钤、梁思成、刘敦桢、刘致平、陈明达、莫宗江）

图4 刘敦桢关注的《营造法原》书影1

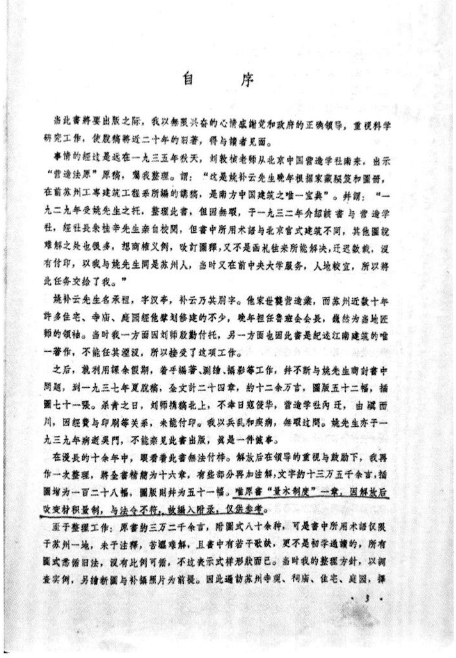

图5 刘敦桢关注的《营造法原》书影2

统建筑典籍。刘敦桢先生之所以于已然在营造学社从事官式建筑典籍及实例遗存的研究之际仍然时刻关注《营造法原》的整理，正是因为他意识到官式建筑传统之外的民居建筑中有艺术思想上的补充，与社会生活有更直接的联系（图4、图5）。

三、1934年龙庆忠先生发表《穴居杂考》

1934年2月，中国营造学社社友龙庆忠先生在《中国营造学社汇刊》第五卷第一期上发表了《穴居杂考》，对属于民居建筑的窑洞作初步的调研（实地踏访并绘制平面草图）。龙庆忠（1903—1996年），第一代建筑历史学家，原名龙昺吟，字非了，号文行，江西永新县人，1925年赴东瀛留学，随后考入日本东京工业大学建筑科，1931年毕业。学成回国后，龙先生先后在东北、河南建设部门任职，抗战时期在中央大学建筑系任教，1949年后长期任华南理工大学（原华南理工学院）建筑系教授。此时龙先生的调研纯属个人行为，并不具备精密测绘的客观条件，他从古文献入手，整理归纳了与"穴"有关的七十多个中国文字，如穴、窟、窖、窨、窗、窠、窑、穿、窳等，指出现存窑洞形穴居建筑可能与《易经》记载的"上古先民穴居而野处，后世圣人易之以宫室，上栋下宇，以待风雨，盖取诸大壮"的演变轨迹有关。非了先生的这篇短文别开生面地由考证年代并不久远的现存民居建筑反证出中国建筑的源远流长（图6、图7）。

值得深思的是，随着中国营造学社对各类建筑遗存调查的深入，非了先生对民居建筑的文化价值的认识也不断提升。1948年12月，他的《中国建筑与中华民族》发表于《国立中山大学校刊》第18期，从十二个方面论述了建筑与民族精神之间的关系。其中第八条为"由中国建筑之以住宅为本位而观我民族性……

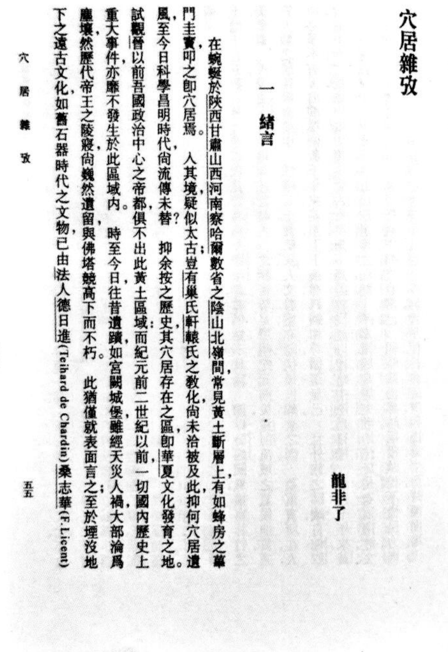

图6 龙非了《穴居杂考》书影1

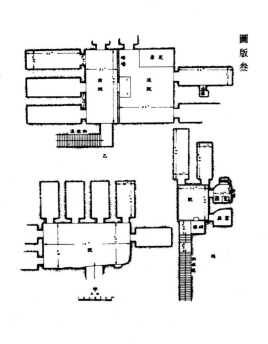

图7 龙非了的《穴居杂考》书影2

至于以住宅为本位之发展，乃以我民族重视天伦，实现人生所必然之归趋也。盖居室乃治平之本，礼仪之居自须重视而设计也"。[1]较早阐释了中国建筑虽然形式多变，等级、体量各异，但以普通民居为基本要素。这就从文化类型上对东西方建筑作出了初步的判断，概括了民居建筑的文化意义。

同年，梁思成、林徽因合著的《晋汾古建筑预查纪略》（《梁思成全集》第二卷297~354页）从建筑艺术的视角肯定了窑洞等山西民居的艺术价值。梁林在文中写道："近山各处全是驰突山级，层层平削，像是出自人工。农民多辟洞穴居，耕种其上。麦秀赤土，红绿相间成横层，每级土崖上所辟各穴，远望似平列桥洞，景物自成一种特殊风趣。"[2]这段文学性的描述表明了其对民居建筑美学意义的欣赏。其中对民居建筑作了初步分类，计有：门楼、穴居（窑洞）、砖窑、磨坊、农庄内民居、城市中民居、山庄财主的住房等7种。此分类应该说欠严谨（既有建筑形式分类，又有建筑功能分类），说明当时学社同人对民居的认识还较粗略，也未作科学测绘。

四、1936年中国营造学社首次测绘民居建筑

1936年5月27日，刘敦桢先生携陈明达、赵正之等考察河南，在汜水测绘了一处窑洞——此为中国营造学社首次测绘民居建筑。刘敦桢在《河南古建筑调查笔记》中记载："5月27日，星期三，晴。晨九时至等慈寺，沿途穴居甚多，择量其一处。"[3]这是中国建筑历史学科奠基以来，第一次以科学方法考察民居类建筑的史料记载。之后，刘敦桢又在《河南北部古建筑调查记》中写道："在建筑结构上，河南省内的穴居多数采用长方形平面，面阔与进深变化于一比二至一比四之间……穴居的横断面采用近于抛物线形的简券；高度自两米至三米半；宽度自两米半至四米不等……在保健方面，穴居最大的缺陷是光线不足……""它存在的原因当然不止一端，而最主要的乃是社会经济能力的贫弱，因此不得不因陋就简……使穴居状况完全根除，不但是一件极难办到的事，即就国防而言，与其消灭毋宁使其利用，也许更为合理。"[4]（图8、图9）

现在看来，由于刘敦桢等只测绘了一处窑洞（穴居），并未看到更合理、优秀的窑洞实例，故偏重于阐述窑洞建筑的缺陷，没能对这类建筑得出全面的认识。但这个稍显片面的初次尝试也体现了刘敦桢治学的值得称道之处：当时正处中日战争一触即发之际，纯学者刘先生考虑到了利用窑洞作为防空洞；将建筑形式与社会经济基础综合考量，忧心建筑功能的缺陷影响民生。可以说中国营造学社这次对民居建筑并不深入的考察展现了一代学人忧国忧民的爱国情怀。

① 龙庆忠：《中国建筑与中华民族》，广州，华南理工大学出版社，1990。
② 梁思成：《梁思成全集》，第二卷，北京，中国建筑工业出版社，2001。
③ 刘敦桢：《刘敦桢全集》，第三卷，北京，中国建筑工业出版社，2007。
④ 刘敦桢：《刘敦桢全集》，第三卷，北京，中国建筑工业出版社，2007。

图8 中国营造学社首次考察民居类建筑遗存——河南窑洞

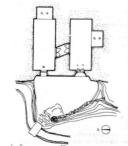

图9 中国营造学社首次考察民居类建筑遗存，《刘敦桢全集》所载河南窑洞测绘图

图10 刘敦桢的《苏州古建筑调查记》1

这一年，刘敦桢先生的《苏州古建筑调查记》问世，其中包括木渎镇严家花园等民居、私家园林建筑（图10、图11）。

另一个值得称道之处是：中国营造学社的另一位重要成员刘致平（1909—1995年）及时得到了这批窑洞测绘资料，之日对此作了扩大考察和进一步的研究，发表在他的专著《中国建筑类型及结构》中，更为客观地综述了这个建筑类型的优劣（如其对土地资源的合理利用）。从刘敦桢至刘致平，对同一个建筑问题逐渐深入，充分体现了学界前辈锲而不舍的精神（图11、图12）。

五、抗战期间刘敦桢等发现多种民居建筑形式

抗日战争期间，中国营造学社先后迁至云南昆明和四川宜宾李庄。1938年11月至1939年1月，刘敦桢率陈明达、莫宗江等考察云南西北部古建筑，在昆明、大理至丽江一线相继发现镇南县马鞍山彝族民居、丽江木氏故居、木氏家祠以及纳西族普通民居等。与此同时，刘致平利用寄居昆明郊区麦地村、龙泉村等村落之机，对云南一颗印式民居和村落的整体格局面貌等开展了系统调研。

1939年8月至1940年2月，刘敦桢、梁思成、陈明达、莫宗江等四人在四川省进行了广泛调研，留意到四川民居建筑的特色。与此同时，刘致平利用寄居宜宾李庄的便利，对四川宜宾民居开展了系统调研。

抗战期间，中国营造学社并未专力研究民居，但广泛搜集了不同形态民居建筑的原始资料，增加了对中国建筑的多样性的认识。刘致平先生在研究中考虑了地势、气候、纬度等多种因素，综合研究了构建建筑的自然因素与历史背景，所发表的《云南一颗印》等文章堪称民居建筑单项研究的力作（图13~图22）。

图11 刘敦桢的《苏州古建筑调查记》2

图12 刘致平所绘窑洞图

图13 刘敦桢、陈明达、莫宗江考察镇南民居1

镇南民居

图14 刘敦桢、陈明达、莫宗江考察镇南民居2

图15 刘敦桢、陈明达、莫宗江考察镇南民居3

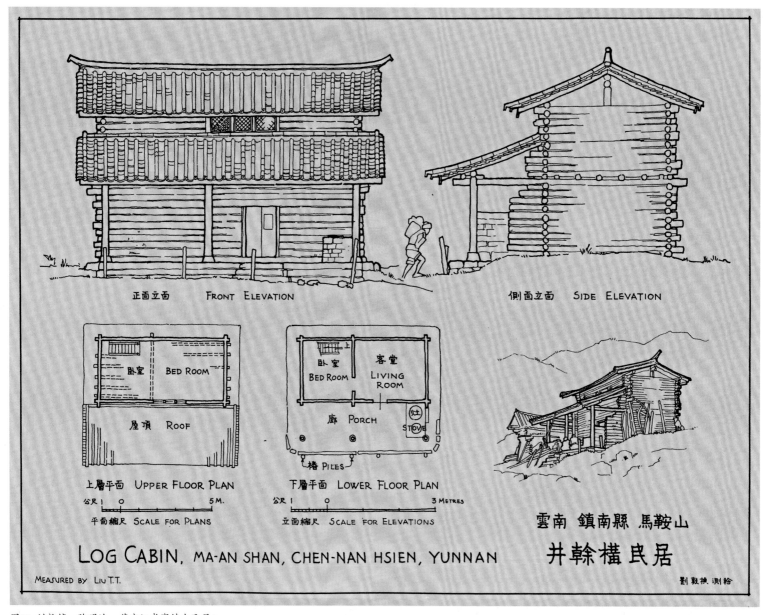

正面立面　FRONT ELEVATION

侧面立面　SIDE ELEVATION

卧室　BED ROOM

屋顶　ROOF

卧室　BED ROOM

客堂　LIVING ROOM

廊　PORCH

灶　STOVE

椿　PILES

上层平面　UPPER FLOOR PLAN

下层平面　LOWER FLOOR PLAN

公尺 1　0　5 M.

公尺 1　0　3 METRES

平面缩尺　SCALE FOR PLANS

立面缩尺　SCALE FOR ELEVATIONS

云南　鎮南縣　馬鞍山

井幹構民居

LOG CABIN, MA-AN SHAN, CHEN-NAN HSIEN, YUNNAN

MEASURED BY LIU T.T.

劉敦楨 測繪

图16 刘敦桢、陈明达、莫宗江考察镇南民居4

图17 刘敦桢、陈明达、莫宗江考察丽江民居1

图18 刘敦桢、陈明达、莫宗江考察丽江民居2

图19 刘敦桢、陈明达、莫宗江考察丽江民居3

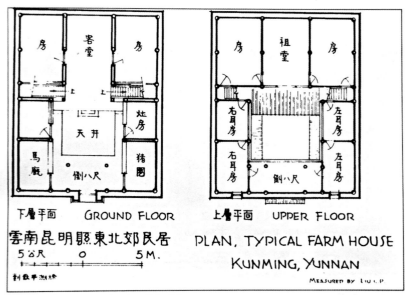

第一七七图 云南昆明县东北郊民居平面图

图20 刘致平所绘云南一颗印式民居图

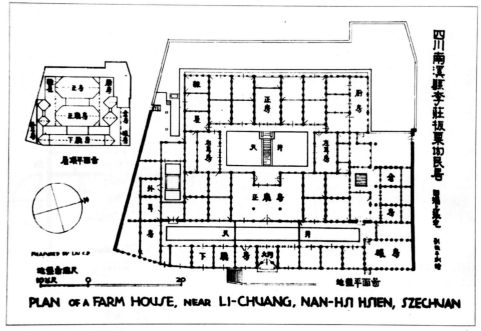

图21 刘致平所绘李庄民居图

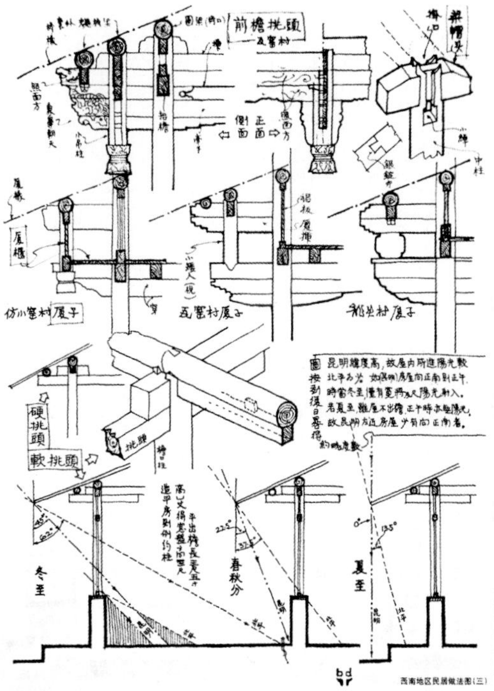

图22 刘致平所绘民居分析草图

六、1944年梁思成著《中国建筑史》

1944年梁思成先生在四川李庄完成了中国首部体系完整、见解精辟的建筑通史著作《中国建筑史》，其开创性的学术意义不言而喻。对于民居建筑，仅在第七章设住宅一节，分华北及东北区、晋豫陕北之穴居窑居区、江南区和云南区四区简述各自的面貌和技术特征，指出"各区住宅之主要特征，平面上为其一正两厢四合院之布置，各区虽在配置上微有不同，然其基本原则则一致也"。相较于前述梁氏直觉审美性的山西民居印象，此著作在民居方面的述论是有所充实、有学理分析的。不过，其对若干建筑价值的评判依旧有肤浅之处。如在年代判断方面，梁先生认为"住宅建筑，古构较少，盖因在实用方面无求永固之必要，生活之需随时修改重建。故现存住宅，胥近百数十年物耳…"[1]即判断当时中国所存民居中没有超过

①梁思成：《梁思成全集》，第四卷，北京，中国建筑工业出版社，2001。

第一七二图　北平民居平面

图23　梁思成的《中国建筑史》所载北京四合院图

一百年的建筑实例。显然，这样的断代与实际情况相差较大，说明此阶段的民居建筑研究仍处于草创阶段（图23）。

七、1952年刘敦桢考察皖南民居

1952年，刘敦桢先生考察皖南民居，发现了徽州西溪南村老屋角等明代徽派民居遗存。他撰写了《皖南歙县古建筑调查笔记》《皖南歙县发现的古建筑初步调查》，首次证实中国有超过300年的民居建筑实例：皖南徽派建筑中有不少遗存的年代可上溯至明初至明中叶（距1952年达430年以上，其中苏雪痕宅极可能为明初遗构，距当时500年左右）；具体考证了明代徽派民居的若干特征，如"……不论住宅、宗祠都使用斗拱，但柱头科不位于坐斗上，而是直接插入柱身上部，这也是南方宋式做法的遗留"等；指明了建筑与时代、地区和社会文化背景之间的关系，"皖南一带于明末未罹兵火，抗日战争中也甚少波及，使地方能保有一较长的安定局面。此外，当地艺术颇为发达（如新安画派和版画都著称一时），虽然与建筑直接关系较小，但在间接上促进了一般的审美观点。"

刘先生的这两篇文章篇幅不长，要言不烦，极具学术分量，不仅仅将中国营造学社同人对现存民居的断代提早了二百余年，更重要的是展现了一种民居建筑研究的一种既法度严谨又贴近现实生活的研究方法。

受此影响，中国建筑研究室的张仲一等在刘敦桢先生的直接指导下，完成了对皖南徽派民居的进一步考察，于1957年出版《徽州明代民居》。此书是为建筑遗产建立技术档案的一次尝试（图24~图29）。

可以说，刘敦桢先生的此次皖南徽派建筑考察之旅开启了民居建筑研究的新阶段。

图24　刘敦桢考察皖南民居的考察报告　　　　　　图25　刘敦桢考察皖南民居的调查笔记

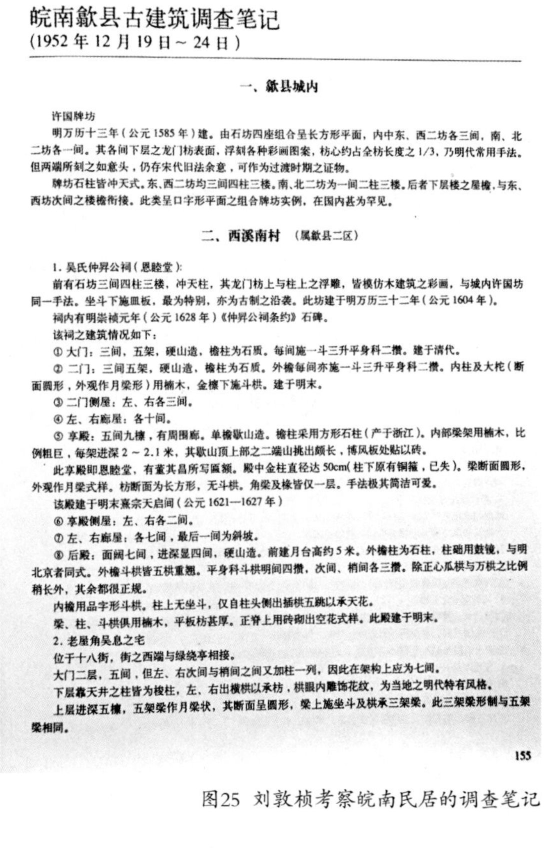

图26 《徽州明代住宅》书影1

(25)安徽歙县西溪南乡吴息之宅外观

图27 《徽州明代住宅》书影2

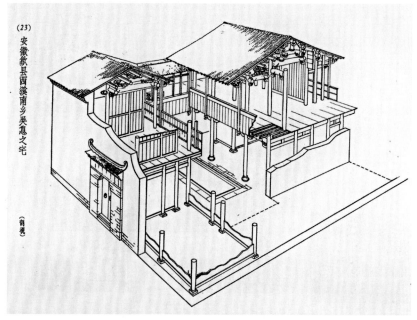

图28 《徽州明代住宅》书影3

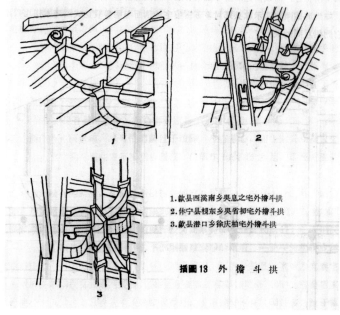

1.歙县西溪南乡吴息之宅外檐斗拱
2.休宁县枧东乡吴省初宅外檐斗拱
3.歙县潜口乡徐庆柏宅外檐斗拱

插图13 外檐斗拱

图29 《徽州明代住宅》书影4

八、1956年民居建筑研究的经典著作《中国住宅概说》问世

从1952年考察徽州民居建筑到1956年完成《中国住宅概说》，时间虽不过四年，却是刘敦桢先生研究民居建筑所掌握的材料进一步丰富、所形成的学术观点日臻成熟的四年。

在这四年中，刘先生因卸任南京工学院建筑系主任职务，有了更充裕的时间梳理自20世纪20年代开始搜集的近三十年的民居建筑资料，其中对皖南徽派建筑的考察不仅在遗构的年代上较以前有了重大发现，在研究方法上更加严密周到，更引领着中国建筑研究室等机构在全国范围内广泛调研，收获颇丰（如新发现福建环形住宅等之前鲜为人知的民居类型），在客观上创造了产生学术经典的条件和时机。故刘敦桢先生于这个时期完成这部集大成之作有其历史必然性。此外，刘敦桢先生对古典园林的研究也进入一个收获的时期，《苏州古典园林》（1979年出版）即是这方面的典范。

《中国住宅概说》的基本内容正如傅熹年院士所言："……从纵横两个方面对中国民居进行了分析研究。纵向从远古一直到近代两三千年来民居发展的进程，横向是按类型分的，把各个地区不同类型的民居按其布局形式加以梳理，理出一个中国民居的总的概况。"①

今天看来，刘敦桢先生所归纳的九个民居类型—— 圆形住宅、纵长方形住宅、横长方形住宅、曲尺形住宅、三合院住宅、四合院住宅、三合院与四合院的混合体住宅、环形住宅、窑洞式穴居—— 仍是非常全面、鲜有例外的。在该书的结语部分，刘先生所归纳的四点既揭示了民居建筑的历史渊源、艺术成就，也探讨了民居建筑的缺陷，如何改善这些缺陷以及今后如何针对现代中国的现实有所创新。基于这样的基本认识，刘敦桢先生在该书的前言中由衷感叹："以往只注意宫殿陵寝庙宇而忘却广大人民的住宅建筑是一件错误的事情。"这部学术著作促使建筑学界较以往更加着眼于建筑为国计民生服务（图30、图31）。

《中国住宅概说》初版后，建筑学界各学术机构民居研究蔚然成风。如中国建筑研究院建筑历史与理论研究室编著《北京古建筑》一书，一改以往专注研究宫殿、陵寝、寺观的做法，加强了对北京四合院的论述；1957年中科院土木建筑研究所与清华大学建筑系合作编著《中国建筑》，增加了民居、园林的内容，尤其加大了对少数民族地区各类建筑的介绍和研究力度，编著者陈明达更是在日后所著《中国古代木结构建筑技术》中借助四川凉山地区彝族建筑特殊的结构形式求证古代木结构建筑技术的起源和原貌（图32~图36）。

九、结语

本文简述了中国建筑历史学界对于民居建筑从零起步，逐渐深入的研究历程，但并不意味着这个学科中只有此项研究最重要。回顾自1930年中国营造学社成立的八十六年历程，笔者认为，古代官式建筑

中国住宅概说
一、发展概况

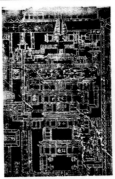

图29 宋《平江碑图》中的平江府治一部分
(中国建筑研究室藏拓本)

图30 安徽歙县潜口乡罗宅梁架(中国建筑研究室调查)

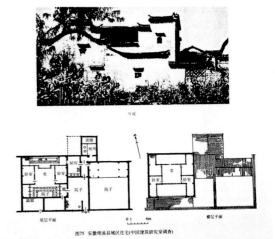

叶，发展到最高峰（图 32、33），其中以扬州盐商们的别墅最为奢侈华丽（图 34、35），而当地的寺庙、书院、餐馆、妓院、浴室等也都开池筑山，栽植花木①，其盛况略可想见。结果不但促进造园艺术的多方面发达，并在一定程度上影响了当时帝王们的苑囿建筑②。而苏州园林虽经清末改修或完全出于新建，仍能在传统基础上保持高度艺术水平，亦有其不可埋没的价值。

根据以上各种不完全的资料，我们大体知道，在新石器时代末期汉族的木构架住宅已经开始萌芽，经过一段金石并用时期和殷周二代继续改进，至迟在汉代已经有四合院住宅了。自此以后，梁架装修雕刻彩画等技术方面虽不断推陈出新，但四合院的布局原则，除了某些例外，基本上仍然沿用下来。比较重大的成就，还是宋以来园林建筑的发展，和明清二代的窑洞式穴居与华南一带客家住宅的出现，丰富了汉族住宅的内容。不过由于资料关系，我们只能说汉族住宅的主流大体如此。因为近年来不断发现的材料，证明明中叶以后的住宅类型固然不止木构架形式的四合院一种，就是这种四合院的平面立面，又因各地区的自然条件与生活习惯的不同，发生若干变化。为了进一步了解汉族住宅的真实情况，本文在介绍发展概况以后，不得不叙述明中叶以来各种住宅的类型及其特征。

① 李斗：《扬州画舫录》。
② 刘敦桢：《同治重修圆明园史料》，《中国营造学社汇刊》第四卷第 2 期。

17

图30 刘敦桢的《中国住宅概说》书影1

中国住宅概说
明清住宅类型

外观

图75 安徽绩溪县城区住宅(中国建筑研究室调查)

图 77 是浙江绍兴县乡间的大型住宅①。由十几个大小不同的三合院配合而成。平面布局可分为三部分。中央部分在轴线上建门厅、大厅、祖堂和后厅四座主要房屋，而后厅系两层建筑，作居住之用。其中大厅与祖堂面阔五间，后厅面阔七间，方向皆朝南。另外两部分为左右两侧的次要建筑，面对着大厅与祖堂的山墙，方向是朝东或朝西。为了解决这两部分的光线和通风，除在上述二建筑的山墙外侧，设南北长东西狭的纵长形院子以外，又分割大厅和后厅前面的院子，增加两侧房屋的院子面积。总的来说：中央部分的房屋与院子采取横列式，两侧房屋与院子采用纵列式，是当地大型住宅在平面布局上的基本原则。而实际上这种方法并不限于大型住宅，当地的寺庙②以及下面叙述的福建客家住宅也大都如此，当是浙江福建一带常用的布局方法之一。

① 中国建筑研究室窦学智、戚德耀、方长源合著的《调查报告》（未刊本）。
② 中国建筑研究室窦学智的《浙江余姚县保国寺大雄宝殿》（未刊本）。

45

图31刘敦桢的《中国住宅概说》书影2

①刘敦桢：《刘敦桢全集》，第七卷，北京，中国建筑工业出版社，2007。

无疑在艺术形式、技术水平等方面代表着国家的最高水平，古典园林反映着以文人为代表的诗意化的审美情趣，民居建筑是最基本的社会生活的载体……只有对中国建筑历史上的多项内容均作深入研究，并综合考量，才可真正领会中国古代建筑文化的内在精神，才可结合现代中国的现实谋求中国建筑文化的复兴。

（本文系作者参加2016年"重走刘敦桢古建之路徽州行暨第三届建筑师与文学艺术家交流会"活动的演讲稿，有所增删修订）

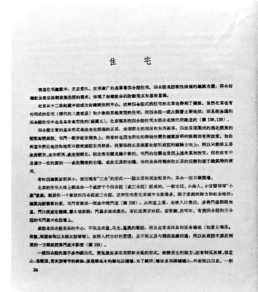

图32 《北京古建筑》书影1

图33 《北京古建筑》书影2

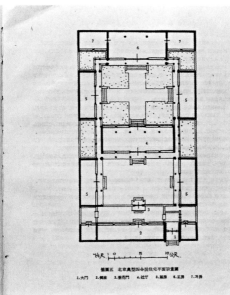

图36 《中国建筑》书影2

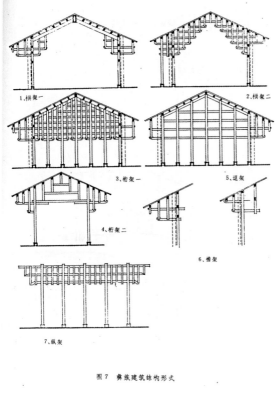

图34 《中国建筑》书影1

图35 彝族建筑结构布置（陈明达摹绘）

图36 彝族建筑结构形式（陈明达摹绘）

Study on Living Spaces in Yuanmingyuan
圆明三园起居空间探析*

贾 珺**（Jia Jun）

摘要：北京圆明三园包含大量的起居空间，是雍正至咸丰五朝一百多年间皇帝以及太后、皇后、嫔妃、皇子等皇室成员长期居住生活的场所，其庭院格局和殿宇形式具有丰富的变化，深刻反映了清代宫廷生活以及文化内涵。本文在文献考证的基础上，对圆明三园中起居空间的具体形式和使用规律进行梳理分析，并对其场所特性作进一步的探讨。

关键词：圆明园，起居空间，场所

Abstract: Yuanmingyuan, the most important imperial garden of Qing Dynasty consisted of numerous living spaces for the members of the royal family from Yongzheng to Xianfeng period. The varied forms of courtyards and buildings reflected profoundly the daily life and cultural connotation of the court of Qing Dynasty. Based on ancient documents, the author tries to analyze the concrete forms and application rule of the living spaces in Yuanmingyuan, and make further exploration of characteristics of the place.

Keywords: Yuanmingyuan, Living space, Place

一

位于北京西北郊的圆明园及其附园长春园、绮春园不但是景致丰富的集锦式的皇家御苑也是雍正至咸丰五朝一百多年间皇帝以及太后、皇后、嫔妃、皇子等皇室成员长期生活的地方，辟有专门的起居空间，功能完备，并与优美的园林景观充分结合在一起，具有典型的离宫属性。

清代皇帝居园期间，太后、后妃、皇子大多随同一起居住，因此圆明三园在不同时期分别辟有专门的寝宫区，以供不同身份的皇室成员使用。其中圆明园的九洲清晏为皇帝与皇后、嫔妃的生活区，长春仙馆在雍正和乾隆时期被先后用作皇子和太后生活区，洞天深处为皇子生活区，长春园淳化轩曾被拟定为乾隆退位后的寝宫，绮春园敷春堂、清夏斋在道光、咸丰时期分别为太后、太妃、太嫔的居所。每一区域都包含相应的寝宫陈设、服务空间以及大量随行太监、宫女的居室，格局相当复杂。

本文拟对圆明三园中皇室成员起居空间的格局和使用规律进行考证，分析其院落与殿宇的形制特点，并从人性的角度对其场所特性作进一步的解读。

二

1．圆明园九洲清晏

九洲清晏（图1）位于前湖之北、后湖之南的大岛上，由三路并联的庭院组成，是清帝和后妃生活起居的主要场所，嘉庆帝在《新正九洲清晏》诗注中称"九洲清晏为御园寝兴之地"[1]，道光帝在《初居九洲清晏敬赋》诗注中也强调"九洲清晏乃园中燕寝之所"[2]。

乾隆年间供奉宫廷并在圆明园工作多年的法国传教士王致诚在书札中对圆明园的九洲清晏作过细致的描绘："帝后、妃嫔、宫女、宫监等习居之处，有殿庭园圃。所包之广，有难以形容者。占地之大，至少可以我国都尔（Dolo）一小邑例之。其他各处殿宇，则仅备游观，与日夕饮宴焉。皇帝起居之所，近园之正门。有前殿，有正殿，有院庭，有园圃。四面环水，阔而且深，如在小岛之上。直可以回教王之赛拉益（Searil）宫名之。殿内之陈设，若棹椅，若装修，若字画，以至贵重木器，中日漆器，古磁瓶盎，绣缎织锦诸品，可云无美不备。盖天

① （清）颙琰：《仁宗御制诗二集》，清代光绪二年刊本，卷18，新正九洲清晏。
② （清）旻宁：《宣宗御制诗初集》，清代光绪二年刊本，卷7，初居九洲清晏敬赋。

* 本文得到国家自然科学基金（项目批准号：51278264）和北京圆明园研究会课题资助。
** 清华大学建筑学院教授、博士生导师、一级注册建筑师、清华大学图书馆建筑分馆馆长、《建筑史》主编、中国建筑学会史学分会理事。

产之富，与人工之巧，并萃于是也……御驾来驻是园，每年有十余月之久，余等随驾而来。"①作为五朝帝王的主要生活区，九洲清晏区域的殿宇改建最多，前后布局差异颇大（图2、图3）。

中路沿中轴线坐落着圆明园殿、奉三无私殿、九洲清晏殿三座殿宇。圆明园殿面阔五间，歇山顶，是康熙年间胤禛藩邸赐园时期的正殿，旧称"南所前殿"，在御园时期其地位相当于九洲清晏寝宫区的门殿。奉三无私殿原为面阔七间的歇山殿宇，作为赐宴的场所，主要用于宗室、皇子等与皇帝关系较亲密的近支王公筵宴之用，行家人之礼，与正大光明殿的赐宴性质不尽相同②。道光十二年（1832年）贝子奕绘有诗描绘奉三无私殿宗室

①（法）王致诚文：《乾隆西洋画师王致诚述圆明园状况》，见《圆明园资料集》，87-92页，北京，书目文献出版社，1984。
②（清）昭梿：《啸亭杂录》，374页，北京，中华书局，1980。

图1 《圆明园四十景图》中的九洲清晏（引自法国国家图书馆藏《圆明园四十景图》）

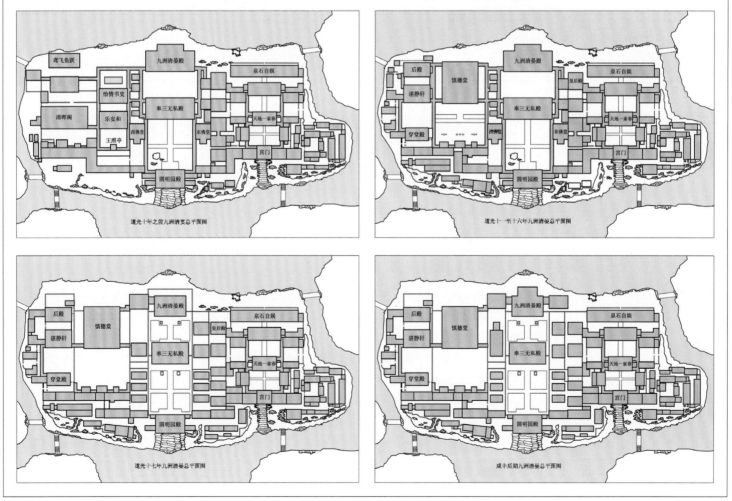

图2 圆明园九洲清晏4种格局的演变示意

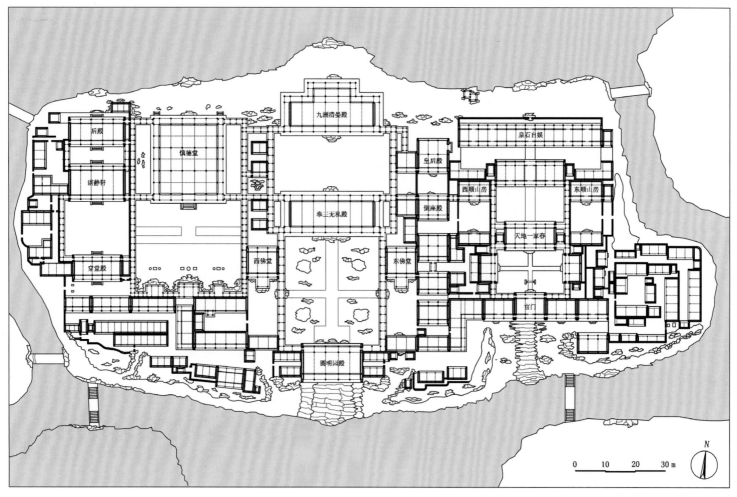

图3 道光十一年圆明园九洲清晏平面图——根据样式雷图重新绘制

宴："圣明普矣光天日，圣泽深兮大海涛。玉殿五弦调凤律，华对三祝效鸿毛。譬诸北极众星拱，如彼南山万古高。愿得年年侍春宴，宗藩同醉上方醪。"[1]

　　九洲清晏殿原为面阔七间的歇山大殿，北带有五间抱厦，为清帝在圆明园最主要的寝殿。道光十六年（1836年）中路曾经失火，后来做了重建和改建[2]，奉三无私殿和九洲清晏殿均改为五开间，同时取消九洲清晏殿的北抱厦。咸丰年间在九洲清晏殿之北添建三间抱厦。

　　道光十七年（1837年）在九洲清晏殿西侧增建了三间套殿，咸丰帝继位后悬"同道堂"匾额，并将其南的殿宇改建为三卷戏台。咸丰九年（1859年）又在九洲清晏殿东侧建了三间套殿，称为"清晖堂"，后毁于火。

　　中路两侧曾设东西跨院，在靠近奉三无私殿的位置分别修建了东西佛堂，均为三间硬山小殿，前出一间歇山抱厦，为皇帝平日拈香之处。道光十六年（1836年）改建时将佛堂移至圆明园殿内，原位置分别设前后四座太监值房。

　　东路天地一家春为妃嫔居所，《养吉斋丛录》载："天地一家春，在九洲清晏之西（应为东）……院宇甚多，为诸主位寝兴之所。"[3]在东路的西北角辟有一院，正殿三间，注明"皇后殿"；东路正中沿轴线布置着宫门、正殿天地一家春、后殿承恩堂、后罩殿泉石自娱，前后院各设东西配殿，均为硬山建筑，除宫门外柱子均刷绿色油漆，梁枋上绘有鲜艳的苏式彩画。

　　同治年间重修圆明园，九洲清晏是重点区域，尤其对东路天地一家春作了较大幅度的修改，由样式雷所绘立样全图（图4）可知其主要格局和各殿的开间尺寸：宫门三间各面宽一丈（3.20米），进深一丈四尺（4.48米），前廊深五尺（1.60米），后廊深4尺（1.28米）；天地一家春殿七间，明三间各面宽一丈（3.20米），次稍间各面宽九尺三寸五分（3.05米），进深一丈四尺（4.48米），前后廊各深4尺（1.28

①（清）奕绘：《明善堂文集》，清代抄本，流水编卷五。
②（清）旻宁：《宣宗御制文余集》，清代光绪二年刊本，卷5。
③（清）吴振棫：《养吉斋丛录》，189页，北京，北京古籍出版社，1983。

米）；泉石自娱殿十五间，内十一间各面宽一丈（3.20米），四次稍间各面宽八尺（2.56米），进深一丈二尺（3.84米），前后廊各深4尺（1.28米）；前后院东西配殿各三间，均面宽一丈（3.20米），进深一丈二尺（3.84米），前廊深4尺（1.28米）。所有建筑的尺度均比较小，与北京普通四合院接近。

九洲清晏西路变化最多。据《日下旧闻考》记载，乾隆年间西路建有乐安和、怡情书史，再往西为清晖阁、露香斋、茹古堂、松云楼、涵德书屋等[1]，最北为鸢飞鱼跃。从乾隆时期的《圆明园等处帐幔褥子档》[2]可知当时九洲清晏殿、奉三无私殿、乐安和、怡情书史四殿均有寝宫陈设。其中乐安和是乾隆帝夏季常住的一座寝殿，其御制诗曾咏"御园乐安和，夏日每以居"[3]。清晖阁为清帝平时消夏纳凉之处，嘉庆帝的《清晖阁》曾咏"夏日最佳处，清凉燕坐宜"。[4]清晖阁的南侧院中曾种植九株古松，乾隆二十八年（1763年）失火，九松被烧毁，之后便在阁南修建了松云楼、露香斋、涵德书屋、茹古堂四座点景楼轩，称为"清晖阁四景"[5]。据张恩荫先生考证，乾隆、嘉庆年间九洲清晏西路应该还建有一座池上居，乾嘉二帝多次作诗吟咏，道光年间不存[6]。

道光十一年（1831年）乐安和、怡情书史一带改建为慎德堂。这是一座前后三卷五开间的硬山殿宇，开间、面阔、进深均与嘉庆年间建于福海东岸的观澜堂一致，仅台基矮一尺多。同年又将清晖阁一带改建为南北三座五间硬山殿宇，形成相对独立的一组居住庭院，其南为穿堂殿，北为后殿，中殿为湛静轩（斋），用作道光帝全贵妃寝宫，这里也是道光十一年（1831年）咸丰帝的出生处，因此咸丰五年（1855年）改称基福堂。[7]

值得一提的是，清代皇家园林均有一整套严格的门禁制度，非经特别准许，即便贵如王公大臣者也不得随便出入，其中对圆明园九洲清晏区的管理尤为严格，如《钦定总管内务府现行则例》明确规定："九洲清晏系属园廷内围禁地，官员、园户、匠役等俱不应擅自过如意桥、南大桥。嗣后即或遇有应修活计，亦须预为奏明，先报关防，方准官员、园户、匠役等过桥。"[8]

2. 圆明园长春仙馆

长春仙馆位于正大光明之西，和正大光明之东的勤政亲贤相对，与中轴线北部的九洲清晏景区一起形成了对前湖的大致合围（图5）。雍正年间乾隆帝尚为皇子时在此园居，继位后以此作为太后驻圆明园时的寝宫，退位后赐嗣皇帝嘉庆居住。《养吉斋丛录》记载详细："长春仙馆在正大光明之西偏……雍正七年高宗蒙赐居于此，登极后为皇（太）后宴息之所[9]。嘉庆丙辰，内禅礼成，仁宗亦蒙赐居于此。中有含碧堂，其水常温，冬不冻冱。有古香斋、引筠轩、藤影花丛诸胜。乾隆间，新正幸园，奉皇太后至御园庆节，即跸憩于此。灯火宴赏之事既罢，然后还畅春园。"[10]乾隆九年（1744年）御制

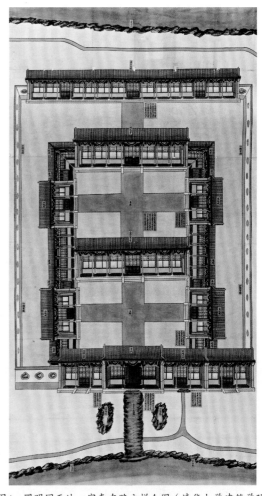

图4　圆明园天地一家春东路立样全图（清华大学建筑学院提供）

图5　《圆明园四十景图》中的长春仙馆（引自法国国家图书馆藏《圆明园四十景图》）

① （清）于敏中，等：《日下旧闻考》，133页，北京，北京古籍出版社，1981。
② 中国第一历史档案馆：《圆明园》，912～915页，上海，上海古籍出版社，1991。
③ （清）弘历：《高宗御制诗五集》，清代光绪二年刊本，卷44，题乐安和。
④ （清）颙琰：《仁宗御制诗二集》，清代光绪二年刊本，卷29，清晖阁。
⑤ （清）弘历：《高宗御制诗三集》，清代光绪二年刊本，卷51，题清晖阁四景）诗序："阁前乔松已毁，石壁独存，突兀横亘，致不惬观。山以树为仪，新松长成复需岁月，乃因高就低，点缀为楼斋若干间，取其小无取大，取其朴无取其丽，坐阁中颇似展倪黄横批小卷也。"
⑥ 张恩荫：《圆明园变迁史探微》，107页，北京，北京体育学院出版社，1993。
⑦ （清）奕詝：《文宗御制诗全集》，清代光绪二年刊本，卷5，圆明园基福堂述志，诗注曰："予于辛卯六月九日生于御园之湛静轩，即今基福堂也。"
⑧ 中国第一历史档案馆：《圆明园》，1047页，上海，上海古籍出版社，1991。
⑨ "皇后宴息之所"，从下文和实际情况来看，"皇后"当为"太后"之误。
⑩ （清）吴振棫：《养吉斋丛录》，189页，北京，北京古籍出版社，198。

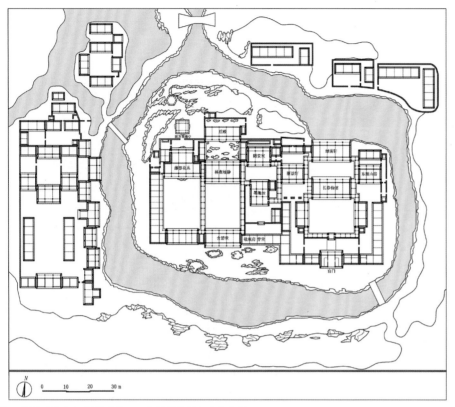

图6 圆明园长春仙馆平面图——根据样式雷图重新绘制

① (清) 弘历：《高宗御制诗二集》，清代光绪二年刊本，卷22，圆明园四十景诗·长春仙馆。
② (清) 于敏中，等：《日下旧闻考》，1344页，北京，北京古籍出版社，1981。
③ (清) 弘历：《高宗御制诗二集》，清代光绪二年刊本，卷22，圆明园四十景诗·洞天深处。

图7 《圆明园四十景图》中的洞天深处（引自法国国家图书馆藏《圆明园四十景图》）

《长春仙馆》诗序亦称："循寿山口西入，屋宇深邃，重廊曲槛，逶迤相接。庭径有梧有石，堪供小憩。予旧时赐居也。今略加修饰，遇佳辰令节，迎奉皇太后为膳寝之所，盖以长春志祝云。"①

整个景区由四跨院落组成（图6）。东路为主院所在，前设三间宫门，北为垂花门，再北为五间正殿（长春仙馆殿），后罩殿为五间绿荫轩，东西两侧各设跨院和顺山房，其中西房名丽景轩。

正殿之西的院落南侧设穿堂，北为随墙门，前殿墨池云采用三卷三间殿的形式；后殿为三间随安室，墨池云的东南侧设有两间东配殿，名曰春好轩。

再西一路分为两进院落，最南为五间含碧堂，中间为林虚桂静，殿前种植玉兰。乾隆五十七年（1792年）在北侧添盖正房，成为五间后殿。

最西一路前殿原为三卷五间建筑，道光以后改为普通五间殿宇；后殿名藤影花丛，原为三间殿宇，道光年间改五间，北出三间抱厦，其北建有一座重檐方亭。《日下旧闻考》记载："（含碧）堂后为林虚桂静，左为古香斋，其东楹有阁为抑斋"。②从文字判断，抑斋似乎是书屋古香斋室内东部的阁楼，乾隆帝继位前在此读书。《圆明园四十景图》显示乾隆初年藤影花丛南侧的院落中有一座二层小阁，在道光以后的样式雷图上已消失，不知何名。

道光、咸丰年间皇太后移居绮春园，长春仙馆有时用作妃嫔的寝宫，如样式雷图标注着道光时期的静贵妃、常贵人曾在此居住。

3．圆明园洞天深处

洞天深处是御园中专门供皇子居住、读书的景区，位于如意馆之西南，可分为东西两部分。乾隆九年（1744年）御制诗《洞天深处》称这里"短椽狭室，于奥为宜。杂植卉木，纷红骇绿，幽岩石厂，别有天地非人间。少南即前垂天贶，皇考御题，予兄弟旧时读书舍也"。③（图7）

东部又称东四所，前临福园门，4座大型四合院呈"田"字形分布，用作皇子们的寝宫，各院的格局几乎一模一样，均设三间宫门、五间前殿、五间后殿、十一间后罩殿，后殿之前设东西配殿，两侧设跨院和辅助用房，规制相当完备（图8）。

西部的一组建筑被用作诸皇子读书处，前堂为前垂天贶，中为中天景物，后为后天不老，其间流水穿插，亭台交错，完全采用园林化的自由布局，颇有逸趣。

4．长春园淳化轩

乾隆帝曾经拟将长春园作为自己退位后的常住离宫，并于乾隆三十五年（1770年）对含经堂景区进行改建和扩建，在北部增加了淳化轩、蕴真斋、三友轩、静莲斋、待月楼等建筑，其中淳化轩被拟定为寝殿，其御制诗中称"长春园在圆明园之东，内有淳化轩、含经堂等处，为归政后那居之所。"① 殿西侧有一个小院，设三友轩，种植松、竹、梅岁寒三友，与叠石假山相伴（图9）。

淳化轩的功能和形制均与紫禁城宁寿宫相似，乾隆帝也曾强调"是处之淳化轩亦犹大内之宁寿宫，皆豫为归政后娱老之所也。"② 但其实际情形也和宁寿宫一样，乾隆帝退位后并未真正在此居住，嘉庆元年至三年（1796—1798年）太上皇驻园期间仍然住在九洲清晏殿。

5. 绮春园敷春堂

绮春园在道光、咸丰两朝为皇太后的主要离宫，其地位相当于乾隆朝的畅春园。绮春园正殿迎晖殿北侧的敷春堂被定为太后寝宫（图10）。

敷春堂景区分为三路。中路为主院，南侧设三间宫门，北为五间前殿集禧堂，再北为敷春堂正殿，采用前后五间的工字形平面布局。

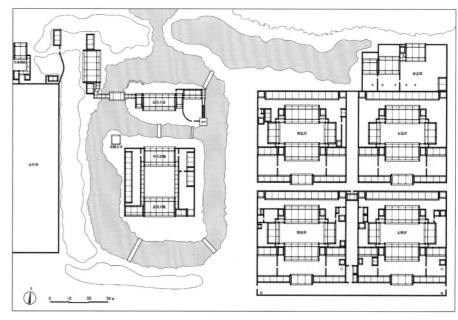

图8　圆明园洞天深处平面图——根据样式雷图重新绘制

东西两路以及整个北部均为园林景观区，布局非常灵活，东侧有结峰轩、凌虚阁、翠合轩，西侧有涵玉轩、镜绿斋、蔼芳圃、蔚藻堂、点黛亭，北侧有问月楼以及协性斋、澄光榭，周围零星修建膳房、值房、朝房等辅助设施。

6. 绮春园东二所与东南所

敷春堂东侧设有东二所（图11），用作其他太妃、太嫔的居所。东二所分为东西两路，格局基本一致，分为前后六进院落，前设随墙门入口，然后依次设九间倒座房、五间穿堂殿、五间前殿、五间中殿、七间后殿以及五间后罩殿，其中后四殿可用作寝宫。样式雷图显示咸丰年间除了已故皇帝的妃嫔外，八公主、隐志郡王（咸丰帝之兄）福晋等皇室女性成员也曾在东二所居住。主体院落的东侧设有一路附属的跨院，用作辅助空间。东二所各进院落基本都不设厢房。

东西二所之南还有几座院落，称为"东南所"，也曾用作太妃、太嫔的居所，格局紧凑，呈连排房屋

① （清）弘历：《高宗御制诗五集》，清代光绪二年刊本，卷93，洪范九五福之五日考终命联句。
② （清）弘历：《高宗御制诗五集》，清代光绪二年刊本. 卷93，题淳化轩。

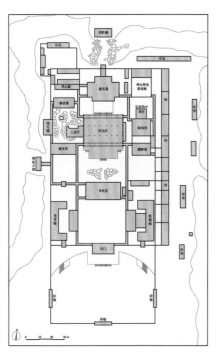

图9　长春园淳化轩平面图——根据样式雷图重新绘制

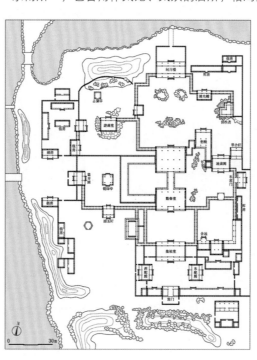

图10　绮春园敷春堂平面图——根据样式雷图重新绘制

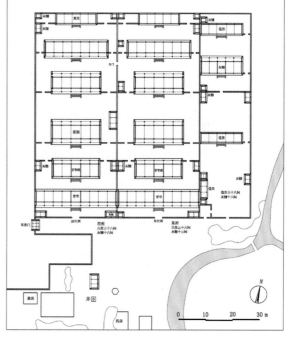

图11　绮春园东二所平面图——根据样式雷图重新绘制

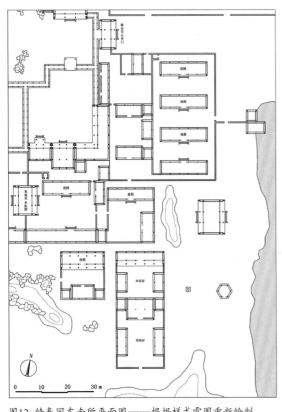

图12 绮春园东南所平面图——根据样式雷图重新绘制

形式，大多也不设厢房（图12）。

7. 绮春园四宜书屋

绮春园四宜书屋位于敷春堂西侧，是一组格局规整的院落，前设三间宫门，北为垂花门，再北为五间前殿和五间后殿，东西两侧为跨院。道光、咸丰年间此处为太妃、太嫔的居所（图13）。

8. 绮春园清夏斋

清夏斋所在地名西爽村，原为乾隆帝第十一子成亲王永瑆赐园，嘉庆四年（1799年）和珅被论罪赐死，其赐园十笏园东部改赐永瑆[1]，西爽村成亲王旧园被并入绮春园，改建为清夏斋[2]。

咸丰年间，清夏斋成为如皇贵太妃的专用园居寝宫。从晚清的样式雷图上看（图14），小园正门位于西墙偏南的位置，面西而设，正门之北有三间旧门，悬有"悦心园"之额。园中正堂居北，为前后七间工字形大厅，之间设穿堂，形制与清华园工字厅相仿，原额为"凤麟洲"，后被嘉庆帝改为"清夏斋"。清夏斋后厅之东有三间镜虹馆，前厅东侧有十字亭"天临海镜"。斋前有平台，南临曲池，池西南为流杯亭"寄情咸畅"。园中种植修竹、苍松，最宜于夏日游憩，其余季节的风景也很清幽。

9. 万春园天地一家春

圆明三园中还有一处未真正实现的起居空间，即同治十二年（1873年）重修圆明园时拟建的天地一家春（图15）。

天地一家春原位于九洲清晏东路，咸丰年间慈禧太后为妃嫔时曾经在此居住。同治年间，升格为太后的慈禧在重修圆明园时决定将绮春园改名为万春园，并在原敷春堂的位置建设新的独立的寝宫区。

整个景区格局与敷春堂相近，也分为三路，中路为主院，格局规整，前设三间宫门，北为五间穿堂殿，中央为正殿，拟采用四卷五间的形式，尺度很大，仍沿用旧名天地一家春，最北为五间后罩殿。东西两路格局灵活，以游廊串联若干轩馆，并点缀小亭，显然属于附属的逸乐空间。最东设有跨院、值房。

① 故宫博物院：《史料旬刊》，第1册，502-503页，北京，北京图书馆出版社，2008。嘉庆帝谕旨："和珅园内东段著赏成亲王永瑆。"
②（清）颙琰：《仁宗御制诗二集》，清代光绪二年刊本，卷7，题清夏斋，诗注："是斋在西爽村，原额曰'凤麟洲'，本非宸翰所题，曾经皇考赐成亲王居此，余在潜邸时常至斯地吟射、燕游、叙友于之乐。今成王别赐园居，西爽村已归入绮春园禁籞之内，即其地置书斋，额曰'清夏'。几闲涉趣，略志其梗概如此。"

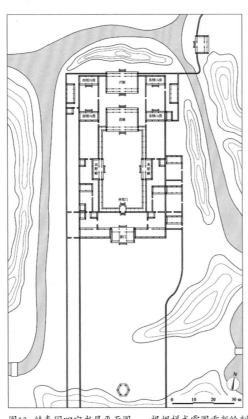

图13 绮春园四宜书屋平面图——根据样式雷图重新绘制

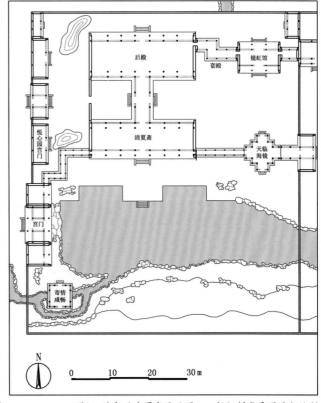

图14 绮春园清夏斋平面图——根据样式雷图重新绘制

由于重修工程半途而废，实际上这组寝宫并未真正建成，但营建过程中的很多档案和图样留存至今，成为清代晚期宫廷建设的珍贵史料。

三

通过不同时期的史料，可以了解圆明三园中起居空间的一些具体寝兴情况。

《穿戴档》记载咸丰九年（1859年）六月初九皇帝生日这一天在圆明园中的活动路线为："……戴正朝朝珠（系内殿），东里边带子（挂带挎），穿青缎凉里皂靴，慈云普护拈香毕，至安佑宫、湛静斋拈香行礼。毕，还慎德堂，皇后、贵妃、妃、妃子、贵人等位递万寿如意。毕，至慎德堂正大光明受贺。毕，至前殿送焚化。毕，至奉三无私受皇后、贵妃、妃、妃子、贵人等位礼。毕，还慎德堂，受大阿哥、大公主礼。毕，受总管、首领、太监礼。毕，朝珠下来，换戴碧研珍朝珠（系内殿），至同乐园办事、进早膳、见大人，毕，朝珠、金龙褂下来，看戏。午初，进果桌。戏毕，还慎德堂。未初……戴绿玉朝珠系内殿至奉三无私拜斗。毕……更换青色春纱衫罩，还慎德堂，上同贵妃、妃、嫔、贵人等位看戏、进酒膳。"[1]这一天的活动除了在正大光明殿接受王公大臣朝贺外，其余活动均在内寝区进行，包括在圆明园殿（前殿）焚化清册，在奉三无私殿、慎德堂接受后妃、子女拜贺，在同乐园看戏、接见大臣、进果桌，去奉三无私殿拜斗，回慎德堂看戏、进酒膳、寝息。整个活动流线颇为复杂，分属仪礼、祭祀、办公、看戏、进膳和寝息等不同性质，充分反映了离宫起居空间功能的多样性。这些不同的功能被安排在分散的殿宇中，对起居空间建筑类型的多样化和路径的曲折变化均有直接影响。

九洲清晏殿是五朝清帝园居期间最重要的寝殿，《养吉斋丛录》载："（九洲清晏殿）为宵旰寝兴之所。累朝以来，皆循旧制。"[2]雍正、道光两位清帝都在此驾崩。九洲清晏殿规模较大，是举办只有皇帝与后妃参与的内廷家宴的场所。

从《穿戴档》的记录看，道光十一年（1831年）以后，道、咸两帝均以慎德堂为主要的寝宫。同治年间重修圆明园时仍拟以慎德堂为皇帝寝宫，并留下了若干营造装修档案。

皇后和后妃主要住在九洲清晏东路区域。道光时期皇后寝殿位于九洲清晏殿东侧。咸丰五年（1855年）的样式雷图记录了当时九洲清晏东路的嫔妃寝殿分布情况（图16），其中懿嫔（即后来的慈禧太后）住天地一家春正殿，西厢房为"懿嫔女子下处"，即其陪侍宫女的住所。其他妃嫔、贵人、常在分住后殿、后罩房和侧院，如天地一家春后殿中央为穿堂，两侧各三间分别为贵人寝殿，十五间后罩殿由明常在和其他两位贵人分住，丽嫔、婉嫔住在西侧院落的正房中。各位妃嫔的陪侍宫女一般住在倒座、厢房等次要房间内。

同治十二年（1873年）重修圆明园时，曾经拟定九洲清晏景区后妃寝宫的分配方案："九洲清晏，福寿仁恩（改回同道堂），思顺堂（皇后住），后殿（近贵人住），同顺堂前殿，承恩堂后殿，新建殿（慧妃住）"[3]。

雍正年间，乾隆帝曾以皇子的身份住在长春仙馆的随安室，嘉庆元年（1796年）退位后为嗣皇帝嘉庆帝的居殿，故嘉庆帝的《随安室感旧》咏："仙馆右室额随安，皇考潜邸寝兴处。嘉庆丙辰特赐居，方期永久承恩顾。"[4]

乾隆时期孝圣皇太后主要住在畅春园，驻跸圆明园时以长春仙馆殿为寝宫。道光年间孝和皇太后、咸丰年间康慈皇贵太妃均曾住绮春园敷春堂正殿。

绮春园四宜书屋、东二所的地盘画样标明了当时一些太妃、太嫔以及公主、福晋的居殿分布。咸丰五年（1855年）的图档记载琳贵太妃住绮春园四宜书屋的五间前殿，祥嫔和常嫔分住东西配殿，尚未出嫁的九公主（即道光帝的第九女寿庄固伦公主[5]）住五间后殿，那常在住东顺山房，其余房屋由太监宫女居住。

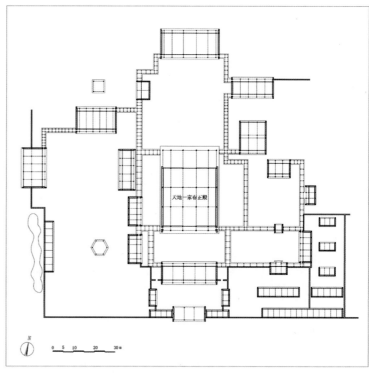

图15 同治年间拟建万春园天地一家春平面图——根据样式雷图重新绘制

①中国第一历史档案馆藏：《穿戴档》，（咸丰九年）。
②（清）吴振棫：《养吉斋丛录》，189页，北京，北京古籍出版社，1983。
③中国第一历史档案馆：《圆明园.》，1077页，上海．上海古籍出版社，1991。
④（清）颙琰：《仁宗御制诗初集》，清代光绪二年刊本，卷31，随安室感旧。
⑤寿庄固伦公主：道光二十二年（1842年）出生，咸丰五年（1855年）受封，同治二年（1863年）十一月下嫁德徽，光绪十年（1884年）去世。

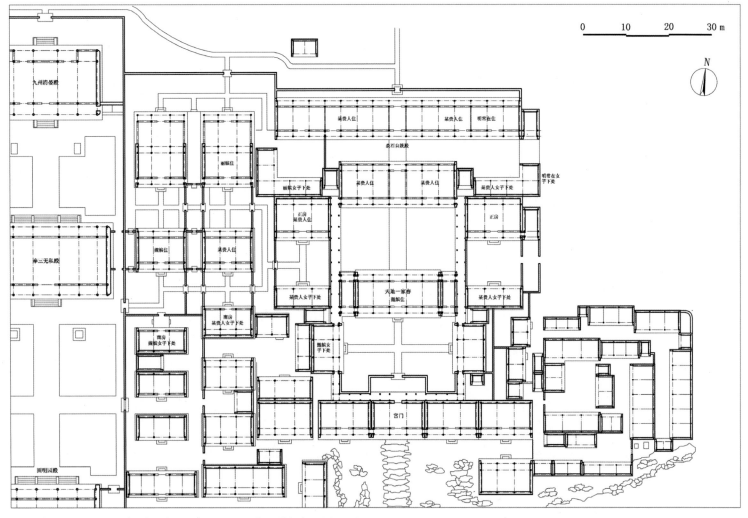

图16 咸丰五年圆明园九洲清晏东路寝殿分布平面图——根据样式雷图重新绘制

咸丰后期祥嫔、常嫔和那常在分别移居东二所和东南所（图17）。

咸丰后期的图档记载绮春园东二所两路院落的门殿均设首领太监值房；西路穿堂殿东西次间、稍间分别为佛堂和库房，前殿住彤嫔，中殿住尚未出嫁的八公主（即道光帝的第八女寿禧和硕公主[①]），后殿住成嫔，后罩殿为库房；东路穿堂殿为宫女住所，前殿住祥嫔，中殿住守寡的隐志郡王（道光帝皇长子、咸丰帝长兄）福晋，后殿住顺贵人，后罩殿住尚常在，随侍太监住东侧跨院中（图18）。

咸丰年间绮春园东南所的东院中设四座五间房屋，那常在和李常在分住第一、三座，第二、四座为宫女居所；其西一院正房住蔡常在，宫女住东厢房；再西一院五间北房住常嫔，南侧倒座房住宫女；再南一院五间正房住佳嫔，倒座房住宫女。其余院落用作寿茶房、寿药房等附属设施（图19）。

圆明三园的寝宫区还设有很多辅助用房，其设置大多不拘朝向，灵活安插，使得生活起居区域规模庞大，格局繁复。长春仙馆后期样式雷地盘画样上标明了一些附属用房的功能。这些用房大多位于主体部分之西的独立区域以及周围的零散房屋中，如西侧最南一院的倒座房为御膳房，东西厢房为执事用房，北侧三间正房为御茶房，西耳房为随侍总管值房，北院耳房为御药房，再北为皇后膳房、查房和宫女下屋，东北侧小院内设置长春仙馆首领太监值房以及库房，周围还布置有敬事房和负责安全保卫的技勇更房。

①寿禧和硕公主：道光二十一年（1841年）出生，咸丰五年（1855年）受封，同治二年（1863年）十月下嫁札拉丰阿，同治五年（1866年）去世。

四

圆明三园中的起居空间基本上都是以院落形式出现的建筑组群，总体格局差异很大。

九洲清晏、长春仙馆、敷春堂等组群是典型的大型多跨式布局，体现了"屋宇深邃，重廊曲槛"的特

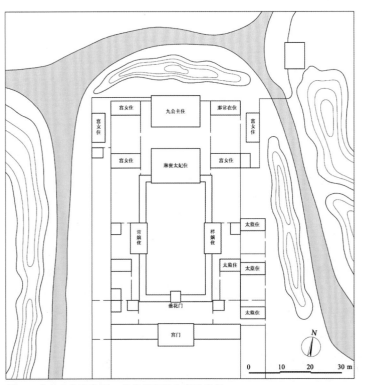

图17 咸丰五年绮春园四宜书屋寝殿分布示意图

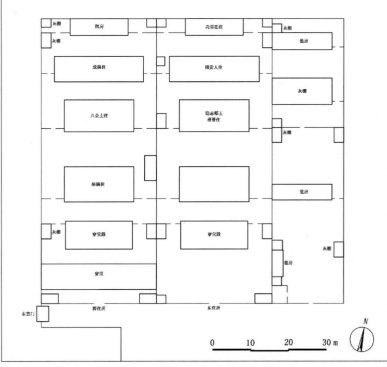

图18 咸丰后期绮春园东二所寝殿分布示意图

点，将其中一路院落设为主院，并在中轴线上布置宫门、正殿、后罩殿等主要殿宇，主院两侧布置若干跨平行的院落，安排相对次要的殿宇和辅助用房。这种组群规模很大，主院形状规整而其他院落相对灵活，彼此隔以院墙或连以游廊，空间非常丰富。

洞天深处东四所和敷春堂东二所明显模仿紫禁城东西六宫和东西五所的形制，布置成同一模式的院落并列的格局，无主次之分，空间整齐划一，最适宜若干身份相同者（如皇子、妃嫔）居住。

绮春园四宜书屋规模略小，主次分明，格局严谨；清夏斋则属于独立院落的形式，不设跨院，规模也相对较小。

圆明三园起居空间区域的殿宇数量众多，功能也很丰富。

其中地位最高者为各区域中的寝宫正殿，如九洲清晏殿、淳化轩、长春仙馆殿、敷春堂正殿，其中除了寝室之外，还在明间设皇帝或太后的宝座。其中长春仙馆殿为五间前后廊建筑，形制最简单；淳化轩为七间前后廊建筑，东西暖阁分设寝室和其他起居空间或佛堂，平面和室内格局与紫禁城宁寿宫乐寿堂如出一辙[1]；九洲清晏殿前后形制不一，多数时期为七间周围廊建筑，北出三间抱厦，室内设有仙楼佛堂（图20）；敷春堂正殿采用工字形平面布局，前后殿进深均很大，前殿明间与穿堂连通，后殿明间设宝座，室内分隔为若干小间，局部带有仙楼（图21）。清夏斋正殿与敷春堂正殿平面类似。

正殿之外的慎德堂殿和墨池云形制较为特别。这两座建筑均为前后三卷的形式，总进深超过面阔。咸丰时期的样式雷图显示，慎德堂室内以各种飞罩、栏杆罩、八方罩、圆罩及博古架分隔出极为灵活的空间，在不同的位置布置了宝座、暖炕和凉床，可供不同季节使用。同时设有仙楼和戏台，功能非常复杂，并可根据需要不断作出调整，与现代建筑中大开间自由分隔的设计理念颇为契合（图22）。刘敦桢先生《同治重修圆明园史料》称："……如慎德堂等，为帝、后寝宫，内部以门罩、碧纱橱、屏风间壁，自由分划，不拘常套。大内建筑，仅养心殿重户曲室，略似之耳。"[2]墨池云面阔只有三间，

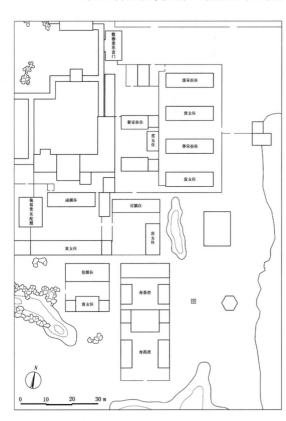

图19 咸丰年间绮春园东南所寝殿分布示意图

① 朱杰：《长春园淳化轩与故宫乐寿堂考辨》，载《故宫博物院院刊》1999（2），26–38
② 刘敦桢：《同治重修圆明园史料》，载《中国营造学社汇刊》第4卷，第2期，107页。

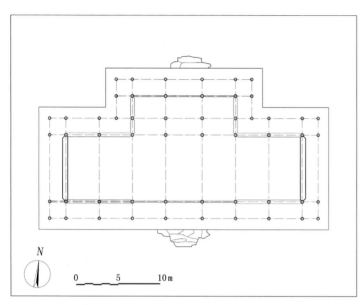

图20 圆明园九洲清晏殿平面图——根据样式雷图重新绘制

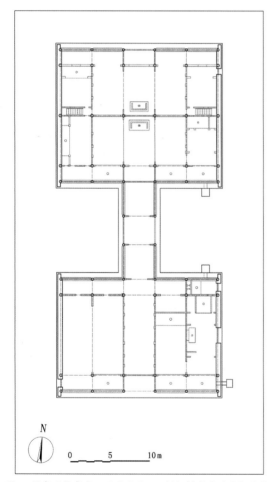

图21 绮春园敷春堂正殿平面图——根据样式雷图重新绘制

①（清）弘历：《高宗御制诗四集》，清代光绪二年刊本，卷51，夏日养心殿。
②（清）吴振棫：《养吉斋丛录》，182页，北京，北京古籍出版社，1983。
③裘毓麟：《清代遗闻》，2页，北京，中华书局，1915。

规模明显小于慎德堂。同治年间慈禧太后准备兴建的天地一家春正殿采用四卷的形式，与前两者属于同一类型，规模更胜一筹。

皇后、妃嫔和皇子的居所大多为三至五间的普通寝殿。乾隆帝继位前所居的随安室只是三间小殿，但在他登基后拥有了特殊的象征含义，因此乾隆帝退位后特意让继位的嘉庆帝以此为寝宫。

相较而言，九洲清晏中路的建筑最为宏伟，等级最高；长春仙馆、敷春堂、天地一家春东路次之；洞天深处再次之；绮春园东二所作为已故皇帝的妃嫔以及公主、寡居福晋的居所，建筑形制相对较低，而东南所的主人地位更低，住所的格局在所有皇室成员中最小。

寝殿的屋顶形制也有明确的等级含义。只有皇帝专用的圆明园殿、奉三无私殿、九洲清晏殿、淳化轩等少数殿宇采用歇山屋顶，其余寝殿绝大多数采用硬山顶。

寝殿使用频率最高，相较御园中的其他建筑而言，更需要细致的日常维护，包括裱糊门窗天花、修理家具等。咸丰十年（1860年）二月的一份样式雷文档详细地记录了绮春园东二所和东南所一些妃嫔寝宫建筑的维修情况："成嫔房五间，东进（尽）间后言（檐）添安糙木挂言（檐）床一张，西三间中间后言（檐）添安糙木挂言（檐）床一张，五间满糙糊什（拾）；南房七间，糊什（拾）门窗，找补逆裂；西屏门一座收什（拾）；常嫔房五间，满糙糊什（拾）；东房三间，糊什（拾）门窗，找补逆裂；蔡常在房三间，中间添木顶格，满糙糊什（拾）；东房三间，糊什（拾）门窗，找补逆裂，添搭炕一甫（铺）；李常在房五间，满糙糊什（拾）；南房五间，糊什（拾）门窗，找补逆裂；那常在房五间，东进（尽）间后言（檐）添安糙木挂言（檐）床一张，东次间后言（檐）炕添糙木挂言（檐），五间满糙糊什（拾）；南房五间，满糙糊什（拾）；各院俱清理地面；东所后院顺贵人房三间，满糙糊什（拾）；东西四间糊什（拾）门窗，找补逆裂；尚常在房三间，满糙糊什（拾）；东西二间，糊什（拾）门窗，找补逆裂……"

九洲清晏等大型寝宫区还设有书斋、佛堂，供园居时期读书、拜佛之用。此外建有若干楼阁、轩、亭等建筑，具有明确的景观意义，增强了整个区域的园林色彩。

据内务府档案记载，圆明三园中主要居住区域以外的一些殿宇也有帐子、幔子、褥子等寝宫陈设，作临时休憩之用。

传说乾隆年间曾以长春园西洋楼的方外观为香妃寝宫，但笔者未见确切的史料记载。

五

古代帝王虽然身为王朝象征和政府首脑，号称"圣人"，其实仍是凡人，生活中必然也有常人的各种基本需求，如寝兴、用餐、读书、看戏、游乐以及孝亲、育子等，其权力和财富可以最大限度地满足这些需求。相较而言，紫禁城中的起居空间大多笼罩在庄严肃穆的神性氛围之下，崇高严谨有余而生气不足，规矩严苛，有强烈的束缚感，并不为清代统治者所喜。而以圆明三园为代表的离宫中的起居空间尺度合宜、建筑形式灵活，舒适方便，并与山水花木充分结合，堪称世俗生活的天堂，乐趣远远大于紫禁城的同类空间。对此乾隆帝有御制诗提及："都城烟火多，紫禁围红墙。固皆足致炎，未若园居良。"①《养吉斋丛录》记载："大内宫殿崇宏肃穆，非苑囿可比。"②《清代遗闻》亦载："清制宫中祖制甚严，兴居有时，饮食服御有常度，各帝恒以为苦。间巡幸热河，稍事游宴。林清变后，则罕幸热河，而常驻园，后妃皇子悉侍焉。"③

清代帝王为寝宫景区所作的御制诗最多，留下的改建、装修样式雷图的数量也远远超过其他景区，充分反映了皇帝和妃嫔的生活需求，也可窥见最高统治者对这类空间的重视程度。制度严格的紫禁城内廷难以对寝殿作更多改造，而离宫可以根据具体的需要对建筑的格局、位置、形制乃至室内陈设作灵活的变更，寝宫殿宇多出抱厦，清代晚期向前后三卷、四卷勾连搭的形式发展，室内空间变大，与日常起居更为相宜。

在同治重修圆明园的相关图档中可以发现同治帝和慈禧太后对寝宫区的设计最为关注，经常发表各种意见，例如同治十二年（1873年）十一月初五雷氏档案记载："皇上钦定，孟总管已刻面奉谕旨：著雷思起画各样装修名目，仙楼每一样分十样，要奇巧玲珑，各花样呈进。"[①]同治帝曾有谕旨："慎德堂三卷殿：朕最爱赫亮，假柱均撤去不要，前卷俱安松鹤延年各样罩，中卷俱安喜鹊梅花各样罩，后卷俱安竹式各样罩，二进间拟安寝宫。"[②]同月的《旨意档》有这样的记录："皇上御制天地一家春内檐装修样一分。贵传旨：著将此烫样交样式房雷思起，按照御制烫样详细拟对丈尺，有无窒碍变通，赶紧再烫细样一分……"[③]"万春园中一路各座烫样奏准，奉旨依议，交下存内务府堂上。皇太后自画，再听旨意。天地一家春四卷殿装修样，并各座纸片画样均留中。"[④]可见同治帝曾经亲自动手设计制作内檐装修烫样，慈禧太后也曾经亲自绘制草图，直接参与寝宫工程的设计。

由此可见，起居空间的建设往往直接体现了统治者的个人喜好和具体要求，因而相对仪典和理政空间而言具有更强的个性色彩，一些重要殿宇的多次改修留下了不同统治者的个人印迹。例如圆明园九洲清晏殿北面向后湖的一边原来出五间抱厦，不设围墙，经过道光十六年（1836年）的改建之后，平面由七间改五间，取消了抱厦，添加了围墙，空间显得幽闭；咸丰帝继位后将围墙取消，重新添加了抱厦，恢复了宽敞的平面格局和良好的观景效果；同治年间重修，同治帝提出"九洲清晏后抱厦撤去不要，改平台五间，不要后廊子。"[⑤]如此变化莫测，均取决于君主的个人意见。

综合而言，圆明三园中的起居空间是清代宫廷建筑的重要组成部分，承载了五朝清帝及其家庭成员一百多年间的奢华生活，极具人性化色彩和个性特征，绝非紫禁城寝宫所能替代。

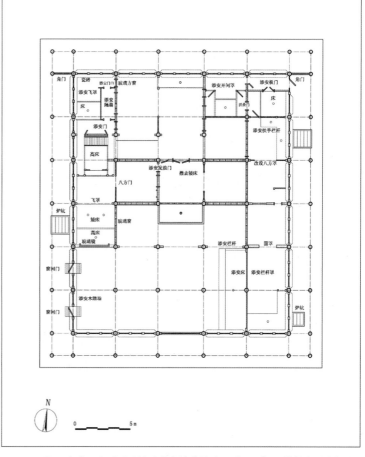

图22 咸丰七年圆明园慎德堂内檐装修平面图——根据样式雷图重新绘制

参考文献

[1]（清）奕䜣，等.清六朝御制诗文集.清代光绪二年刊本.

[2]（清）于敏中，等.日下旧闻考[M].北京：北京古籍出版社，1981.

[3]（清）吴振棫.养吉斋丛录[M].北京：北京古籍出版社，1983.

[4]（清）昭梿.啸亭杂录[M].北京：中华书局，1980.

[5]（清）奕绘.明善堂文集.清代抄本.

[6]裘毓麐.清代轶闻[M].北京：中华书局.

[7]中国第一历史档案馆编.圆明园[M].上海：上海古籍出版社，1991.

[8]舒牧，等.圆明园资料集[M].北京：书目文献出版社，1984.

[9]张恩荫.圆明园变迁史探微[M].北京：北京体育学院出版社，1993.

[10]郭黛姮，贺艳.圆明园的"记忆遗产"——样式房图档[M].杭州：浙江古籍出版社，2010.

[11]圆明园管理处.圆明园百景图志[M].北京：中国大百科全书出版社，2010.

[12]刘敦桢.同治重修圆明园史料[J].中国营造学社汇刊，4（2）.

[13]朱杰.长春园淳化轩与故宫乐寿堂考辨[J].故宫博物院院刊，1999（2）.

①中国第一历史档案馆：《圆明园》，1117页，上海，上海古籍出版社，1991。

②中国第一历史档案馆编：《圆明园》，1123页，上海，上海古籍出版社，1991。

③中国第一历史档案馆编：《圆明园》，1118页，上海，上海古籍出版社，1991。

④中国第一历史档案馆编：《圆明园》，1123页，上海，上海古籍出版社，1991。

⑤中国第一历史档案馆编：《圆明园》，1126页，上海，上海古籍出版社，1991。

The Details of History
—Buddhist Connotation and Architectural Style of Main Hall of Fengguo Temple in Yi County

历史的细节
——义县奉国寺大殿的佛教内涵与建筑形式

耿 威[*]（Geng Wei）

摘要： 奉国寺大殿是中国古代佛教寺院遗存中规模、体量最大的木构建筑。大殿内供奉的"过去七佛"造像是世界上最古老、最大、最精美的彩绘泥塑佛像群。本文从佛教信仰的角度解读奉国寺大殿的建筑形式和其要表达的宗教内涵、仪轨制度之间的关系，并结合义县八塔和周边辽塔的相关资料，试图描述辽代佛教建筑的某些共通的艺术模式。

关键词： 佛教建筑，义县奉国寺，七佛，八塔，辽代佛教建筑

Abstract: The Main Hall of Fengguo Temple is the largest timber construction among the remained ancient Buddhist temples enshrining the statues of "the Seven Buddhas of the Past" which is the oldest, largest and most exquisite group of painted clay sculptures in the world. This article unscrambles the relationship between religious connotation and sadhana drubtab system expressed by the architectural style of the grand hall and intends to figure out the common artistic mode of Buddhist buildings in Liao Dynasty referencing the related data of the eight pagodas in Yi County and of the others around built in Liao Dynasty.

Keywords: Buddhist buildings, Fengguo Temple in Yi County, Seven buddhas, Eight pagodas, Buddhism buildings in Liao Dynasty

　　辽宁义县奉国寺始建于辽开泰九年（1020年），是一座千年古寺。奉国寺大殿之雄伟、建筑艺术之杰出和殿内不同寻常的七佛造像给人留下了深刻印象。然而，为何在并非辽国"五京"之地的宜州（义县旧称宜州）建设一座如此高级别（九间大殿）的寺院？大殿中的过去七佛是辽代七帝的象征吗？这七佛的座次是如何排列的……等等。这些问题因为史料不足，历来充满各种猜测。

　　莫宗江先生谈及古代建筑研究时曾说："我们目前的分析仍是工程技术和艺术造型处理方面的手法分析；在这之前的'宗教功能的要求'尚须深入研究……"本文遵从先生的教诲，尝试从佛教信仰的角度分析这些问题，以期为解开奉国寺之谜、欣赏奉国寺之美、认识奉国寺之价值多提供一个角度。

大殿的等级

　　按照中国传统建筑的惯例，一座殿宇的等级首先体现在它的开间数目上。九开间的奉国寺大殿无疑是级别非常高的。北京故宫太和殿就是一座殿身九间的大殿，不过由于加上副阶的外廊，后来被称作十一间殿，但按照传统严格来说，应以殿身九间殿为准。关于奉国寺大殿，建筑史专家曹汛先生说过"大殿九间是佛教建筑顶了天的极限"。这个说法是中肯的。

　　目前，辽代的皇宫正殿是几开间还没有明确的资料，但已知同时期北宋东京城的皇宫正殿大庆殿是九间殿。以辽国当时的文化背景和经济状况，是不可能有超过九间的宫殿建筑的，这就更显出奉国寺大殿的

* 建筑师，天津大学建筑学博士。

尊崇地位。我们知道辽代有五京（分别是上京临潢府、中京大定府、东京辽阳府、南京析津府、西京大同府），为什么奉国寺这么高级别的大殿并没有建筑在这五京之一，而是在建州不久的宜州（990年建州），这不能不说是一个谜。

在《义县奉国寺》一书中，殷力欣先生在探讨奉国寺大殿彩塑和建筑关系的文章里指出了相关问题，并给出两个答案以供选择：A.为供奉七佛而选择建造最适宜安放七尊大像的九间大殿；B.为合理安排九间大殿的建筑空间而选择安放七佛。在笔者看来，无疑选择答案A。因为首先，同一个时期的大同上华严寺大雄宝殿就是九间大殿，但并没有选择供奉七佛；其次，宗教建筑还是以弘扬宗教理念为先，而不是以建筑造型为重。殷先生提出的这两个答案隐含的问题是：为什么要供奉七佛。的确，供奉七佛的大殿在人们的印象里很少见，一般所见是一佛、三佛，五佛都不普遍，何况七佛。

其实这个疑问一直都存在，并且衍生出很多关于七佛的猜测，比较盛行的观点是这七佛对应辽代自开国以来的七位帝王，在义县民间还有"七姐妹"变成大佛的传说。这些都是大家试图解释奉国寺大殿为什么供奉七佛的努力。在笔者看来，正确认识七佛是理解奉国寺及其周边的佛教遗产，乃至理解辽代佛教与佛教建筑的关键所在。

如果解决了这个问题，毫无疑问，供奉七佛以九间大殿最为适合。因为佛教一直延续着印度传统宗教中右绕礼拜的仪轨，如今的寺庙早晚课中依然有绕转佛像的步骤。中国的传统佛殿建筑，佛造像总是居中设置，后部的空间虽然不如前面开阔，但是绝对会有，而且总会设置倒座的佛像以便经行礼拜。这一点儒家的庙宇并不考虑，道家的宫观并不必须。同样，因为环绕礼拜的需求，不仅在殿后，在殿之左右也需留出空间，因此为供奉七佛而选择九间形制是必然的。

我们所需解决的问题就是：奉国寺大殿为什么选择供奉七佛。

七佛的身份

要解答为什么供奉七佛，必然谈到佛教的"过去七佛"信仰。经过对佛教历史和我国早期佛教文物的梳理可以发现，从佛教初传到宋辽之际，"过去七佛"一直是佛教崇拜的一大主题。我们今天觉得不常见，完全是因为目前香火旺盛的寺院一般都是延续明清以来的形制，那些古老的佛教传统一直保留在石窟、塔幢和如奉国寺这样的古寺之中，这些佛教遗产往往不是今日佛教崇拜之重点，所以造成了我们"视而不见"。本人在追寻七佛的历史之时深刻体到研究七佛开辟了理解佛教建筑乃至理解佛教历史的一条路径，不过这是题外话了。

在佛教的七佛组合中，比较有名的还有药师七佛和七宝如来，但地位最为重要、涉及佛教经典和文物最为众多的还是"过去七佛"。大藏经阿含部开首的四部经《长阿含经》《佛说七佛经》《毗婆尸佛经》《佛说七佛父母姓字经》等经典均以过去七佛作为主题。大藏经中以七佛信仰为主题或主要内容的经典有十部以上，涉及的经典有数十部。只是由于经典的重译，七佛名号的翻译略有差异。按照佛教经典，七佛分别是过去劫——"庄严劫"的最后三位佛，即毗婆尸佛、尸弃佛、毗舍浮佛，现在劫——"贤劫"的最早三位佛，即拘留孙佛、拘那含牟尼佛、迦叶佛，释迦牟尼佛，即现在劫的第四位佛。

根据史料，七佛崇拜是释迦牟尼佛去世后很快发展起来的佛教信仰，在南传、汉传、藏传佛教中都有着重要的地位。可以说，七佛信仰是原始佛教向部派佛教发展乃至大小乘分化的起锚之点。依照佛教的观点，释迦牟尼佛成佛和悟道并非个人行为，而是跟随过去诸佛的脚步。《杂阿含经》里保存着较古老的佛经内容，其中一条这样写道："我得古仙人道，古仙人径，古仙人道迹，古仙人从此迹去，我今随去。"这是释迦牟尼成佛时的感言。南传小乘经典中也常用"第七仙"来指代释迦牟尼佛。我们知道，"七"这个数字在各文化传统中都有着特别的意味。在佛教的时空观中，空间是无边无际的、时间是无始无终的，过去七佛是在时空中离我们最近的七位觉者，他们无疑代表着时空中的无量诸佛，也是我们了解和觉悟真理的最近入口。了解了这一点，就不难理解七佛在佛教中的位置是何等重要。深入经藏，我们可以发现，七佛在佛教的观想、禅修、忏悔、戒律、未来佛（弥勒）崇拜、密宗修持中都扮演着重要的角色。在我国发展起来的禅宗也以七佛开始自己的谱系，撰写于唐宋之际的《祖堂集》《五灯会元》等禅宗灯录无不以

①资料来自大觉六师殿前的说明牌，但是笔者尚未在清抄本《敕建隆兴寺志》中发现相关材料。说明牌还说大觉六师殿是七间殿，寺志里记载为九间殿，应以九间殿为是。寺志中佛像一栏指出大觉六师殿中主尊为金装佛像三尊，高一丈六尺，金装菩萨四尊，高一丈六尺。可能是记录错误或后代将佛像改塑为菩萨，一般佛教造像中没有菩萨和佛像等高的惯例。"大觉六师"的殿名，大觉是释迦牟尼佛的称呼，佛殿中应该是释迦牟尼和他之前的六位佛，即过去七佛，又传大觉六师殿又有"七佛殿"之称，因此还是引用了殿前说明牌的说法。

七佛开篇。所有这些都是由于七佛的古老身份所必然产生的，在此就不一一举例了。除了佛教内部的教理，在对社会的教化方面，过去七佛因为是历代先辈的象征，又与我国传统的孝道思想结合，成为佛家孝亲思想的代言人，在重庆大足大佛湾的《佛说父母恩重难报经经变》石刻中有重要体现。

七佛信仰随着早期佛教经典传入我国，一开始就被广大佛教徒所接受。据梁代释宝唱的《比丘尼传》记载：东晋就曾"更立四层塔、讲堂、房宇、又造卧像及七佛龛堂云"（卷一·北永安寺昙备尼传），唐代的道宣在《续高僧传》中记载东晋的名臣何充也曾造"七龛泥像"（卷十九·唐南武州沙门释智周传）。南朝时，号称自己为弥勒转世并得到梁武帝朝野认同的著名佛教宗教家傅大士宣扬他行道时常常看到过去七佛，由此可知当时过去七佛信仰的热烈程度。这一信仰一直延续到宋辽之际，来自中印度的僧人法天于宋太祖开宝六年（972年）赍梵夹来到汴京，翻译了包括《七佛赞呗伽他》等经咒，法天还译了《佛说七佛经》，后收入《长阿含经》中。宋代师护翻译的《佛说守护大千国土经卷》中也多次提到七佛。可见在宋代，有关过去七佛的经典还在不断被翻译和受到关注。

现存供奉七佛为主尊的佛寺并不多见，但奉国寺却不是孤例。与其同一时期建成的应县佛宫寺释迦塔当中供奉着释迦牟尼佛，周围内槽的墙壁上绘有其他六位佛，很明显是过去七佛的组合。在辽国对面的宋国，河北正定隆兴寺的正殿"大觉六师之殿"始建于宋神宗元丰年间（1078—1086年），为九间殿，时代与规模和奉国寺大殿类似，此殿于民国初年失修塌毁。据《隆兴寺志》记载：大殿的佛坛上原供有七尊佛像，佛祖释迦牟尼和他的六位先师，即"过去七佛"，因而又称"七佛殿"①。由此可见，奉国寺大殿以七佛为主尊并非奇异。

七佛的顺序

解决了七佛的身份问题，还有七佛的顺序问题。历史上七佛主要有三种排列情况。

第一种情况，以相同的面貌出现，排名不分先后。目前最早的关于七佛造像的佛教遗物是印度的桑奇大塔，第一塔的北门雕刻着七座塔和菩提树来表示过去七佛。因为佛教早期不允许崇拜佛像，就用塔和树代表佛，这样就很难分辨排名先后。在我国早期的佛教艺术中，七佛形象经常被用来加强装饰效果，用于门楣、须弥座等和弥勒佛的背光中。这时候的七佛经常是同样的姿势，无法辨别具体的排名位次。

第二种情况，释迦牟尼在中间，其他六佛作陪。雕刻于北魏的云

图1 重庆大足石刻《佛说父母恩重难报经经变》

图2 云冈第十一窟七佛立像（高2.4米，北魏）

图3 潼南大佛寺七佛（唐宋）

冈第十窟门楣上方的七佛，中间一佛的手印为说法印，其余均为禅定印，因此推测中间为释迦牟尼佛。在以释迦牟尼佛为主尊的情况下，六佛作为背景作陪，如应县木塔。潼南大佛寺中的七佛根据榜题是释迦牟尼佛在上方，六佛在下方。

第三种情况是比较经典的，就是七佛按照顺序排列。

在犍陀罗艺术时期就有了七佛形象的雕刻。今巴基斯坦白沙瓦博物馆藏有一件七佛造像浮雕板，在板上七佛并排站立，后边还有一位菩萨，就是未来佛——弥勒菩萨，这七佛应该是按照先后顺序排列的。在我国新疆和河西地区出土的著名的"北凉石塔"都是八面塔，构图是七佛一菩萨，按照佛教右绕佛塔的崇拜仪轨，应该是顺时针排列（从右到左）。朝阳北塔出土的经幢上有七佛形象和榜题，就是顺时针排列。北宋淳化二年的敦煌绢画《报父母恩重经变》图上部绘有七佛，每个佛像旁边都有榜题，从左到右依次排列。

总结起来，一般可以环绕礼拜的七佛是从右到左顺时针排列，这不仅符合佛教右绕礼拜的仪轨，也符合我国传统的书写方向。如果是在同一个画面里，七佛作为一个整体可以同时礼拜，一般以释迦牟尼佛为主。但通常的情况是群体意义大于个体意义，七佛之间没有显著区别。具体到奉国寺七佛，现在没有什么原始的证据证明七佛的排列顺序，只能根据外观来判断。最西面的一座佛袒露右肩，不像其他六位那样穿通肩袈裟，并且脸稍微向西偏，我们认为他就是释迦牟尼佛，因为他是过去七佛中有特别意义的一位。目前通行的观点是当中一位是毗婆尸佛，两边按照昭穆的次序依次排列七佛，这样最西面一位正好是释迦牟尼佛。这种排列顺序很符合中国人祭祀祖先时排座次的习惯，不能说没有道理。但是依次礼拜的话，三尊五尊尚可，七尊佛的依次礼拜会造成行动流线上的极大困扰，特别是在礼拜人数众多的情况下，更不要说绕转礼拜了。因此本文认为七佛的顺序应以从东到西的排列为是，即自东至西依次为：毗婆尸佛、尸弃佛、毗舍浮佛、拘留孙佛、拘那含牟尼佛、迦叶佛、释迦牟尼佛。至于居中的大佛高度稍高，应该是出于视觉艺术的考量。

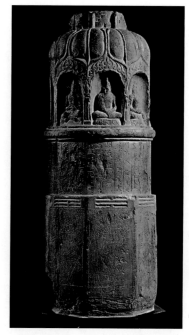

图4 宋庆塔（北凉）

佛教内涵的呈现模式

作为宗教建筑，除了提供宗教活动的场所，第一要义就是展现宗教的教义和历史，明显的例子如教堂建筑中描述圣经故事的彩色玻璃花窗。佛教建筑，对此有个专有名词叫"表法"，可以理解为"形象地表达佛法"。

具体到奉国寺大殿，不能不提及它梁架上保留着的最初的辽代彩绘。对这些彩绘前辈专家多有赞誉，主要是从历史古老、纹样罕见、彩绘制度和艺术成就去评价。但在奉国寺大殿建设的那个历史时代，人们是如何看待这些彩绘的呢？可以说，在很大程度上这是当时流行的一种佛殿彩绘模式，它的主要目的是和大殿中的七佛、十四尊胁侍菩萨、两位护法天王以及佛座下的力士、神兽等一起构成一幅"七佛说法

图5 奉国寺的七佛全景（自右向左：毗婆尸佛、尸弃佛、毗舍浮佛、拘留孙佛、拘那含牟尼佛、迦叶佛、释迦牟尼佛）

图6 奉国寺的七佛之单体造像
（a）毗婆尸佛（b）尸弃佛（c）毗舍浮佛（d）拘留孙佛（e）拘那含牟尼佛（f）迦叶佛（g）释迦牟尼佛

图7 奉国寺大殿内景

图8 朝阳北塔塔身

图"。甚至七佛头顶上还应该悬挂有精美的华盖，只是因为岁月消磨而难觅痕迹了。在画面中，七佛依次列座，最东面的一尊双手结定印，表示过去诸佛已进入涅槃之中，其余佛渐次移动双手，右手幅度较大而左手较小，至中间一位佛，右手作说法印表示正在宣讲佛法，最西侧的释迦牟尼佛右手作与愿印，表示满足众生的愿望。释迦牟尼佛面部稍偏向右方外侧，配合右手的与愿印，似在延请虚空之中将要到来的未来佛——弥勒菩萨。七佛的构图端严流畅，可谓是表述过去、宣讲当下、开启未来的完美组合。诸胁侍菩萨或侧耳聆听或抬头仰望，似在静思佛祖的教诲；两位护法天王全身甲胄武非常，面部上扬而目光下视，充满睥睨外道震退群魔的英雄气概；须弥座各面的力士奋力扛举着佛祖的莲座，同样负重的神兽姿态更为生动，它们转动颈项，睁大琉璃镶嵌的眼睛，仿佛想努力听懂些什么；梁架上的飞天从各个方向朝着佛祖飞来，身上缠绕着飘带和祥云，在祥云之间还有大朵的花朵……曾经有人提问，目前彩绘无存的柱子上当初画的是什么纹样呢，笔者忍不住脱口而出：恐怕是纷纷下落的花朵吧。这一点虽无十足的把握，但"天人散花供养"是符合奉国寺大殿中这幅"七佛说法图"的意境的。

图9 义县八塔山

其实这幅画面并非奉国寺大殿独有，在其他辽代佛教文物中都能看到踪迹，特别是奉国寺周边的众多辽塔。这些辽塔的塔身部分一般都装饰着佛像，其构图模式和奉国寺一致：每尊佛像都背靠焰光，头悬华盖，左右菩萨侍立，上方飞天凌空，在佛塔的基座部分、须弥座的壶门之间有神兽探出头来，和奉国寺大殿佛座的风格一样。这一经典的构图在辽代佛教建筑中是非常常见的。

谈到这一点，还要提到奉国寺附近的八塔子山上的八塔。义县的八塔是汉地少有的"八大灵塔"建筑的孤例，据考证与奉国寺兴建于同一时期。所谓八大灵塔，就是纪念佛祖一生中八个重要地点和事件（八相成道）的塔①。八塔与七佛大殿同时兴建不是没有关联的。在佛教经典中，过去的六位佛和释迦牟尼佛的本生故事是几乎一样的，同是"八相成道"。佛教认为诞生、成道、传教、涅槃等不是释迦牟尼的个人行为，而是过去诸佛的共同体验，八大灵塔不仅是对释迦牟尼佛的纪念，也是对过去诸佛的纪念②。这样，八塔崇拜在我国传播开来，众多佛教艺术都表现八塔，便于人们在意念中进行圣地巡礼。至今小型的八塔仍是流行的佛教供养对象。在《观虚空藏菩萨经》中要求人们称念佛名，包括过去七佛，说"人间八塔念礼亦令人得现世福"。根据密宗三大经典之一《苏悉地经》，八塔在密宗修持当中也有重要的作用。七佛和八塔既在显教中有表述教史的作用，也在密修中有实际的加持功能，体现了辽代佛教显密圆融的特色。

离奉国寺大殿不远的著名的朝阳北塔始建于北魏太和年间（485年前后），辽初和辽重熙十三年（1044年）两度维修，其地宫内有一座保存完好的石经幢，幢身上有七佛、八菩萨和八大灵塔的雕刻，塔

①这八个地点据《八大灵塔名号经》说："一、佛生处，迦毗罗城龙弥你园。二、成道处，摩迦陀国泥连河。三、转法轮处，迦尸国波罗奈城鹿园。四、现神通处，舍卫国祇陀园。五、从忉利天下处，桑伽尸国曲女城，佛忉利天安居竟，自七宝宝阶降下处。六、化度分别僧处，在王舍城，提婆达多作破僧，僧众分离二处，佛化度之使归一味处。七、思念寿量处，毗耶离城（译言广严），佛在此思念寿量，将入涅槃。八、入涅槃处，在拘尸那城。"《心地观经》等经中也有类似的记载。这八座塔可简称为莲聚塔、菩提塔、四谛塔、神变塔、降凡塔、息净塔、尊胜塔、涅槃塔。在中国，比较有名的八大灵塔是塔尔寺八塔和藏北八塔，西藏和内蒙等地的藏传佛教寺院一般都建有八塔。

②八塔崇拜就是佛教在印度的圣地崇拜。在佛教历史上，是从四大圣地逐渐发展成八大圣地的。因为过去诸佛都是八相成道，因而发展出"四定处四不定处"的说法，就是菩提树处、转法轮处等四个地方是诸佛都在的地方，而佛生处和涅槃处等四个地方是不同的佛在的不同地方，"四定处四不定处"在不同的时期和经典中略有差异。圣地崇拜传到中国就体现为八塔崇拜，因为中国本土并没有这八处佛教圣地，难以实现人们圣地巡礼的愿望，于是这八塔便作为八大圣地的象征供人们进行崇拜。因为这八塔已经脱离具体的地点限制，成为佛一生中八个事件的象征，因此中国的八大灵塔崇拜完全可以理解成过去诸佛本生的纪念。

图10 朝阳北塔塔幢七佛（引自《朝阳北塔考古发掘与维修工程报告》）

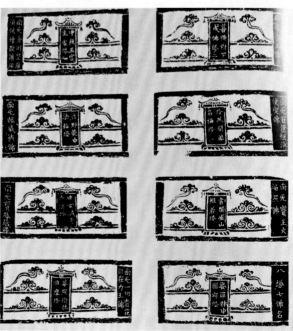

图11 朝阳北塔塔幢八塔（引自《朝阳北塔考古发掘与维修工程报告》）

图12 庆州白塔内出土的七佛塔

图13 庆州白塔塔身

图14 崇兴寺西塔

身上也装饰有八大灵塔的图案。内蒙古巴林右旗的庆州白塔建于辽重熙十八年（1049年），塔中藏着100多件小型法身舍利塔，许多塔塔身都雕有七佛，而庆州白塔的塔身上则装饰着八大灵塔。辽宁兴城白塔建于辽大安八年（1092年），塔身有八大灵塔浮雕，据附近出土的《塔记》记载，"觉华岛海云寺空通山悟寂院创建舍利塔……并镌诸杂陀罗尼造塔功德经，九圣八明王八塔各名及偈，一百二十贤圣五佛七佛名号"。位于北镇的崇兴寺双塔是七佛和八菩萨的组合，等等。可以说七佛八塔是辽代佛教艺术的一大主题。

在佛教艺术中的地位

综上所述，可以说奉国寺大殿所营造的佛国境界、七佛本身和不远处的八塔共同构成了辽代佛教艺术乃至中国古代佛教艺术最经典、宏伟的范例之一。虽然别的地方也有同样的构图或七佛和八塔的主题，但是都不及奉国寺大殿、八塔山的规模和庄严程度。特别是七佛，我们不能认为七佛崇拜只是辽代佛教的特点，宋朝除了前文提到对七佛经典的翻译，以及正定隆兴寺"大觉六师殿"的营建，还有浙江瑞安近年发现的宋兴福寺七佛塔（1258—1261年），七座塔均高2.8米左右，每一座都有过去七佛的名称榜题。七佛信仰远比我们了解的要宽广，佛教信仰形式远比我们默认的要丰富，这是笔者在探究七佛的过程中得到的启示。

日本学者，最早的辽代佛教研究者之一野上俊明指出辽代的佛教特色为"以华严为中心，显密圆融，八宗兼学"，并且盛赞辽代"佛教得到隋唐时期未曾有过的灿烂发展"，是非常有道理的。相比之下，我国学者对辽代的佛教定位为"不专一经一宗、颇有诸经皆通的倾向"和"密教振兴，显密结合"。评语表面看起来似乎一样，但是语言的背景却不甚相同。后者默认当时的佛教已经告别专一经一宗，而且密教已经衰落了。这种情况的确是后来中国大陆佛教发展的趋势，但用来介绍辽代佛教却不太合适。隋唐时期，汉传佛教各个宗派分别开宗立派，佛教理论的发展一片繁荣，是因为当时的佛教是没有宗派之见的圆融通教。隋唐时期是中国佛教经典翻译和理论发展的繁盛时代，这一时期的寺院除了有公共的寺庙主体崇拜空间，周边还下设分各院，比如律院、禅院、

图15 浙江瑞安宋兴福寺七佛塔

译经院、大悲院、弥陀院等，堪比现代大学中学院的设置，各院传习的法门或职责各有侧重。正是在这一片兼容并包的氛围中，当时的高僧大德很多都精通数宗，这样才产生了天台判教、分别八宗的理论梳理。流风所及，日本很多僧团如东大寺都以"八宗兼学"为自己的学风。辽代佛教未受会昌法难的影响，上承盛唐的胸襟和气魄，并对佛教理论作了进一步的推动，诞生了如《显密圆通成佛心要集》这样的著作，其倡导的显密融合的准提法门对后来的汉传佛教产生了深远影响。后来明清寺院少有巨制，和佛学理论发展的趋势不无联系。翻阅地方史志，可以发现在明初掀起了一阵"院"改"寺"的风潮，恰如今日之"学院"改名"大学"，有些寺院"小马拉大车"，在殿堂设置上渐渐混乱了制度，失去了特色。末一句属于笔者的想当然推论，立此存照，以待日后摸索和检验。

结语

研究中国建筑史，最珍贵的资料就是留存下来的古建筑。在这些建筑当中，佛教建筑占了很大比例。如果研究佛教建筑却撇开佛教本身不考虑，不能不说是很遗憾的。因为真正古老的范例稀少，也因为研究得不够，有一本关于佛教建筑的书中竟有"历代佛寺虽有大小之别，形制区别却不太大"之语。联想到当下国内佛寺兴建甚为蓬勃，造像比高、殿宇比大，你要唐风、我追皇家，几乎全从形式考虑，而很少考虑要弘扬的教法和要修行的仪轨。如果说殿身十一间加副阶环廊一共十三间尺度失控的重檐佛殿是不懂传统建筑的美学和礼制原则，在佛巨像前的拜佛之处恰恰看到佛面孔被牌坊挡上是不懂传统建筑的空间精神，礼佛大台阶正对着公共卫生间纯属意外……在这种情况下，我们笑话建筑师同行们一概以"伽蓝七堂"考虑寺庙设计是否有些苛求。但从积极的一面来看，现今传统或仿古风格的建筑中寺庙建筑占很大比重，当下建设的不如人意之处提醒了我们对传统建筑历史研究的不足，如果借着信仰的力量，仔细在历史遗产中追索，努力在现实营造中求证，以佛教建筑带动传统建筑空间精神的复兴，也未可知。

清末民初时期的佛教泰斗太虚大师有言"教即文物"，并指出文物包括文献古籍和法器、造像、石窟等佛教文物。中国佛教协会的曙祥法师为此撰文阐释说"古籍属于有字的遗教，其他文物属于无字的遗教"。这个说法可以说是中肯的。按照这样的理解，佛教建筑当然是佛的遗教。也可以反向思考，如果不理解佛的遗教，何以理解佛教建筑呢？辽宁义县的奉国寺七佛大殿和八塔在并非名都巨邑的宜州古城幸存下来，是我们现代人的幸运，我们可以凭借它的启示去思考可能远比我们想象得要丰富的佛教建筑世界。

参考文献

[1] 王海林. 三千大千世界[M]. 北京：今日中国出版社，1992.

[2] 篠原典生. 西天伽蓝记[M]. 兰州：兰州大学出版社，2013.

[3] 建筑文化考察组. 义县奉国寺[M]. 天津：天津大学出版社，2008.

[4] 北京佛教文化研究所. 辽金佛教研究[M]. 北京：金城出版社，2012.

[5] 扬之水. 桑奇三塔[M]. 北京：生活·读书·新知三联书店，2012.

图16 义县奉国寺大殿全景

The Mourning Portrait, the Temptation from the Ancestral Images

邈真，来自祖先图像的诱惑

郑 弌*（Zheng Yi）

摘要： 本文以空间为主线，试图界定唐五代时期敦煌地区邈真的性质与特点，阐释在彼时特定的历史条件下，这一图像如何由祭祀性的祖先图像转化为记功性的生者真仪，并追溯邈真图像产生的背景所反映的沙洲乃至河西地区民众的民族文化心态如何受到中原地区的"礼仪—样式"影响以及如何与石窟内的佛教尊像、经变画、供养人像构成一个完整的仪式空间。

关键词： 邈真，邈真赞，祭祀，祖先图像，供养人像

Abstract: According to the present of iconology and the eulogy of the Mourning Portrait, this thesis focuses on the specific category of the Mourning Portrait appeared in Dunhuang during the Tang Dynasty and the Five Dynasties taking space as the main line based on the previous study. It help to discuss the transformation of the Mourning Portrait that turned from the worship image of ancestor into the monumentality of mortal, et al. Meanwhile, it will also discuss the setting of the Mourning Portrait's appearance influenced on the ethnic status of Dunhuang civilian (even involving He'xi area) by the "etiquette-style" from Central China; in addition, it demonstrates how an integrated ceremonial space formed by a combination of the Mourning Portrait, the Buddhism image, the sutra painting and the portrait of sacrifice provider.

Keywords: The mourning portrait, Eulogy, Sacrifice, Image of ancestor, Sacrifice provider

①真堂与影堂制度大体可视为一律，然某些时候仍存有细微分别。据丁福保的《佛学大辞典》记载："真堂，禅家安置祖师真影之堂也。"道观、皇室陵寝、宗亲家庙等场所也设置真堂。《益州名画录》中的《真二十二处》谓"蜀自炎汉至于巨唐，将相理蜀，皆有遗爱，民怀其德，多写真容，年代既远，颓损皆尽，唯唐杜相国及圣朝吕侍郎二十二处见存，六处有写貌人名，一十六处亡失写貌人姓氏"，其中"李太尉德裕，真在大慈寺"，"吕侍郎余庆，真在圣寿寺，王继之模写"。《范文正公集》卷6梦诗序："景祐戊寅岁某自鄱阳移领丹徒，暇日游甘露寺，谒唐相李卫公真堂，其制隘陋，乃迁于南楼，刻公本传。"《南岳总胜集》卷2记载："晋咸亨年，铸无极堂御书阁田良逸降真堂刘广成真堂久视阁流水轩。观前左掖二百步，龙山顶有唐宋蜀人毛士海得道处。观后主山上旧有尹真人庵、朝天礼斗坛、驾鹤亭……去庙北登山七里。唐咸通中建。因涧得其名。旧记云。故梁武卢瑶镇黔南日。奏请以旧书堂为观。六年奏舍庄田屋宇永充观内常住。今卢公真堂泪殿宇俨然。"参见郑炳林的《敦煌写本邈真赞所见真堂及其相关问题研究——关于莫高窟供养人画像研究之一》，载于《敦煌研究》2006年第6期。

真堂并不仅意味着仅供奉僧俗邈真，还可以与佛像等尊像相容，这是影堂所不能及的。《禅月集》中提及禅月真堂："童子依师兰水滨，声名真是碧云人，定中传得阿罗汉，十六身中第几人。"卷845齐己《荆门寄题禅月大师影堂》："泽国闻师泥日后，蜀王全礼葬徐灰。白莲塔向清泉锁，禅月堂临锦水开。西岳千篇传古律，南宗一句印灵台。不堪只履还西去，葱岭如今无使回。"《禅月集》述者贯

著名建筑历史学家莫宗江先生谈及古代建筑研究时曾说："我们目前的分析仍是工程技术和艺术造型处理方面的手法分析；在这之前的'宗教功能的要求'尚须深入研究。"关于敦煌莫高窟，建筑界以往的研究正如莫先生所言，主要集中在石窟的形制及其与塑像、壁画的艺术关系方面。本文所论述的"邈真"问题或许能为进一步理解敦煌艺术提供一些不无裨益的参考。

作为礼仪图像的邈真，其概念的核心是用于祭祀的死者肖像。在通常的释义中，"邈真"往往与"写真""图真""邈影""真容""真影""真形""真仪""生仪"诸概念类同。然而，作为一种独立的图像体系，邈真具有其特殊的仪轨含义和功能指向。邈真出现后历史语境的演变以及图像最终呈现样式的趋同（尤其是中唐后在石窟壁画绘制中与供养人像类型趋同乃至合流的倾向）致使后世的研究者在辨别、考释邈真时不免遇到些许困难。

所以，本文就从对"邈真"概念的辨析入手，试图在前人的研究基础上，通过图像志与邈真赞文献的爬梳整理，界定唐五代时期敦煌地区绘塑系统中邈真图像的确切范畴，在此基础上，鉴别相应的窟内案例，结合当时的邈真赞、墓志铭、发愿文、社邑文书等世俗与宗教文献，具体阐释这一图像在彼时特定的时空下内含的礼仪功能及所反映的沙洲乃至河西地区民众的民族文化立场与心态（如归义军时期涌现的大批邈真赞及石窟内相应的绘塑遗存）以及如何与石窟内的佛教尊像、经变画、供养人像构成一个完整的仪式空间。

需要指出的是，邈真在进入石窟壁画（包括塑像）系统之前是以独立的图像体系的面目出现的，并与真堂/影堂①制度互相呼应。因而其进入石窟，特别是唐五代时期敦煌地区典型的家窟之后，空间的转换使得邈真失去了原本在寺院、道观及家庙范畴内的真堂中所独具的祭祀主体地位——在高僧影窟中则基本维持了这一地位。因此，邈真与供养人像的分野和鉴别，当地宗法制度对邈真制作的影响，邈真在特定空间中

*中央美术学院人文学院讲师、博士。

的意义转换及功能体现，就成为笔者研究所面对的新问题。

一、丧礼、祭仪、家窟

从已发现的邈真图像看，作为一种功能性明确的礼仪类图像，邈真可以根据施用的场所分为丧仪、祭仪、家窟三类，由此可将邈真分为丧仪类邈真、祭仪类邈真、家窟类邈真三种类型。然而，仅根据施用场所划定邈真的类型并不能清晰地体现邈真在仪式实践中的复杂层次，因而对这三种类型进一步细分，具体内容见下表。

丧仪类邈真	祭仪类邈真	家窟类邈真
ⅠA. 去世时作像，丧仪中用于邈舆/影舆之上，并于墓地设帐祭拜 ⅠB. 生前作像，丧仪中或用于邈舆/影舆之上，或祭拜后入真堂供奉	ⅡA. 去世时作像，供奉于家族祠堂中，供宗亲祭拜 ⅡB. 根据以往留存真仪，后人以供养佛像的形式重绘祖先邈真 ⅡC. 高僧邈真	ⅢA. 主室窟门上方先亡父母或祖先邈真 ⅢB. 高僧影窟

其中，Ⅰ型多绘于绵帐之上。如P.4660号《故沙洲缁门三学法主李和尚写真赞》，"图形新幛,写旧容仪。奄却青眼，谁当白眉"。P.3718号《张和尚（喜首）写真赞并序》，"威仪侃侃，神容荡荡。笔述难穷，绘真绵帐。四时奠谒，千秋瞻仰。" P.3718号《唐故宣德郎试太常寺协律郎行敦煌县令兼御史中丞上柱国张府君（清通）写真赞并序》，"图真绵帐，犹想可观。三时奠谒，千秋万年"。P.3718号《南阳郡张公（明集）写真赞并序》，"图形锦帐，伤悼二亲。三时奠祭，万固（古）长春"。P.3718号《太原阎府君（胜全）写真赞并序》，"图真绵帐，用祭他时"。[①]生前写真的ⅠA型如P.3718号《范和尚（范海印）写真赞并序》，"古（故）召良工，预写生前之仪，绵帐丹青绘影"。[②]P.2991号《□（讲）论大法师毗尼藏主赐紫沙门和尚（张灵俊）写真赞并序》，"病颜转炽，去世非遥。忽迩倾移，虑恐难旋礼成。遂命门人上首，殁后须念师情。邈像题篇，以表有为之迹。某等不舍仁师之愿，伤悼缠怀……乃召良工，丹青绘留真影"。[③]

Ⅱ型多为绢画。如大英博物馆藏Ch.00145即为高僧邈真（图1）。[④]此画有三点值得注意。其一，邈真成品多彩绘。P.3718号《梁幸德邈真赞并序》，"殁后真仪，丹青绚采"。[⑤]姜伯勤认为此白描人像或属写真，或属写真粉本。其二，其所着袈裟、结禅定印、跏趺坐、双履偏置于席前、道具长随、身后娑罗树的图像构成与莫高窟17窟洪辩影堂的影像及布置若合符节，确为高僧邈真的典型样式（图2）。其三，此种布置与高僧真赞所述亦相符合。唐诗僧皎然所撰《大云寺逸公写真赞》云：画与理冥，两身不异。渊情洞识，眉睫斯备，欲发何言，正思何事。一床独坐，道具长随，瓶执堪泻，珠传似移。清风拂素，若整威仪。[⑥]其所撰《洞庭山福愿寺神皓和尚写真赞》强调坐禅姿态须"无言""贵默""趺坐""但是风神非画色"，显然与世俗人物写真的要求有异。[⑦]

图1 高僧邈真 归义军时期 大英博物馆藏 Ch.00145 来自敦煌藏经洞纸本白描

休（823—912年）是晚唐五代以诗闻名于世的著名僧人，入蜀后颇受蜀王礼遇。敦煌地区的壁画中邈真像兴盛以及如今可见邈真赞数量最多的时期正是晚唐五代时期。因此真堂中邈真像与佛像共存互容，此可为一佐证。相较而言，影堂的祭拜主体更为单纯，如寺院中多为本宗或本寺先师。真堂与影堂的另外一个重要区别在于供奉主体的数量及空间制度的约定性。真堂可以供奉多人。如后蜀孟氏绘了"诸新王文武臣僚"肖像于大慈寺真堂（姜伯勤：《敦煌的写真邈真与肖像艺术》，见《敦煌艺术宗教与礼乐文明》，77~86页，北京，中国社会科学出版社，1996）。而影堂多单独供奉。由于邈真像多绘制于绢帛上，因而可以平时收纳，四时祭拜再临时设立真堂，此多见于没有独立祠堂的聚居氏族。通常在祭拜时将日常放置祖先牌位的厅堂临时设定为祭祖之真堂。影堂则多为生前居所或高僧圆寂前禅修之所。陵寝的真堂与影堂无分别。

此外，葬仪时的真堂亦多为临时性的。据敦煌遗书第2622页《张敖书仪·凶仪》，埋葬后，在家中设真堂，敷灵帐设祭，"谨启神魂，俯从灵帐"。

①郑炳林：《敦煌碑铭赞辑释》，415、442页，兰州，甘肃教育出版社，1992。

③饶宗颐：《敦煌邈真赞校录并研究》，277页，台北，新文丰出版公司，1994。

③郑炳林：《敦煌碑铭赞辑释》，第323页。

④Roderich Whitfield, Anne Farrer: Caves of the Thousand Buddhas, Chinese Art from the Silk Route, P.78, London, British Museum Publications, 1990.

⑤郑炳林：《敦煌碑铭赞辑释》，第451页，兰州，甘肃教育出版社，1992。

⑥见全唐文卷九百十七清昼《大云寺逸公写真赞》。

⑦姜伯勤认为"但是风神非画色"可视为8至11世纪敦煌以"写真"为代表的肖像艺术创作原则。参见姜伯勤的《敦煌的写真邈真与肖像艺术》。

图2 莫高窟17窟洪辩影像

图3 莫高窟17窟洪辩影像线描图

Ⅲ型绘塑兼具。高僧影像多为塑像，先亡父母像则以壁画常见。如莫高窟17窟洪辩影像（图3）和12窟索义辩窟主室窟门上方先亡父母像（图4）、莫高窟144窟（图5、图06）及231窟同一位置的先亡父母像（图07）。此类型是最富争议的焦点。

第一点：ⅢA型是否属于邈真，还是仅仅是供养像？

第二点：如果确属邈真，它与其他尊像的关系如何，与供养人像的关系又如何？

倘若抛开性质和使用方式差距较大的Ⅰ型不论[1]，邈真图像进入石窟意味着其所处的仪式空间从原本相对单一、稳固的环境（寺院中的真堂/影堂、家族祠堂）置换到更紧凑、也更复杂的情境下。之前，在寺院、皇室、官宦之家、陵寝等处，邈真所在的真堂/影堂，相对于建筑群落这个整体都是一个相对独立的单元。但唐五代时期敦煌地区的典型石窟，即便是形制最宏大的，也不过是前后室、甬道及主室。在其空间

①丧仪中的邈真更接近某种单一指向的临时性制度。相较于Ⅱ型、Ⅲ型，尽管它同样指代亡者，也承载了子孙、门人对先亡祖先的追思，但由于始终处于流动的行进时空关系下，缺少神圣空间的情境，并未被赋予为生者祈福的定义。

图4 莫高窟12窟索义辩窟先亡父母邈真

内，每一块壁面都被严格而仔细地根据仪轨、功能、层级，划分出大小不一的区域。而后根据造像规范成比例地将尊像与供养人众安置进去。邈真面对的头一个尴尬问题是，即便在家窟中，相较于南北壁的经变画、西壁龛内的主尊，它也不再是，至少不是唯一受到祭祀与供奉的对象。换言之，家窟作为一类特定的情境，在邈真进入洞窟的同时限定了其意指。

因此，要回答主室窟门上方先亡父母/祖先像（ⅢA型）的属性（邈真还是供养像？）以及阶位（神格化的尊像还是介于主尊释迦与世俗供养人之间？），首先得回到邈真和供养人像的概念。如果说前者目前尚有疑义，那么后者的定义则确凿无疑。何为供养人像？描摹供养人的图像（不一定是肖像，即狭义的写真）。何为供养人？出资发愿开凿洞窟的施主及其宗亲族属，也称功德主。其中族中居长，或是僧职/官阶最高者为窟主。ⅢA型为窟主的先祖，将其划入供养人像显然有失妥当。

然而，仅止于此远不能涵盖中唐归义军时期主室窟门上方邈真/供养人像的复杂情况。诚然，是否为先亡祖先及是否位于主室窟门上方两点能帮助研究者判定陷蕃时期洞窟此位置的图像是否为邈真，但不能解释晚唐五代，尤其是曹氏归义军时期，生者的供养人像也进入主室窟门上方的现象。换言之，自中唐时期邈真进入主室窟门上方之后，作为佛堂的石窟空间在改变邈真图像的同时，是否被赋予了新的空间指向？到了归义军时期，甬道内大量出现体量巨大的供养人像，此类图像是来源于主室内四壁下方的供养人行列，还是主室窟门上方邈真的影像？[①]

二、溯源：祖先图像的时代

在与邈真图像密切相关的文献——邈真赞[②]中，很难不注意到现存九十二篇邈真赞均为吐蕃至归义军时期出现的。这些邈真赞，有些是因开窟造像而作，即Ⅲ型邈真，有些是为丧仪和祭仪所作，即Ⅰ型和Ⅱ型。由于战乱和散佚，虽然已经无法确证留存到如今的文书的年代分布，即彼时实际情况的反映，但在相对短暂的时期里累积了如此巨大的数量，而且邈真也恰恰在此时进入了洞窟，不由令人发问，其动因何在？

在敦煌出土的邈真赞文书中，邈真一词往往与写真互用。如P.3718号天成四年（929年）张灵俊所撰《清河郡张公生前写真赞并序》云"龄当八九，晓悟幻化之躯。恩慕真宗，妙达一如之理。每念聚散有限，变灭将临……时乖刻像之侣，家亏子孓[③]之用。倏俄寿终，复恐世仪有乏。偶因凋瘵，预写生前之容。故命良工，爰绘丹青之貌"。赞云"时因少疾，风烛难连。乃召匠伯，绘影生前。遗留祀礼，粗佐亏偕"。[④]又如P.3726号《释门都法律杜和尚写真赞》云"不详（祥）瑞应，双树枝崩。今晨呈像，法律言薨"。[⑤]又如

图5 莫高窟144窟先亡父母邈真局部

① 据笔者实测，归义军时期甬道供养人像普遍残高1.70至1.80米。考虑到画像离地的距离，以及残损的头部，还有当时的平均身高，此时期的甬道供养人像在绘制时显然刻意强调了仰视的观看效果。

② 唐五代时敦煌的习俗为大殓后停丧中堂的时间不得超过七天，之后须安葬。邈真、邈真赞、墓志铭需同时绘制、写就。邈真赞和墓志铭往往连抄于一处，邈真赞在前，墓志铭在后。

③ 饶、荣本作"子子"，唐本作"孓子"，此处从郑本。见郑炳林：《敦煌碑铭赞辑释》，421页，兰州，甘肃教育出版社，1992。

④ 饶宗颐：《敦煌邈真赞校录并研究》，272~273页，台北，新文丰出版公司，1994。

⑤ 郑炳林：《敦煌碑铭赞辑释》，221页，兰州，甘肃教育出版社，1992。

图6 莫高窟144窟先亡父母邈真

图7 莫高窟231窟阴处士先亡父母邈真

①饶宗颐：《敦煌邈真赞校录并研究》，318页，台北，新文丰出版公司，1994。

②黄晖：《论衡校释》，卷25《解除篇》，1045页，北京，中华书局，1990。

③（唐）长孙无忌，等：《唐律疏议》，卷一，7页，北京，中华书局，1983。

④大村西崖可能是最早注意到这一问题的学者，大村西崖：《支那美术史雕塑篇》，612~613页，东京，佛书刊行会，1915。Edward Schafer也曾著文讨论，Edward Schafer: The Tang Imperial Icon，Sinologica 1963（7）3，156-160. 柳杨讨论了道观中的唐代皇帝图像Liu Yang: Image for the Temple: Imperial Patronage in the Development of Tang Daoist Art，Artibus Asiae，2001（6）2，189-261. 雷闻很可能是第一个系统讨论唐代皇帝祖先崇拜与郊庙礼制的学者，雷闻：《郊庙之外——隋唐国家祭祀与宗教》，北京，生活·读书·新知三联书店，2008。

⑤《册府元龟》卷三七《帝王部·颂德》，413页。

⑥《宝刻丛编》卷六《隋恒岳寺舍利塔碑》，跋曰"隶书，不著书撰人名氏。隋文帝仁寿元年（601），建舍利塔于恒岳寺，诏吏民皆行道七日。人施十钱，又自写帝形象于寺中。大业元年，长史张果等立碑。"见《宝刻丛编》卷六，《石刻史料新编》第1辑第24册，18175页。《大隋河东郡首山栖岩道场舍利塔之碑》载，"泊（文帝）将升鼎湖，言违震旦，垂拱紫极，遗爱苍生，乃召匠人铸等身像，并图仙尼，置于帝侧。是用绍隆三宝，颁诸四方。欲令率土之上，皆瞻日角；普天之下，咸识龙颜。"《八琼室金石补正》卷26，172页；另见《金石续编》卷3，《石刻史料新编》第1辑第4册，3058页。以上两段引文引自雷闻的《郊庙之外——隋唐国家祭祀与宗教》，116~117页。

⑦37例分别位于长安咸宜观、长安兴唐寺、盩厔修真观、西岳金天王庙、潞州启圣宫、恒州、沙洲开元寺、苏州开元寺、衢州、汀州开元宫、歙州开元寺、池州铜陵县、洪州开元寺、庐山法华寺、江州开元观、江州紫极宫、永州紫极观、万州开元观、利州浮云观、利州天庆观、蓬州紫极宫、阆州太霄观、阆州开元寺、益州玄宗幸蜀时旧宫、益州兴圣观、青城山储福观、青城山誓鬼台、青城山宗玄观南石龛、简州天庆观、戎州开元寺、遂州集虚观、遂州护国寺、业州峨山（熙宁七年移至戎州天庆观）、巫州黔阳县普明寺、辰州天庆观、潘州、囗州龙兴观。见雷闻的《郊庙之外——隋唐国家祭祀与宗教》。

⑧王重民、王庆菽、向达，等：《敦煌变文集》，124页，北京，人民文学出版社，1984；黄征、张涌泉：《敦煌变文校注》，卷一，北京，中华书局，1997。

⑨敦煌研究院：《敦煌莫高窟供养人题记》，北京，文物出版社，1986。

P.3792号《张和尚生前写真赞并序》，"一朝崇逼，示灭无期。恐葬礼之难旋，虑门人之恳切，固（故）召匠伯，绘影图真。帏留万代之芳，俟表千秋不朽"。①

由上可知，晚唐五代时此类写真，即"生前写真/生前绘施"，与邈真的界限已经很模糊了。若按上述类型分类可归入ⅠB型。实际上在这个时期，"写真""真仪""邈真"这些概念之间的差异在邈真图像的流行中日渐消失。这一流行的背后是偶像崇拜的兴盛以及其与祖先崇拜的结合，最终导致了祖先图像的流行。

其实按照儒家传统，是否定偶像崇拜的。在郊庙礼制中，宗庙祭祀以木主为对象。"礼：入宗庙，无所主意，斩尺二寸之木，名之曰主，主心事之，不为人像……神，荒忽无形，出入无门，故谓之神。今作形象，与礼相违，失神之实，故知其非"。②唐朝律令亦然。《唐律疏议》卷一"谋毁宗庙、山陵及宫阙"条疏议曰："宗者，尊也；庙者，貌也。刻木为主，敬象尊容，置之宫室，以时祭享，故曰宗庙。"③但唐律如此，在实践中未必如此施行。

事实上，唐代祖先图像（包括生前写真、邈真、献祭真仪）的流行自皇室而始，自上而下，由长安扩展至全国。④开元八年（720年）城门郎独孤晏上奏，"伏见圣上于别殿安置太宗、高宗、睿宗圣容，每日侵早具服朝谒。昔者周公宗祀文王于明堂，以配上帝，盖有国之常祀，圣上朝夕肃恭，是过周公远矣"。⑤这是供奉先帝图像。早在隋文帝时，已有寺院开始供奉当朝皇帝圣像。⑥到了崇奉道教的唐代，尤其是玄宗时期，此风愈烈。据雷闻统计，见诸史料且较可信的玄宗真容像有37例，其中佛寺10例、道观21例，分布于全国十一道二十五个州。⑦沙洲开元寺即位列其中，且玄宗像一直保存至归义军时期。P.3451号《张淮深变文》载"尚书授（受）敕已讫，即引天使入开元寺，亲拜我玄宗圣容。天使睹往年御座，俨若生前。叹念敦煌虽百年阻汉，没落西戎，尚敬本朝，余留帝像。其于（余）四郡，悉莫能存"。⑧

显然，君主将图像祭祀与传播制度相结合，既满足了君王神格化统治的意识形态需要，也顺应了普通民众对图像化宗教的需求。

这股祖先图像制作与祭祀合法化、国家化的浪潮与同时期的佛教新样一起，从长安吹到了敦煌。如果说皇家宗庙内供奉先帝邈真无可厚非，那么当玄宗将全国的寺观都变成自己的生祠之时，敦煌政教两界的大员如何能抵挡将自己与尊像合祠供奉的诱惑。何况世家大族把握下的沙洲，政教两界原本就是一体。当传统上反对偶像崇拜的儒家与释家都无法也不再抵抗祖先图像这一迎合了自上而下的需求时，邈真与写真合流也就不足为奇了。

三、分野与合流：邈真与供养人像

家族开窟的本意无非两个：追思亡者，为其追福；为生者祈福。初唐335窟发愿文曰"垂拱二年五月十七日净信优婆夷高，奉为亡夫及男女见在眷属等，普为法界含生敬造阿弥陀二菩萨兼阿难、迦叶像一铺"。⑨220窟翟奉达家窟发愿文曰"为我过往慈父、长兄勿溺幽间苦难，长遇善因，兼为见在老母、合家子孙无诸灾障，报愿平安，福同萌芽，罪弃涓流"。晚唐201窟张家窟功德记曰"囗公及季弟珩臻、男僧广真、怀胜等，居安思危，在相谓囗，养子殆知父慈，囗育良宜追远，然则谨就莫高山岩第三层旧窟，开凿有人，图素未就，创建檐宇，素绘复终"。

这似乎引发了一个疑问：如何看待这些已经故去的供养人，特别是开窟目的即为其追福的例子。极端的例子如338窟，尽管是利用前人的洞窟，但可见题记中补绘的均为亡故者。如果把目光转向绢画，恐怕疑惑更甚。MG.17778《十一面观音菩萨》，"奉为亡姊敬画功德一心供养"；MG.17657《引路菩萨图》，"女弟子康氏奉为亡夫薛诠画引路菩萨壹尊一心供养"。美国弗利尔美术馆所藏《地藏菩萨像》题名"南无地藏菩萨忌日画施",供养人题记"故大朝大于阗金玉国天公主李氏供养"。[1]"忌日画施"恰恰就是Ⅱ型邈真,即祭仪类邈真。

那么如何区分呢?

首先说一下家窟中亡故的供养人与生者同列的问题。家窟中供养人像题名之所以总是试图将几乎所有族内的男女老幼新妇姑婶几代人,无论亡故与否尽数纳入,并上溯至曾祖以下的先祖,而非仅绘制参与捐资修造的功德主,原因很简单:家窟作为一种聚族形式,首要功用便是为举族荐福。因而修功德记多见相关记述。

如P.4640号《住三窟禅师伯沙门法心赞》曰"宗亲考妣,福荐明魂。回兹片善,沾洒无垠……劫石拂而有尽,兹福海而长存"。[2]P.3608号《大唐陇西李氏莫高窟修功德记》曰"将以翼大化,将以福先烈。休庇一郡,光照六亲"。[3]P.2641号《莫高窟再修功德记》曰"亡过宗祖,傲游切利之天,现在亲因(应作姻),恒寿康之庆。门兴白代,家富千龄……先亡父母,得遇阿弥。见在眷属,快乐忻怡"。[4]S.2113号5V《唐沙洲龙兴寺上座德胜宕泉创修功德记》曰"七世眷嘱,托质西方。同悟之流,咸登觉路"。[5]

反观邈真,就很明晰了:亡故的供养人除了与邈真像主同为亡者外,再无相同之处。前者仅仅是作为聚族活动中家族完整荐福的一分子而被纳入供养人序列的,它在图像的定位和功能上与其他供养人像别无二致。邈真之所以为邈真,其根源在于其具有受祭拜的资格,也就是某种程度的神格化。这无疑是唐代自皇室至下愈演愈烈的祖先图像乃至生人真仪的流行与推崇所致。

然而,到了归义军晚期,世家大族已经不再满足于将先亡父母和祖先神格化,而是开始仿效皇室,将生者肖像绘入主室窟门上方的邈真图式之中。作为生者写真,主室窟门上方的图像不再是单纯的邈真图像,而是旌铭与记功意味胜过供养意味的生者真仪。138窟即为一例。[6]在曹氏归义军时期,此风愈烈,最终演变为带有记功意味的等身高乃至更高大的甬道南北壁供养人像。莫高窟61(图8)、98(图9)、100、108(图10)、196、454窟以及榆林16窟(图11)均为典型的例子。至此,原本在窟内一度泾渭分明的邈真与供养人像在"神格化祭拜"的层面上达成了某种合流。

①据张广达、荣新江考证,此李氏即北宋初曹氏归义军第六任节度使曹延禄的夫人。张广达,荣新江:《关于唐末宋初于阗的国号、年号及其王家世系问题》,见《敦煌吐鲁番文献研究论集》,北京,中华书局,1982。

②唐耕耦,陆宏基:《敦煌社会经济文献真迹释录》,第5辑,105页,北京,书目文献出版社,1986。

③唐耕耦,陆宏基:《敦煌社会经济文献真迹释录》,第5辑,212页,北京,书目文献出版社,1986。

④唐耕耦,陆宏基:《敦煌社会经济文献真迹释录》,第5辑,234~235页,北京,书目文献出版社,1986。

⑤唐耕耦,陆宏基:《敦煌社会经济文献真迹释录》,第5辑,243页,北京,书目文献出版社,1986。

⑥此窟窟主有争议。关于第138窟,金维诺认为大约兴建于张淮深任归义军节度使时,即大顺元年(890年)前不久,功德主为"凉州防御使检校工部尚书兼御史大夫上柱国阴季丰"。贺世哲认为此窟建成于张承奉任节度使时期(901—905年),此时都僧统为(康)贤照(895—902年)、范藉高(902—907年)。马德认为,莫高窟第138窟的实际窟主(功德主)为阴海晏,此窟的影窟第139窟及其内的禅僧像应该为海晏的影室及塑像。此后,马德根据此窟东壁门上方的"女尼安国寺法律智惠性供养"像及题记,得出其原建年代应在9世纪前期的结论。殷光明认为第138窟是张承奉任归义军节度使期间(901—905年)为其母阴氏修建的。张景峰在《莫高窟第138窟及其影窟的几个问题》一文中认为该窟开凿于900—910年,窟主为阴季丰和智惠性,海晏和尚主持修建了该窟,第139窟开凿于五代时期,开窟时塑有海晏和尚的影像,而现存塑像为一佛像,不属于139窟。金维诺:《敦煌窟龛名数考》,载《文物》,1959(5),54页;贺世哲:《从供养人题记看莫高窟部分洞窟的营建年代》,见《敦煌莫高窟供养人题记》215~216页,北京,文物出版社,1986;荣新江:《关于沙州归义军都僧统年代的几个问题》,载《敦煌研究》,1989(4),70~78页;马德:《都僧统之"家窟"及其营建——〈腊八燃灯分配窟龛名数〉丛识之三》,载《敦煌研究》,1989(4),54~58页;马德:《敦煌阴氏与莫高窟阴家窟》,载《敦煌学辑刊》,1997(1),90~95页;殷光明:《敦煌壁画艺术与疑伪经》,180~181页,北京,民族出版社,2006年;张景峰:《莫高窟第138窟及其影窟的几个问题》,见《2004年石窟研究国际学术会议论文集》(上),410~424页,上海,上海古籍出版社,2006。

图8 莫高窟61窟曹延禄姬供养人像　　图9 莫高窟98窟于阗国王供养人像　　图10 莫高窟108窟宋氏供养人像　　图11 榆林16窟曹议金供养人像

On Implementing Path to 3D Data Visualization of the Cultural Heritage of the Palace Museum

— The Relationship between Literal Translation and Liberal Translation

论故宫文化遗产三维数据可视化的实施路径
——直译与意译的关系

黄墨樵[*]（Huang Moqiao）

摘要：自2003年以来，故宫博物院对院内的文化遗产进行了相当大规模的三维数据可视化实践活动，积累了相当多数量的三维数字化资源，极大地推动了在故宫文化遗产保护、研究、展示等方面的综合性应用。在实践过程中，我们一直试图寻找一种具有高还原度，将人工干预减少至最小程度，兼顾质量与效率的三维数据可视化方式，即直译模式。但经过不断的试验，我们发现在现行的技术条件和综合外部因素的影响下，经过有目的性的人工干预，甄别、筛选并提取、重构具有价值的信息的三维数据可视化方式，即意译模式才是现实情况下文化遗产数字化的有效方式。

本文拟将故宫文化遗产三维数据可视化的实践活动作为研究样本，论述和分析直译模式与意译模式在故宫文化遗产三维数据可视化实践活动中的关系，描述故宫文化遗产三维数据可视化的实施路径和规范性原则，为今后的文化遗产三维数据可视化实践活动提供相关的科学依据和有操作意义的参考性意见。

关键词：故宫文化遗产，三维数据可视化，实施路径，采集，加工

Abstract: Since 2003, in Beijing has taken lots of practicing activities have been taken on 3d data visualization of the cultural heritage of the Palace Museum. They collect amounts of digital resources and promote the comprehensive application of the protection, research and exhibition of the cultural heritage in the Palace Museum. In practice, we make efforts to seek a 3d data visualization path with the highest reproductivon, the llest manual intevention, which is of quality and efficiency, that as, the literal translation model. However, with a lot of experiments, we found that under the present circumstances and the comprehensive external factors, the liberal translation mode which is one of the visualization paths with distinction, selection, and the processing on the useful information by people, is more effective in real cases.

The essay focuses on the practicing activities of the visualization of the cultural heritage of the Palace Museum. The essay also states and analyzes the relationship between literal translation and liberal translation in visualization activities in the Palace Museum. After that, the essay demonstrates the implementing path and the standard principles of the visualization that the Palace Museum should have, in order to offer the scientific arguments and advices to the future activities of visualization of the cultural heritage.

Keywords: Cultural heritage of the Palace Museum, 3d data visualization, Implementing path, Collection, Processing

* 馆员，中国传媒大学设计艺术学硕士，从事文化遗产虚拟修复与展示领域的研究。

一、导言

故宫博物院是在明、清两代的皇宫及其收藏品的基础上建立起来的世界级综合性博物馆，是中华传统文化和艺术的宝库。故宫的不可移动文化遗产建筑面积约为17万平方米，是世界现存规模最大、保存最完整的宫殿建筑群。故宫的可移动文化遗产以清宫旧藏及遗存的文物藏品为主。根据故宫博物院第5次（2004—2010年）藏品清查工作的统计，故宫藏品共有25个大类，即铜器、金银器、珐琅器、玉石器、雕塑、织绣、雕刻工艺、其他工艺、文具、生活用具、钟表仪器、珍宝、宗教文物、武备仪仗、帝后玺册、铭刻、外国文物、其他文物、古籍文献、古建藏品、漆器、陶瓷等，总计1807558件，其中珍贵文物1684490件、一般文物115491件、陶瓷标本7577件。

数字技术的迅猛发展为故宫文化遗产的数字虚拟化提供了新的技术解决方案和手段。故宫博物院于2003年前后正式引入三维数据可视化技术，起初主要应用于故宫文化传播和对外展示方面的工作。随着三维数据可视化实践活动在院内的不断开展和深入，三维数据可视化技术在文化遗产事业中的应用优势逐步显现，在故宫博物院中的应用范围逐步扩大，如今已经与故宫文化遗产保护、研究及展示等方面紧密结合，逐步形成综合应用体系，足见三维数据可视化技术在故宫文化遗产综合事业中起到越来越重要的作用。因此，我们有必要对三维数据可视化在文化遗产事业中的运用进行研究讨论，对其在文化遗产事业中的实施路径进行系统梳理和科学评估。笔者将"直译"与"意译"作为讨论的切入点，把三维数据可视化实践活动当作一项具有数字化转换功能的"翻译"活动，对两种"翻译"模式进行分析阐释，寻找其间的内在联系，勾勒出故宫文化遗产三维数据可视化的实施路径和规范性原则的大致框架。

二、直译与意译

文化遗产的三维数据可视化是一个存在形态的转换过程。转换有两个环节，一是文化遗产数据的采集环节，二是文化遗产数据的加工环节。这两个环节是文化遗产数字化应用的基础环节，三维数据可视化中的"直译"与"意译"就是针对这两个环节而言的。

1. 数据的采集环节

（1）内容：一是获取采集对象的体量和形状数据；二是获取采集对象的色彩数据，包括纹理数据。

（2）手段：目前主要是三维扫描和数码照相机正射取材两种方式。

（3）原则：最大限度地避免采集过程中的信息丢失。

2. 数据的加工环节

（1）内容：一是点云数据的修正和弥补；二是点云数据的转换，生成原始多边形模型；三是依照原始多边形模型进行拓扑重建，生成具有可编辑属性的多边形模型；四是为处理好的多边形模型贴材质图像和增添质感属性。

（2）手段：主要依靠专业的二、三维图形图像处理软件。

（3）原则：基于三维扫描的点云数据尽可能与文物实体的各项属性数据保持一致。

"直译"与"意译"的概念来源于语言翻译活动，是两种不同的语言翻译方法，在翻译活动过程中显现出两种不同的倾向。语言翻译活动中的"直译"是指翻译时尽量保持原作的语言形式，包括用词、句子结构等，特别是保持原文的比喻、形象、民族特色和风土习俗等。"意译"是指在忠实原文内容的前提下，摆脱原文结构的束缚，使译文符合目标语言的规范。[①]笔者将语言翻译活动中的"直译"与"意译"的概念引入三维数据可视化实践中是基于以下考虑。

（1）目标相似。两种活动的目的都是将内容的一种存在形态转化成另一种形态。例如将英文版的《哈姆雷特》翻译转化成中文版的《哈姆雷特》。虽然形式变了，但都是描写的哈姆雷特为父报仇的悲剧故事。再如在三维数据可视化实践中，将一件文物的实体形式转化为数字虚拟形式，虽然存在形式变了，但内容还是那件文物。

---

① 马亚丽，王亚荣：《论翻译的方法——直译与意译》，载《时代文学月刊》2010（10），34页。

（2）直接性相似。语言翻译活动中的"直译"强调译文要与原作保持形式上的一致，无论是用词还是句子结构都必须准确转换，将译者的干预降至最低。这一点与三维数据可视化实践中强调可视化成果的直接转换生成，将人工主观干预降至最低较为类似。

（3）间接性相似。语言翻译活动中的"意译"强调译文要在忠实原文内容的前提下，适当发挥译者的主观能动性，使译文符合目标语言的规范和习惯。在三维数据可视化实践中，首先要求尽可能保存文化遗产承载的各种信息，在此基础上对转换而来的原始可视化数据进行人工干预，甄别、筛选并优化形成符合应用要求的可视化数据。这和强调人的主观判断和取舍的语言翻译活动中的"意译"存在相似之处。

3. 关于"直译"模式

正如西方翻译理论家乔治·斯坦纳所认为的——"（翻译）最理想的状况是，在转换时不遭受任何的损失。"[1]对于文化遗产的三维数据可视化来说亦是如此。最为理想的状态就是将文化遗产的实体状态通过计算机相关技术完整而无误地转换，使文化遗产不因形态的转变而丢失任何信息。所谓"直译"模式就是在保证可视化成果具有高还原度的前提下，将人工干预减少至最低程度，避免人为误差，从而减小文化遗产的数据集合遭到不同程度的丢失或损坏的可能性，与此同时实现高度自动化，大幅度提高可视化转换的效率。具体来说就是要求文化遗产数据的采集环节实现全自动、高精度三维扫描，不仅要获取文物的精准形状的点云数据，还要获取高精度的色彩数据。在文化遗产数据的加工环节，能够自动修正采集过程中产生的误差；自动检查通过点云数据生成的多边形模型（Polygon Model）是否存在错误，拓扑结构是否合理，并自动进行校正；将采集的色彩数据转换成图像数据，自动实现材质贴图的正向投射和无缝拼接，并自动为多边形模型分配好具有规律性和可编辑性的UV坐标；根据应用需求的不同，自动对三维几何模型进行拓扑优化，生成多规格的具有可编辑属性的多边形模型（Editable Polygon Model）。"直译"模式并非处于理想阶段。每年，数据采集环节和数据加工环节都有一系列新的技术解决方案涌现出来。许多涉及采集和加工流程的技术环节都呈现出精确化、自动化、智能化的特征。随着信息技术的不断发展，我们不断向"直译"的理想靠近，并将最终实现这一理想。

4. 关于"意译"模式

自引进三维数据可视化技术以来，我们一直希望找寻到一种性能强大、自动化程度高的三维扫描、加工系统。但基于现行的技术条件和综合外部因素，目前还没有找到满足要求的技术解决方案。"意译"模式是针对目前的情况而提出的，其涉及以下三个方面的内容。

（1）数据修正。包括数据筛选和数据补全两个部分。在采集环节中，由于采集环境的影响，三维点云数据会产生一定数量的噪点（Noise Point），形成冗余数据。这些冗余数据需要人工进行筛选和剔除。同时，由于采集环境，采集对象的形状（被遮挡部位、镂空处、不规则曲面形成的狭小空间等）、材质（颜色过暗或过亮、强反射或折射等）、体量（过大或过小）或采集时间的限制等因素，现行的技术手段无法采集到完整的三维点云数据，而导致形成一定数量的采集盲区，无法在加工环节生成有效的多边形模型。这就需要在加工环节中进行人工补全。

（2）拓扑重建。由于采集过程中获取的三维点云数据数量级十分庞大，动辄千万，少则百万，同时自动生成的多边形为不规则三角形，整个模型拥有至少百万量级的不规则三角形面片，根本无法进行编辑再应用。因此需要对不规则三角形模型进行拓扑重建（Topology Reconstruction），改善多边形的点、边、面的关系，以获得布线合理、拓扑结构优化的具有可编辑属性的多边形模型。

（3）色彩重获。至于色彩采集，现行技术条件只能获取点云的色彩信息（Vertex Color），自动转化的材质贴图图像基于软件自动分配的贴图UV坐标，不具有规律性和可编辑性，给后续加工环节带来了极大不便。因此需要使用高分辨率的数码照相机对色彩信息进行单独采集，以获取采集对象的正射影像图（Digital Orthophoto Map）。由于采集对象的形状多为曲面，因此需要经过多次采集和后期人工拼接才能形成能够充当材质贴图的合格图像。

经过这三个方面适当的人工干预，最终生成达到文化遗产三维数字化应用标准的多边形文物模型。再根据文化遗产保护、研究及展示等领域的具体要求对模型面数、细节配置及贴图精度进行调整，以契合各自领域的具体要求，最终完成整个文化遗产三维数字化应用过程。

[1] Steiner, George, After Babel: Aspects of Language and Translation, P.319, Shanghai, Shanghai Foreign Language Education Press, 2001.

三、 实施路径选择

在一般看来，"直译"带有更多的理想主义色彩，而"意译"更多地被看作对现实的妥协。实际上"直译"与"意译"两者并非对立。目前，由于采集、加工技术的限制必须让人作为关键一环参与到三维数据可视化的过程中。但从长远来看，随着技术的不断发展，人的干预会越来越少，这是技术发展的必然方向。但不可否认，正因为人的加入，文化遗产的数字重生获得了生命力。文化遗产是各个历史时期的人类利用当时的工具，通过当时的思考创造出来的具有文化价值的事物。当下的人类利用现代技术，以一种全新的方式，即三维数据可视化的方式，重新构建出之前人类创造的文化瑰宝，用另一种方式重温和体会文化遗产的造型技艺以及色彩之美，通过数字技术探索和发现一些依靠传统方式无法获取的文化信息，将文化瑰宝以更为长久的形式予以保存，赋予了这项数字化转换活动赋予了深刻的人文意义和厚重的仪式感。如果完全依靠计算机自动生成，完全没有人的参与，将有损三维数据可视化这项数字化实践活动的部分意义，这也决定了"直译"离不开"意译"。

"意译"并非主观臆想地"胡译"。"意译"模式虽然强调人的参与，但主观能动性的发挥是有前提条件和严格要求的，不仅要对文化遗产实体进行仔细观察和全面了解，更需要建立在大量带有"直译"色彩的自动化数字转换的基础之上，这样才能够保证数字化转换的精度和绝大多数文物信息的保留。可以说"意译"的完美演绎得益于"直译"的直接性成果。

可以说"直译"与"意译"并非竞争关系，而是互为依靠、相辅相成的关系。不断追寻"直译"模式并不妨碍将"意译"模式作为实践工作的标准形态。以"直译"为目标，同时利用部分"直译"模式的直接性成果，以指导"意译"模式的进行，以获得近似于"直译"模式所呈现的三维数据可视化成果。"意译"是过程，"直译"是目标。故宫博物院的文化遗产三维数据可视化实践活动正是沿着重视实际的"意译"模式，同时以"直译"为最高目标的三维数据可视化路径前行。

四、 实践概述

十余年间，故宫博物院的多个部门相继进行了多次三维数据采集和加工试验，涉及多种非接触式三维扫描仪器的试验应用和后续加工软件的应用。部分选取三个时间段的相关试验，即养心殿室内外陈设、灵沼轩建筑石雕及可移动文物的三维数据采集和加工试验，分别概述和分析，以佐证"直译"与"意译"两种模式的相互作用、关系。

1. 养心殿室内外陈设的三维数据采集和加工试验

2006年10月使用Konica Minolta公司生产的VIVID910激光三维扫描仪对养心殿室内外陈设进行三维数据采集及加工试验。本次试验所选择的采集、加工对象均是外形复杂，单纯参考图像、照片手工建立三维模型比较困难的文物。试验共涉及7件文物，分别是养心殿门前的镏金铜狮（一对）（图1）、养心殿前的仙鹤香炉、养心殿东暖阁内的掐丝珐琅太平有象和铜镀金牛驮瓶花表、养心殿正殿内的碧玉甪端香薰和嵌珐琅三足大薰炉。扫描全部文物的作业时间累计近15个小时（图2）。

我们可以通过图例（图3）对这次三维数据采集和加工试验的部分文物三维数据可视化成果进行初步评估。图3中的红色三维模型均为点云数据直接转换而成的不规则多边形模型。可以清晰地看到模型中有许多空洞，例如镏金铜狮的前胸下部以及腹部都因扫描仪无法获取点云数据而形成数据空洞；有的因采集对象的材质特性而无法获取准

图1 养心殿门前的镏金铜狮的三维数据可视化流程：三维数据采集、数字现状记录、虚拟复原

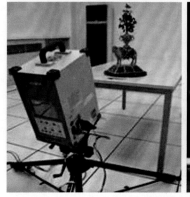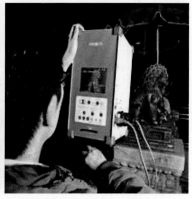

图2 养心殿室内外陈设的三维数据采集试验现场

图3 部分试验对象的三维采集、加工数据

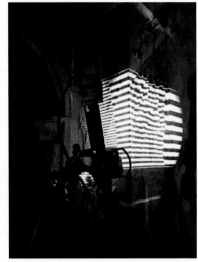

图4 灵沼轩建筑石雕的三维数据采集试验现场

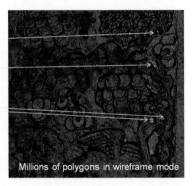

Millions of polygons in wireframe mode

图5 石雕三维扫描数据错误和不完整区域

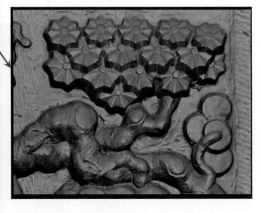

图6 石雕点云数据经过处理后生成的不规则多边形模型

确的形状点云数据，例如镀铜牛驮瓶花表的镀铜和玻璃材质有较明显的反射，因此生成了变形失真的多边形模型，以中间钟表部位最为明显；还有不应该出现的冗余数据，例如紫檀雕花角端座与地面结合处形成了冗余数据。虽然所有自动生成的不规则多边形模型都有这样或那样的问题，但三维扫描的目的并非一次性生成达到应用级别的多边形模型。从数据获取的精度要求和完整性上看，三维扫描所获取的数据能够支撑起加工环节所要求保证的数字化转换精度和绝大多数文物信息的保留。也就是说"直译"产生的原始数据可以作为参考依据，运用到"意译"中去，采用专业的数据处理软件，如RapidForm逆向工程软件，通过人工干预补全空洞数据、甄别冗余数据并参考正射影像重构变形失真数据。

2. 灵沼轩建筑石雕的三维数据采集和加工试验

2011年针对故宫东六宫之一延禧宫内的灵沼轩的虚拟修复项目正式启动。当年9月，首次用Breuckmann公司生产的smartSCAN光栅式三维扫描仪对灵沼轩一层西北外立面的石雕进行了三维数据的采集试验，并进行了后续的数据加工试验。这次试验意在检验光栅式三维扫描仪在故宫文化遗产三维数据采集过程中的表现，观察其生成的点云数据是否达到应有的精度要求和完整度要求，并评估整个过程的自动化程度。整个试验分2天进行，共10小时。由于光栅三维扫描作业环境要尽可能保持暗的状态，因此作业时间选择在故宫闭馆之后的夜间进行（图4）。

由于整个石雕处于建筑外立面上，完全垂直于水平面，因此只需要调整扫描仪的高度，并微调俯仰角就能顺利地采集原始点云数据。由于采集对象的材质是石材，为漫反射材质，不会对扫描光束产生镜面反射和折射，因此所有区域的扫描都十分顺利，每个区域只需要三到四次扫描就能够完成。采集试验证明，smartSCAN光栅式三维扫描仪对石质浮雕文物的扫描效果良好，能够确保点云数据的完整度和精度，自动化程度比之前使用的VIVID910提高了不少，基本达到了"直译"的效果。

在其后的数据加工试验中，使用RapidForm逆向工程软件对采集的原始点云数据进行加工处理。由于原始点云数据基础较好，只需进行较少的数据补全作业（图5）。经过一系列常规的处理，生成了能够作为拓扑重建依据的不规则多边形模型（图6）。

之后团队对不规则多边形模型进行了评估，认为即便不进行拓扑重建，该模型的布线合理程度不会对模型的最终可视化效果也产生本质上的影响，因此放弃了人工拓扑重建，改用软件自带的自动减面功能对不规则多边形模型进行自动减面作业，以达到应用级别的多边形面数要求。这从另一个角度说明了"直译"和"意译"的使用并非一成不变，可根据需求的不同、情况的变化作相应的调整。

3. 可移动文物的三维数据采集和加工试验

故宫博物院于2013年承接了国家级科研课题"可移动文物数字化保护标准研究与示范（以古书画和青铜器为例）"，并于当年12月利用smartSCAN光栅式扫描仪对三牺鼎（青铜器）、宣德款青花开光灵芝纹石榴尊（青花瓷器）、九洲清晏殿建筑烫样（纸板立体模型）、铜

"圣旨"合符（镀铜金器）四件不同材质的可移动文物进行了三维数据采集和加工的规范性试验（图7）。整个试验采集环节花费12小时，加工环节单人花费16小时（图8）。

由于之前进行过多次三维数据采集和加工的实践，团队开始摸索和总结三维数据可视化工作的一些规律性原则。这次试验的目的并非一定要将四件文物的三维数据采集完整，而是注重对可移动文物数据的采集和加工流程进行系统性和规范性梳理，为课题做好预研工作。经过归纳总结，数据采集环节可以分为5个部分。

（1）采集作业环境搭建。由于这次试验采用的是光栅式三维扫描仪，按照其技术要求，对环境的光线进行了严格管控，专门搭建了一个大型暗室用于采集作业。同时基于文物保护的原则，室内保持整洁，对文物、人员及仪器之间设立了足够的安全距离，将各种线缆固定在地面上，以保证文物绝对安全。

（2）采集设备校准。三维数据采集是一项十分精密的光学测量活动，需检查诸如仪器的光学元件状态是否良好，元件是否选用恰当，各子系统间是否匹配到位，测量诸元是否合适等方面。三维扫描是一个采集数据的自动化过程，所谓"失之毫厘，谬以千里"，准备工作是否充分、得当会直接影响采集精度的高低。这从一个侧面表明"直译"并非无条件的，是需要有准备的，需要人的大量参与，充足的准备工作会大大提高"直译"的最终效果。因此宁可在这个环节多花一些时间，也要将各项调试校准工作做到位、做充分。

（3）分块扫描。这个环节主要依靠人工摇移三维扫描仪，对某一区域进行多次、多角度的三维数据采集。虽然是通过仪器自动获取文物的点云数据，但需要人控制仪器的位置和方向，因此采集效果的好坏、采集次数的多少都与人的主观能动性参与密不可分。

（4）拼接和对齐。由于是分块扫描，需要进行拼接和对齐作业，才能最终组合成完整的文物三维点云数据。先人工选取特征点，再通过扫描软件进行特征点识别，自动对前后两个扫描区域进行拼接对齐。特征点的选取是否合乎技术要求会对采集效果和后续的数据整合产生影响。

（5）数据整合。分块扫描作业结束后，所有的点云数据看似处于弥合状态，但实际上并没有形成单一的整体数据，而且由于是多次、多角度扫描而成的，必然会出现大量重复数据的堆积，给后续加工环节的工作造成不利影响。因此需要对点云数据进行整合和初步优化，为后续的数据加工环节提供良好的原始数据基础（图9）。

数据加工环节可分为3个部分。

（1）数据转换（Data Conversion）。将原始点云数据转换成不规则多边形模型。一般用扫描仪自带的处理软件输出成通用工业标准格式，如STL（STereo Lithography）格式。

（2）数据修正（Data Correction）。我们选取了三牺鼎模型作为数据修正的试验对象。这次修正主要是进行补洞作业。由于使用的是光栅三维扫描仪，因此采集对象的颜色接近光栅的白色和黑色时，就存在表面数据无法获取的问题，需要调节曝光度和变换光圈反复扫描，才有可能获取表面数据。由于采集时间不足，因此在这次采集的文物数据中，空洞的问题比较普遍。补洞主要针对实际半径在0.5 cm左右的圆形区域内的空洞，通过对照实物逐一对试验对象进行人工补洞作业。

（3）拓扑重建（Topology Reconstruction）。由于STL模型仅仅记录了物体表面的几何位置信息，没有任何表达几何体之间关系的拓扑信息，所以所有多边形拓扑关系都由计算机自行生成的，一般为不规则三角形拓扑关系。因此需要为多边形模型重建规则的拓扑关系。我们选取宣德款青花开光灵芝纹石榴尊的不规则多边形模型作为拓扑重建的

图7 可移动文物的三维数据采集试验现场

扫描对象	文物号	扫描日期	镜头	扫描次数	作业时间	截图	扫描部位
三牺鼎	新 10133	2013.12.19	FOV225	52	2h	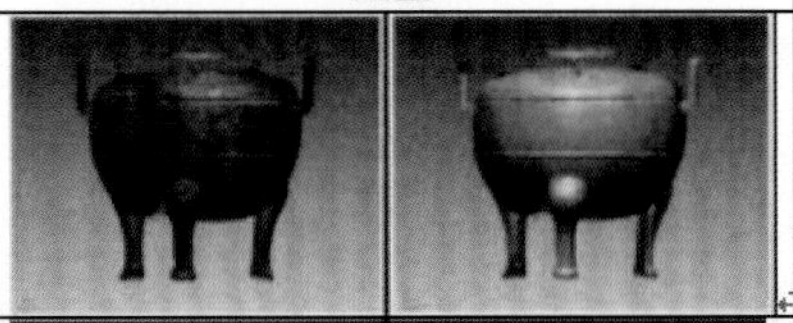	全体
三牺鼎		2013.12.20	FOV225	35	1h	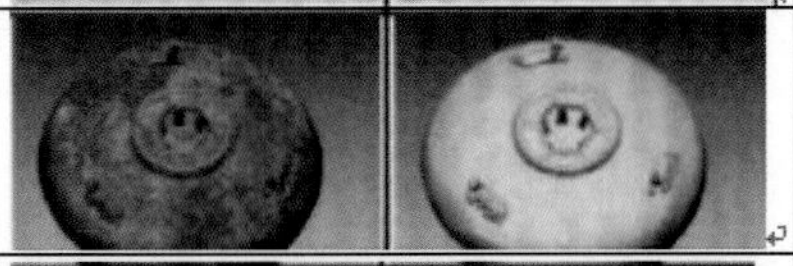	盖子
三牺鼎		2013.12.20	FOV225	24	0.75h		底部、内部
宣德款青花开光灵芝纹石榴尊	新 81156	2013.12.20	FOV225	54	1.75h	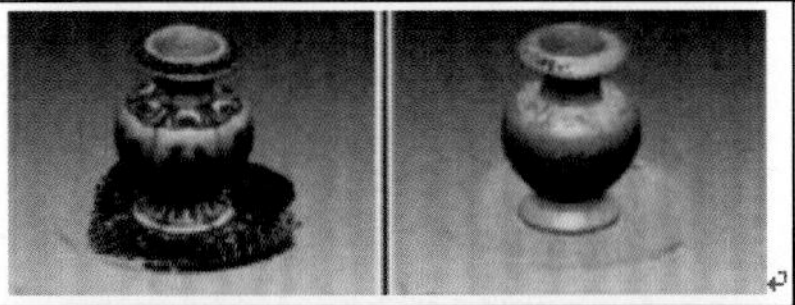	全体
宣德款青花开光灵芝纹石榴尊		2013.12.20	FOV225	6	0.25h	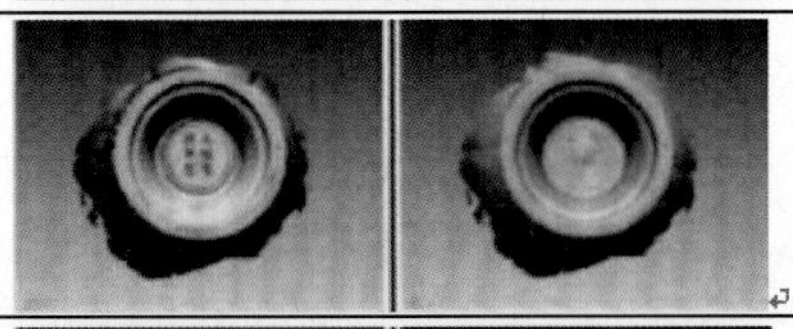	底面
九洲清晏殿建筑烫样		2013.12.23	FOV450	34	1.5h		全体
九洲清晏殿建筑烫样		2013.12.23	FOV450	27	1.5h		正面
九洲清晏殿建筑烫样		2013.12.23	FOV450	18	0.75h		背面
九洲清晏殿建筑烫样		2013.12.23	FOV450	16	0.5h	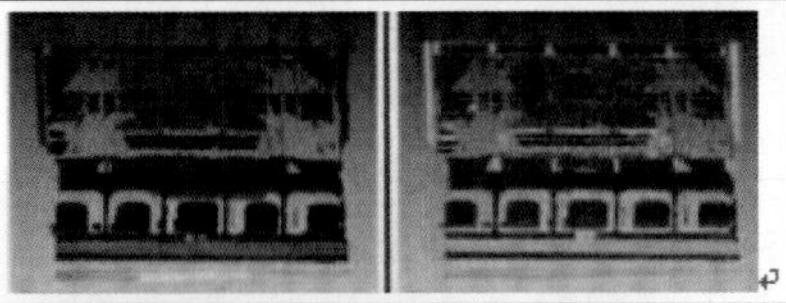	内部构造
铜"圣旨"合符	故 167282	2013.12.24	FOV90	43	1.5h	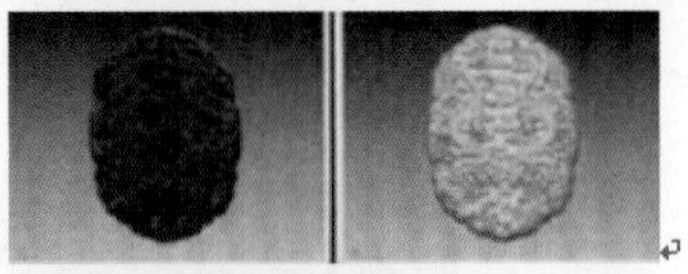	正面
铜"圣旨"合符		2013.12.24	FOV90	11	0.25h	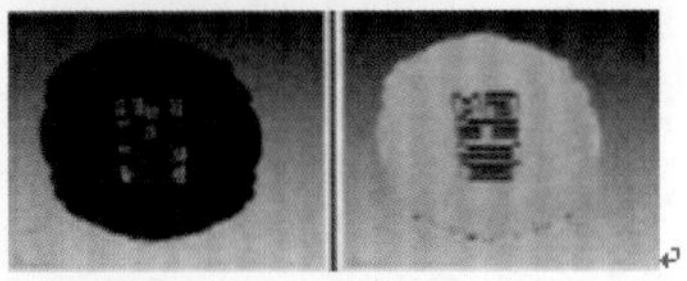	背面

图8 可移动文物的三维数据采集试验相关参数

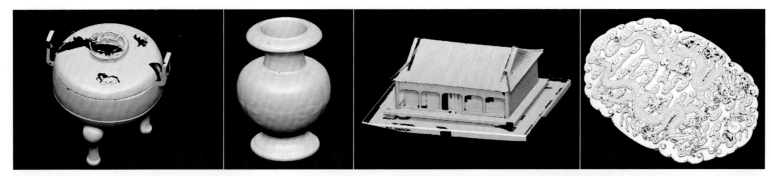

图9 四件文物的三维扫描原始数据（几何面片模式）

试验对象。基本做法是依附于不规则多边形模型，严格参照其形状逐一创建规则的多边形及其之间的规整关系，最终生成具有规则拓扑关系、多边形分布和面数合理的多边形模型（图10）。拓扑重建环节十分考验制作者的图形软件操作能力和造型能力，制作者能力的高低较大程度上决定了拓扑关系的好坏及多边形面数利用率的高低。

图10 从左至右：不规则多边形模型（默认着色显示模式）、不规则多边形模型（线框显示模式）、拓扑重建后的规则多边形模型

在整个试验过程中，我们感到真正意义上的"直译"模式目前还离我们比较遥远，但一些关键流程已经采用了"直译"模式。这为三维数据可视化奠定了坚实的原始数据基础，而后通过正确的人工干预，能够保证数字化转换精度和绝大多数文物信息的保留。

五、 展望未来

未来，"效率"与"质量"是两个关键词。由于"意译"模式需要大量人工参与，使得三维数据可视化的效率普遍不高，而"直译"模式更倾向于效率，没有更多的精力进行严格的质量控制。因此，"效率"与"质量"的共赢成为未来文化遗产三维数据可视化的目标。随着三维数据可视化技术的不断发展，越来越多的三维数据可视化综合解决方案进入我们的视野。例如较为先进的倾斜摄影测量技术已经在应用与不可移动文物的试验，试验兼顾了效率与质量，取得了良好效果。今后，我们还将不断挖掘各项三维数据可视化相关技术在保护、研究和展示故宫文化遗产方面的应用潜力，本着"学用并举"的原则，开展文化遗产三维数据可视化技术应用的相关试验，不断梳理、总结和规划故宫文化遗产三维数据可视化的实施路径。

参考文献

[1]朱宜萱, 黎景良, 宁晓刚, 等. 应用GeoStar建立数字佛像三维模型的研究[J]. 测绘信息与工程, 2004, 29(4): 7–9.

[2]邵振峰, 李德仁, 程起敏. 基于航空立体影像对的复杂房屋三维拓扑重建[J]. 武汉大学学报·信息科学版, 2004, 29(11): 999–1003.

[3]周克勤, 赵煦, 丁廷辉. 基于激光点云的3维可视化方法[J]. 测绘科学技术学报, 2006, 23(1): 69–72.

[4]王伟, 黄雯雯, 镇姣. Pictometry倾斜摄影技术及其在3维城市建模中的应用[J]. 测绘与空间地理信息, 2011, 34(3): 181–183.

[5]侯宝明, 崔红霞, 刘雪娜. 三维网格模型的快速拓扑重建算法[J]. 计算机应用, 2010, 30(11): 3002–3004.

[6]程钢, 于海样, 卢小平. 文物景的三维数字化方法研究[J]. 河南理工大学学报(自然科学版), 2010, 29(4):484–488.

[7]马亚丽, 王亚荣. 论翻译的方法——直译与意译[J]. 时代文学, 2010, (10): 34.

[8]方仅力. 直译与意译：翻译方法、策略与元理论向度探讨[J]. 上海翻译, 2012, (3): 16–20.

[9]李肖, 徐佑成, 江红南. 实时三维技术在交河故城遗址保护中的应用[J]. 文物保护与考古科学, 2013, 25(1): 24–29.

The Creation of Sun Yat-Sen Memorial Space
—A Study Centred on the Axis of Modern Guangzhou

中山纪念空间的营造
——以广州近代城市中轴线为中心的考察

徐 楠*（Xu Nan） 罗 忱**（Luo Chen）

摘要：20世纪30年代初，中山纪念堂与中山纪念碑开始成为广州近代城市的空间坐标，南北纵轴在历次城市规划中被引申为城市轴线。围绕这条城市中轴线，市政当局通过一些重修建筑的功能转型、附属纪念建筑的兴建和道路规划，营造出浓厚的中山纪念氛围，空间的纪念性得以扩展至整个城市。本文通过考察以广州近代城市中轴线为中心的中山纪念空间的营造历程，以期进一步了解广州近代城市规划的政治文化含义。

关键词：纪念空间，城市中轴线，中山纪念堂，中山纪念碑

Abstract: Since the early 1930s, the Sun Yat-sen's Memorial Hall and Sun Yat-sen's Monument have become the space coordinates of modern Guangzhou's. The north-south axis has been extended to the axis of the city in the previous urban planning. Around the axis of the city, the municipal authority works to create a strong Sun Yat-Sen memorial atmosphere through transforming functions of the rebuilt buildings and constructing affiliated memorial buildings and planning roads. The memorial of space has also been extended to the entire city. Through inspecting the development process of the Sun Yat-Sen memorial space with the axis of modern Guangzhou, this paper further introduces the political and cultural implications of city planning of modern Guangzhou.

Keywords: Memorial space, Axis of city, Sun Yat-sen's Memorial Hall, Sun Yat-sen's Monument

* 广州中山纪念堂管理处文物博物馆员。
** 广东省社会科学院文化产业研究所助理研究员。

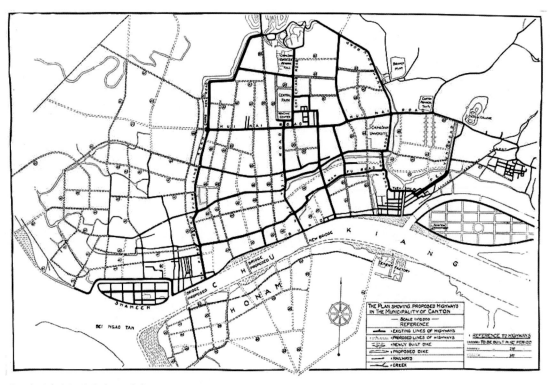

图1 广州城市规划图（1930年）

通过考察、梳理历史资料，我们发现20世纪30年代初，中山纪念堂与中山纪念碑开始成为广州近代城市的空间坐标，南北纵轴在历次城市规划中被引申为城市轴线。随着1932年维新路（今起义路）的开通、1933年海珠桥的合龙、1934年广州市府合署的建成和省府合署的规划，城市轴线不断向南拓展。

围绕这条城市中轴线，市政当局通过一些重修建筑（如镇海楼、启秀楼等）的功能转型、附属纪念建筑（如孙先生读书治事处纪念碑、仲元图书馆、光复纪念碑纪念坊、伍廷芳铜像）的兴建和道路规划（如纪念路的开辟），营造出浓厚的中山纪念氛围，空间的纪念性得以扩展至整个城市。

本文根据有关档案、报纸和历史照片，考察以广州近代城市中轴线为中心的中山纪念空间的营造历程，以期进一步了解广州近代城市规划的政治文化含义[①]。

① 有关广州中山纪念堂的建筑设计与建筑工程情况，笔者另有专文介绍，详见《广州中山纪念堂建筑设计解读》与《广州中山纪念堂建筑工程解读》两篇文章。

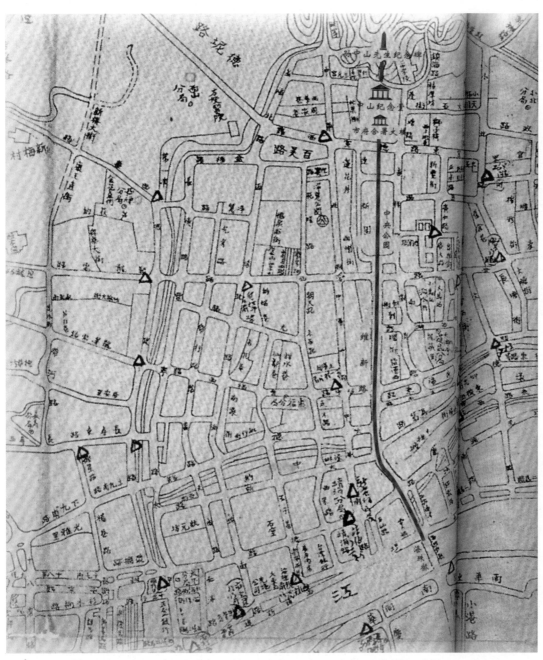

图2 20世纪30年代，广州逐步形成了北起越秀山的中山纪念碑，沿中山纪念堂、市府合署、中央公园、维新路至海珠桥的近代城市中轴线

图3 广州近代城市中轴线卫星摄像图

一、广州中山纪念碑

广州中山纪念碑位于越秀山观音庙旧址，其设想经历了一个逐渐成形的过程。最初广州市政厅计划在观音庙旧址设纪念亭，以纪念广东作为革命策源地的历史。孙中山去世后，国民党元老林森以革命纪念会的名义向广东省署发函，建议将观音山改为中山公园，并在观音庙纪念亭处立孙中山铜像，以作永久纪念。

“革命纪念会致函省署云，敬启者，查广州观音山为粤省都会名胜，前经广州市政厅规划辟作公园，又以粤省为革命策源地，于观音山庙址建纪念亭，诚其善也，惟念中国国民党孙总理创造共和功在国家。今以戡乱图治，积劳致疾，薨于北京。凡在血气之伦，同深悲悼，敝会哀痛之余……当经开会议决，即请政府指拨观音山公园为孙总理纪念公园，定名中山公园，以观音庙址建纪念亭，亭处立孙总理铜像，筑亭其间，垂诸永久。惟此项工程重大，经费浩繁，应并请政府先拨款数万元，依市工务局前定观音山计划公园办理，即行筑路种树，一面由敝会募捐，期成伟举，以资纪念。为此函达遗省长，请烦查照办理，并希见复，实纫公谊，此致广东省长胡，革命纪念会董事林森。”（**《观音山改为中山公园之省令》，《广州民国日报》，1925年4月1日**）

这个建议得到了时任广东省省长的胡汉民的批准，其令广州市政厅待有关款项筹齐后即刻办理。

“迳覆者，接诵大函，备奉一切。既经开会议决：将观音山改作孙总理纪念公园，定名中山公园；铸像筑亭，垂诸久远，成斯伟举，诚不宜迟。惟需用经费一节，现值库储奇拙，筹拨为难，似不如从速募捐，较易集事；且合国民之力，益昭崇敬之诚。尊意当以为然，即希妥速办理为荷。除行广州市政厅转饬工务局查照，仍俟款项集有成效，工程定有规模，再饬令该局敬谨遵办外，此致革命纪念会，胡汉民。”（**《胡汉民函复革命纪念会》，《广州民国日报》，1925年4月2日**）

不过，1925年7月广州国民政府成立后，设立纪念碑的想法渐渐得到认同，最终在国民党第二次全国代表大会期间，由大会主席团提议在越秀山建立接受总理遗嘱纪念碑，获得一致通过。

1926年1月5日，国民党二大代表赴越秀山举行了接受总理遗嘱纪念碑奠基典礼。《中国国民党第二次全国代表大会接受总理遗嘱纪念碑奠基典礼纪盛》详细说明了当日的情形。

“五日上午十时三十分，各代表一百八十余人，在中央执行委员会礼堂齐集，由大会秘书处预租汽车三十余辆，以为各代表乘坐。由中央党部起程，直抵观音山脚，各代表下车步行鱼贯登山，至十一时行奠基礼。建碑地点在山之最高处，基上置国旗党旗，各代表环向而立，行礼秩序：①奏军乐；②汪主席读总理遗嘱；③向国旗党旗行三鞠躬礼；④由大会主席团汪精卫、丁惟芬、谭平山、谭延闿、邓泽如、恩克巴图六人亲手举石安放行奠基礼；⑤汪主席演说建碑之理由与计划，大致谓此次大会主席团建议，建立本党接受总理遗嘱纪念碑，经大会代表一致通过，复交此事与主席团承办。”（**《中国国民党第二次全国代表大会接受总理遗嘱纪念碑奠基典礼纪盛》，《中国国民党第二次全国代表大会日刊》，1926年第7期**）

汪精卫在演说中对建碑地点（观音庙旧址）作了进一步说明。

“主席团觉得这个碑建在此，实最合宜，此地前为观音像宝座所在，经测绘师测量，实为此山中心点，最高峻最平正之处，所以选为建碑地址。观览全城，实觉无有更善于此者。去年孙哲生（孙科）同志原拟将此山烂庙拆去，改为公园，由此下望有木棉之处，即为前日之总统府，于十一年六月十六日不幸为陈逆炯明叛军所毁者。由此步行下去，又为广州文化上名胜之地，如菊坡精舍、学海堂，尤为著名。由此南往不远，即见第一公园，将来将第一公园扩张，直与此山相连，便成一极大公园，广州市政府早具此意。”（**《中国国民党第二**

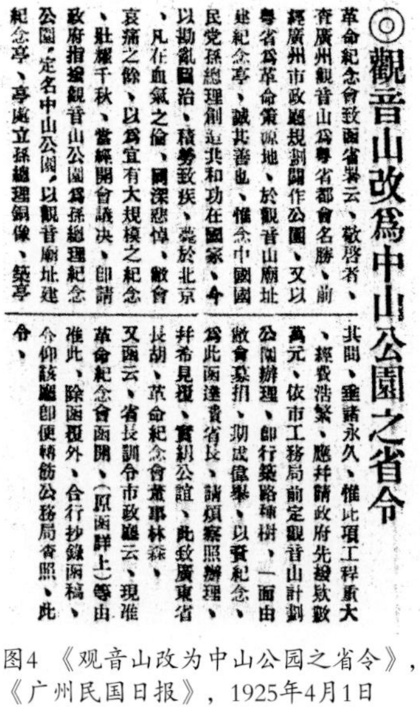

◎觀音山改爲中山公園之省令

革命紀念會致函省署云、敬啓者、查廣州觀音山爲粵省都會名勝、前經廣州市政廳規劃闢作公園、又以粵省爲革命策源地、於觀音山廟址建紀念亭、誠其善也、惟念中國國民党孫總理創造共和功在國家、今以戡亂圖治、積勞致疾、薨於北京、凡在血氣之倫、同深悲悼、敝會哀痛之餘、以爲宜有大規模之紀念、壯耀千秋、當經開會議決、卽請政府指撥觀音山公園爲孫總理紀念公園、定名中山公園、以觀音廟址建紀念亭、亭處立孫總理銅像、築亭其間、垂諸永久、惟此項工程重大、經費浩繁、應幷請政府先撥欵數萬元、依市工務局前定觀音山計劃公園辦理、卽行築路種樹、一面由敝會募捐、期成偉舉、以資紀念、爲此函達貴省長、請煩察照辦理、幷希見覆、實紉公誼、此致廣東省長胡、革命紀念會董事林森、又函云、省長訓令市政廳云、現准革命紀念會函開、(原函詳上)等由准此、除函覆外、合行抄錄函稿、令仰該廳卽便轉飭公務局査照、此令、

图4 《观音山改为中山公园之省令》，《广州民国日报》，1925年4月1日

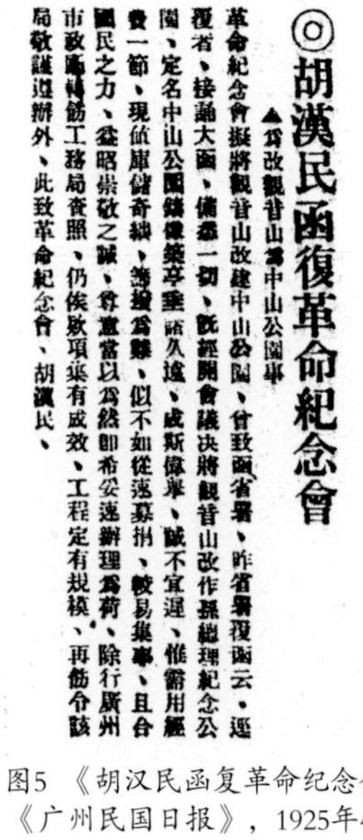

◎胡漢民函復革命紀念會

▲爲改觀音山爲中山公園事

革命紀念會擬將觀音山改建中山公園、曾致函省署、昨省署覆函云、逕覆者、接誦大函、備悉一切、旣經開會議決將觀音山改作孫總理紀念公園、定名中山公園鑄像築亭垂諸久遠、成斯偉舉、誠不宜遲、惟需用經費一節、現値庫儲奇絀、籌撥爲難、似不如從速募捐、較易集事、且合國民之力、益昭崇敬之誠、尊意當以爲然卽希妥速辦理爲荷、除行廣州市政廳轉飭工務局査照、仍俟欵項集有成效、工程定有規模、再飭令該局敬謹遵辦外、此致革命紀念會、胡漢民、

图5 《胡汉民函复革命纪念会》，《广州民国日报》，1925年4月2日

次全国代表大会接受总理遗嘱纪念碑奠基典礼纪盛》，《中国国民党第二次全国代表大会日刊》，1926年第7期）并对如何建筑纪念碑提出了初步设想。

"至此碑究应加如何建筑，尚须聘工程师设计。主席团之意，大致主张碑宜高，表示庄严，色宜白，表示纯洁，更装置电炬，砌成青天白日党徽，使全城市民，于夜间遥望此山，皆可以见青天白日之辉光，亦胜事也。此举将来大会或交国民政府办理。国民政府同人必赶速造成预算，大约两三月后，必可告成，以不负大会委托云云。"（《中国国民党第二次全国代表大会接受总理遗嘱纪念碑奠基典礼纪盛》，《中国国民党第二次全国代表大会日刊》，1926年第7期）

国民党二大结束以后，国民政府随即登报征集总理纪念碑图案，一个月后，经过评判，杨锡宗的作品获得了第一名。不过随后的进程并没有像汪精卫预想的那样"大约两三月后，必可告成"，由于局势的变化，纪念碑的建造被拖延了下来，筹委会委员金曾澄这样解释道。

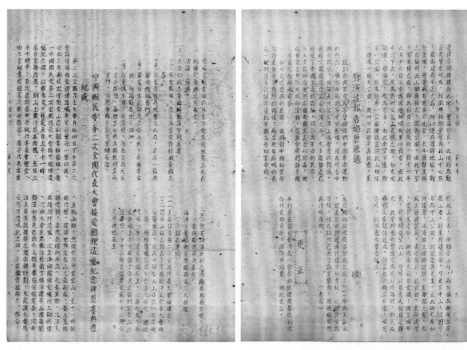

图6 《中国国民党第二次全国代表大会接受总理遗嘱纪念碑奠基典礼纪盛》，《中国国民党第二次全国代表大会日刊》，1926年第7期

"时适计划开放粤秀山开辟作公园，是以有于山顶建筑纪念碑之议。当经悬奖征求图案，结果以工程家杨锡宗君所作为首选，只因潮梅高雷各属军事方殷，未及兴筑。"（《总理纪念堂纪念碑奠基典礼》，《广州民国日报》，1929年1月16日）

1926年6月，由于纪念堂及纪念碑各工程迟迟无法兴筑，邓泽如向中央党部提议派专员负责筹办，于是中央党部任命邓泽如、张人杰、谭延闿、陈树人、金曾澄、宋子文等人为筹备委员，成立筹备委员会。此时，前堂后碑的总体设想已经确定，为了统一设计

图7 国民党二大举行接受总理遗嘱纪念碑奠基典礼的情形，《良友》，1926年中山特刊

图8 中山纪念碑基座上镌刻的"接受总理遗嘱决议案"

图9 《总理纪念碑图案之获选者》，杨锡宗获得第一名，《广州民国日报》，1926年2月9日特刊第二号

图10 杨锡宗设计的总理纪念碑图案，《广州民国日报》，1926年2月11日特刊第四号

懸賞徵求建築
孫中山先生紀念堂及紀念碑圖案

(一)此次懸獎徵求之圖案係預備建築中華民國國民黨總理孫中山先生紀念堂及紀念碑之用建築地址在廣東省廣州市粵秀山紀念碑在山頂紀念堂在山腳即舊總統府地址(二)紀念堂及紀念碑圖案不拘採用何種形式總以莊嚴固麗而能暗合孫總理生平偉大建設之意味者爲佳(三)堂與紀念碑兩大建築物之間須有精神上之聯絡使互相表現其美觀(四)此圖案須預留一孫總理銅像座位至於位置所在由設計者自定之(五)紀念堂爲民衆聚會及演講之用座位以能容五千人爲最低限度計畫時須注意堂內聲浪之傳達及視線之適合以臻美善(六)紀念碑刻孫總理遺囑及第二次代表大會接受遺囑議決案(七)紀念堂紀念碑銅像及各項佈置全部建築費總額定爲廣東通用毫銀一百萬元約伸大洋八十萬元設計時分配工程應加注意(八)應徵設計者所繳圖案應包括下列各圖件一平面全圖包括紀念堂紀念碑銅像及周圍佈置(比例尺由設計者自定)二紀念堂平面圖(一英尺等於八英尺) 三紀念堂前面高度圖(比例尺同上)四紀念堂側面高度圖(比例尺同上) 五紀念堂切面圖(比例尺同上)六紀念碑平面圖 (比例尺同上) 七紀念碑高度圖(比例尺同上)八紀念堂透視圖九全部鳥瞰圖十說明書須解釋圖內特點及重要材料(九)應徵獎金額由紀念堂委員會議定如下頭獎廣東毫銀三千圓二獎廣東毫銀二千圓三獎廣東毫銀一千元(十)評判應徵圖案與決定得獎名次由孫總理紀念堂委員會各委員多數意見決定之無論何方不得變更或否認應徵得獎人名在登載徵求圖案各報發表(十一)此次應徵圖案除保留取錄給獎者外其餘未得獎者委員會於必要時得用特別合同購買之得獎之圖案在獎金發給以後其所有權及應用權均歸委員會與原人完全無涉以後委員會對於一切圖案無論得獎與未得獎者在實際建築時採用與否有絕對自由權不受何方面之限制(十二)得獎者之圖案採用後是否請其監工由委員會自由決定(十三)應徵者報名後繳納保証金拾元即由報名處給發粵秀山附近攝影圖二幅地盤及界至圖一幅廣州市市區形勢圖一幅以備設計參考之用(十四)此項應徵圖案期限自登報之日起至六月十五日止一切應徵圖案須註明應徵者之暗號另將應徵者之姓名通訊地址與暗號用信函粘封於上述期限內一併交到委員會評判之結果在截收圖案後四星期內發表(十五)未得獎之應徵圖案於評判結果發表後兩個月內均由委員會寄還原應徵人并附還前繳之保証金惟委員會對於所收到之應徵圖案倘有意外損失或毀壞概不負責

图11 《悬赏征求孙中山先生纪念堂及纪念碑图案》，《广州民国日报》，1926年6月

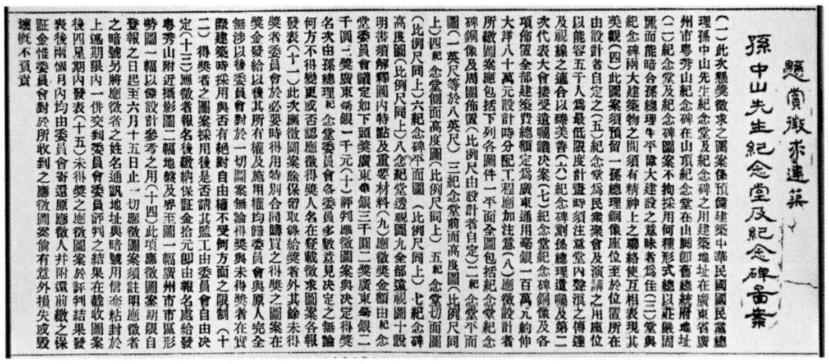

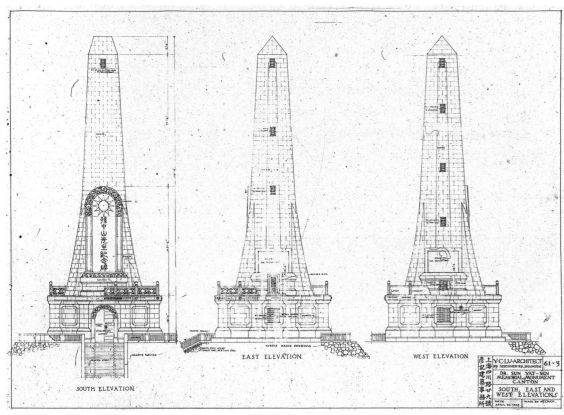

风格，筹委会放弃了杨锡宗的设计，再次登报征求纪念堂及纪念碑图案，最终吕彦直的设计获得了第一名，金曾澄解释了其中的原因。

“地点决定之后，如何规划图则，自是重要问题。且山上筑碑，山下建堂，须有精神连贯交相辉映的态度。当时拟定征求图案条例，测定堂碑两地面积，登报悬奖征求图案，计中西人士之应征者有二十六份之多。随请工程家、美术家为评判委员，在国府内开会评判。结果以吕彦直君所作为首奖，杨锡宗君所作为二奖、范文照君为三奖。盖吕君图案，纯中国建筑式，能保存中国的美术最为特色，遂确定依此图建筑。”**（《总理纪念堂纪念碑奠基典礼》，《广州民国日报》，1929年1月16日）**

孫中山先生廣州紀念堂徵求圖案揭曉

日前本會爲籌建孫中山先生廣州紀念堂及紀念碑曾登報徵求圖案迭承海內外建築名家惠投佳搆美不勝收茲經本會聘定美術建築專家先行發抒評判意見并於九月一日由本會各委員開評判會議詳加審核特將結果公布如下

第一獎 呂彥直君　名譽第一獎 劉福泰君
第二獎 楊錫宗君　名譽第二獎 陳均沛君
第三獎 范文照君　名譽第三獎 張光圻君

孫中山先生廣州紀念堂籌備委員會披露

图12 《孙中山先生广州纪念堂及纪念碑征求图案揭晓》，《广州民国日报》，1926年9月21日

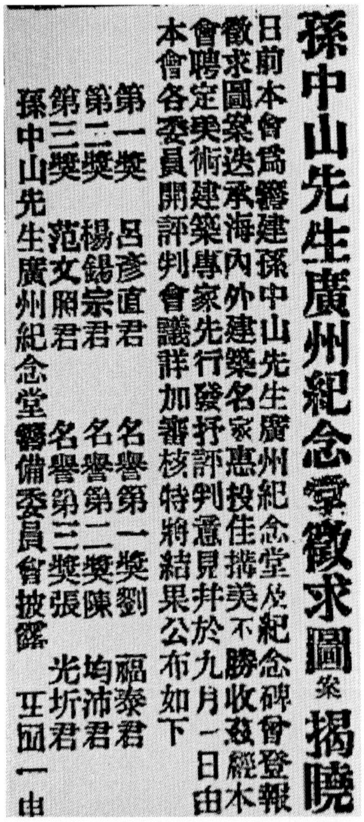

值得注意的是，在征求条例中，筹委会提出了几个设计上的要求。

（一）纪念堂及纪念碑图案不拘采用何种形式，总以庄严固丽而能暗合孙总理生平伟大建设之意味者为佳。

（二）纪念堂与纪念碑两大建筑物之间须有精神上之联系，互相表现其美观。

（三）此图案须预留一孙总理铜像座位，至于位置所在由设计者自定之。

（四）纪念堂为民众聚会及演讲之用，座位以能容五千人为最低限度，计划时需注意堂内声浪之传达及视线之适合，以臻善美。

（五）纪念碑刻孙总理遗嘱及第二次代表大会接收遗嘱议决案。

（《悬赏征求孙中山先生纪念堂及纪念碑图案》，《广州民国日报》，1926年6月）

回顾之前的筹备过程可以发现，这些要求包含了以林森为代表的革命纪念会、国民党第二次全国代表大会主席团等的设想。

1929年1月15日举行了广州中山纪念堂、中山纪念碑奠基典礼，省政府主席陈铭枢出席，冯祝万代李济深行奠基礼。根据当年的报道，纪念堂与纪念碑奠基礼式相同，处处显示出隆重庄严的氛围。

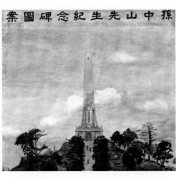

图13 吕彦直获得第一名的孙中山先生纪念碑图案

图14 中山纪念碑设计图，彦记建筑事务所，1927年4月30日（原件藏于广州市国家档案馆）

图15 中山纪念碑基石碑文（今摄）

图16 中山纪念碑上的总理遗嘱旧影，1931年1月23日

图17 中山纪念碑落成时内部第一层摄影，1931年10月10日

"纪念堂奠基地点，在场内西边，基石为日字形，高约五尺，阔约二尺，青色，镌以金字'中华民国十八年一月十五日为孙中山先生纪念堂奠基，筹备委员李济深等立石'字样，用党旗将基石覆盖，冯委员祝万亲手将磁质方形之奠基纪念品，放在基址内，随持银灰池用士敏土分涂基址四周，徐徐放下基石，军乐大奏，并用银槌轻向基石上敲击，取巩固基础意义。礼毕，即撤去覆盖基石之党旗，向基石行一鞠躬礼，即拍照而散。随往粤秀山上纪念碑前，行建立碑石礼。碑石长约五尺，高约二尺，镌以'中华民国十八年一月十五日为孙中山先生纪念碑经始筹备建筑委员李济深等立石'字样，由冯委员行礼如仪，（礼式同上），礼毕，拍照鸣炮而散。"（**"总理纪念堂纪念碑奠基典礼"，《广州民国日报》，1929年1月16日**）

1931年10月10日，中山纪念碑落成，省政府主席林云陔在落成典礼上对纪念碑的形制作了总体描述。

"纪念碑矗峙于粤秀山巅，凌霄高耸，碑全身均以香港花岗白石结成，高一百二十余尺，内分十三层，螺旋形直上，凭空远眺，极目无际。碑之下层，四壁嵌石百块，以中央及各省高级党政机关名义及名流题字，以为纪念。碑身正面，以高二十一尺、阔十一尺、整块石料结成，恭刻总理遗嘱，四周绕以石栏。碑外石级路直达山下，计有六百余级，两旁遍竖生铁制成路灯，全碑工程经已完成。"（**"纪念堂纪念碑开幕典礼盛况"，《广州民国日报》，1931年10月12日**）

从林云陔的这段话中可以看出，当年纪念碑除了主体建筑的设计，还有一个重大的设置，那就是预备在纪念碑第一层的四壁上镶嵌党政机关及名流纪念孙中山的题字碑刻。

据说这个设想最初是由中山纪念堂筹委会主席李济深在1928年提出来的，他曾撰文说明纪念碑内四壁计划嵌石百块。1928年的《广州民国日报》进行了相关报道。

"……并筑一百二十尺高度之纪念碑，于粤秀山巅，气象巍峨，规模壮丽。本年三月经已依照拟定图案，鸠工庀材，开始营造。兹拟于碑之四旁，多嵌石块，以备各省高级机关，得以题字而抒其景慕之意，每石纵一英尺零半英寸，横一英尺零九英寸为度，尚请迅挥椽笔，为泐数行寄粤，俾付贞珉，以垂不朽，无任企盼。孙中山先生广

图18 各界民众参加中山纪念碑开幕典礼时的情形，《军声(广州)》，1931年第3卷第7期

图19 中山纪念碑之开门式，《军声(广州)》，1931年第3卷第7期

图20 位于城市视觉制高点的广州中山纪念碑，1931年落成

图21 《建筑广州中山纪念堂近讯》，《广州民国日报》，1928年9月21日

图22 《纪念碑中嵌石百方 催各高级党政机关题字》，《广州民国日报》，1933年2月18日

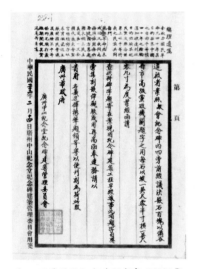

图23 函请早收纪念碑题字寄以便汇集刻嵌事，1933年2月14日（原件藏于广州市国家档案馆）

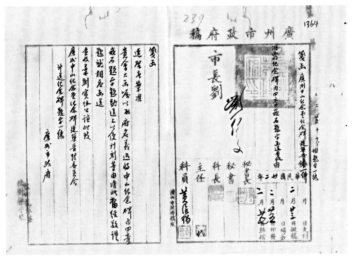

图24 广州市政府准函将纪念碑内四立方嵌石题字函送纪念堂纪念碑建筑委员会查收，1933年2月25日（原件藏于广州市国家档案馆）

州纪念堂筹备委员会主席李济深，篠。"（《建筑广州中山纪念堂近讯》，《广州民国日报》，1928年9月21日）

我们对比中山纪念堂1927年与1928年的总平面设计图，会发现1927年图上的六组石碑设计在1928年的设计图上被取消了，李济深的设想可能与此有关（详见本人撰写的《广州中山纪念堂建筑设计解读》一文）。到了1931年1月，纪念堂委员会陆续收到国内外各党政机关的题字，并兴工篆刻。

"……纪念碑之第一层墙壁，以备将来镶嵌题字石一百块，所题之字，由总理纪念堂委员会，特向国内外各党政机关征集，现已陆续收到，已兴工篆刻。"（"总理纪念碑日间竣工"，《广州民国日报》，1931年1月19日）

但是直到1933年2月，距离纪念碑落成已过去一年多，原计划的百块题字碑还没有完成，因此纪念堂委员会再次发函催促各党政机关尽快题字送会。

"中山纪念堂纪念碑建筑管理委员会，以纪念碑工程早经完竣，关于各高级党政机关之题字，特分函催促送会，原函云：逐启者，案照敝会纪念碑内四旁，前经议决嵌石百块，以备各省市高级党政机关题字之用，每石以纵一英尺零半寸，横一英尺零九寸为度，业经函请查照将碑字题寄在案。现因纪念碑建筑工程早经竣事，此项题字，自应汇集刻嵌，俾观厥成，用再专函奉送，务请以贵□名义迅挥椽笔，题颁寄粤，以便刊刻为荷。"（《纪念碑中嵌石百方 催各高级党政机关题字》，《广州民国日报》，1933年2月18日）

可惜的是，目前我们已经看不到纪念碑中的题字碑刻了。据梁学潜（梁俊生之子）回忆：

"这批刻石当时都是由父亲梁俊生所刻。可惜它们后来都被挖撬销毁，如今在纪念碑下仅能看到四面墙壁上被挖补过的痕迹。"（"广州处处留刻迹"，《广州日报》，2014年7月19日）

不过幸运的是，1934年出版的《总理逝世八周年纪念刊》中刊登了40幅有关题词的碑刻拓片，题词者包括胡汉民、陈济棠、邹鲁、蒋光鼐、林云陔等政界要人，为我们了解当年的情况提供了珍贵的第一手资料。考虑到篇幅的关系，笔者选取其中两幅碑刻拓片，以作纪念。

图25 广州中山纪念碑题字碑刻拓片，刊登于1934年的《总理逝世八周年纪念刊》

二、广州中山纪念堂

广州中山纪念堂的建设动议最初是由一篇社论引发的，1925年3月31日的《广州民国日报》刊登了署名为“曙风”的社论《国人应以建祠堂庙宇之热诚来建国父会堂》。在这篇社论中，作者通过与过去的祠堂和神庙相比较，将中山纪念堂提升到一个国家象征的高度。

“……中山先生为中国之元勋，他的自身，已为一个‘国’之象征，而为他而建会堂与图书馆，定可把‘国’之意义表现无遗。

家族时代的人建祠祀祖，今日非有国无以生存，然则我们何可不建一纪念国父之祠也；神权时代的人，建庙以拜神，今日非革命不足以图存，然则我们何可不建庙以纪此革命之神也。

昔日祀祖、拜神，今者爱戴国父，纪念革命之神同是一理；不过今日的热诚用在更有用的一方罢了。

爱你的国父，如像你的祖先一样，崇仰革命之神如像昔日之神一样，努力把‘国’之意义在建筑中象征之出来，努力以昔日建祠庙之热诚来建今日国父之会堂及图书馆！”**（《国人应以建祠堂庙宇之热诚来建国父会堂》，《广州民国日报》，1925年3月31日）**

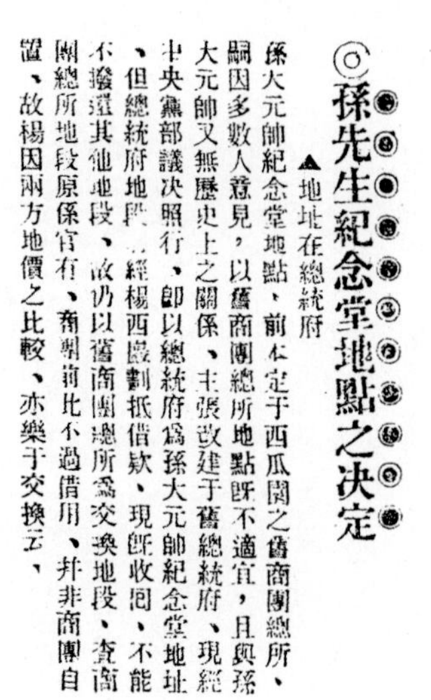

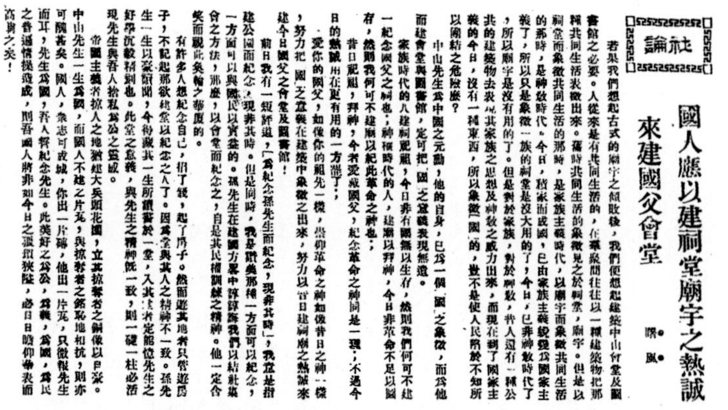

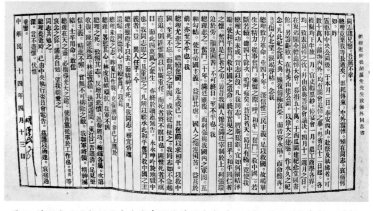

图26 《国人应以建祠堂庙宇之热诚来建国父会堂》，《广州民国日报》，1925年3月31日

这篇文章引起了广泛关注，并得到各界人士的响应，同年4月13日，胡汉民发表《致海外同志书》。

“……粤省自十二日起，各机关均下半旗一月，官吏缠黑纱，停宴会一月，农工商学各界，均一致表哀悼之忱，并由哀典筹备会议决：四月十二周月之日，在东郊开全体追悼大会，募捐五十万，于西瓜园建纪念堂图书馆；另筹巨款，在粤秀山建公园。以伟大之建筑，作永久之纪念……”**（总理逝世后胡展堂先生致海外同志书，《总理逝世八周年纪念刊》，1934年）**

图27 总理逝世后胡汉民先生发表致海外同志书（1925年4月13日发表），《总理逝世八周年纪念刊》，1934年

不过纪念堂最初选址于西瓜园引起了不小的争议，经过各界讨论并经中央党部议决，最终确定以旧总统府作为纪念堂的地址，并通过与西瓜园进行地价交换方式落实下来：

“孙大元帅纪念堂地点，前本定于西瓜园之旧商团总所，嗣因多数人意见，以旧商团总所地点既不适宜，且与孙大元帅又无历史上之关系，主张改建于旧总统府，现经中央党部议决照行，即以总统府为孙大元帅纪念堂地址。但总统府地段前经杨西岩划抵借款，现既收回，不能不拨还其他地段，故仍以旧商团总所为交换地段。查商团总所地段原系官有，商团前此不过借用，并非商团自置，故杨因两方地价之比较，亦乐于交换云。”**（《孙先生纪念堂地点之决定》，《广州民国日报》，1925年4月25日）**

◎孫先生紀念堂地點之決定

▲地址在總統府

孫大元帥紀念堂地點，前本定于西瓜園之舊商團總所，嗣因多數人意見，以舊商團總所地點既不適宜，且與孫大元帥又無歷史上之關係，主張改建于舊總統府，現經中央黨部議決照行，即以總統府爲孫大元帥紀念堂地址，但總統府地段前經楊西巖劃抵借欵，現既收回，不能不撥還其他地段，故仍以舊商團總所爲交換地段，查商團總所地段原係官有，商團前此不過借用，并非商團自置，故楊因兩方地價之比較，亦樂于交換云，

图28 《孙先生纪念堂地点之决定》，《广州民国日报》，1925年4月25日

1926年9月，吕彦直获得纪念堂纪念碑竞赛图案第一名，1928年3月，纪念堂正式动工兴建，1929年1月15日，纪念堂举行了隆重的奠基典礼，当年的《广州民国日报》详细报道了典礼当天的情形。

“礼场之布置：礼场在德宣路纪念堂地址内西偏，高搭会台一座，悬挂国旗、党旗、总理遗像，左右分设藤椅，前列为长官席，次为各机关团体来宾席，纪念堂门前，高搭大牌楼一座，左右悬挂国旗党旗两大面，及万国旗、生花盆景，布置异常庄雅隆重。纪念堂奠基立石地点，在场内西方，纪念碑立石行礼地点，在粤秀山纪念碑前。

到会之人数：是日军政要人到场观礼者，为陈主席铭枢、冯委员祝万、许厅长崇清、马厅长超俊、伍委员观淇、高等法院院长罗文庄、广州地方法院院长区玉书、林委员长云陔、金秘书长曾澄、陈师长章甫、张处长惠长、市各局长暨军政学工商各机关团体来宾、纪念堂筹备委员会全体委员、职员等约百余人，济济一堂，极热闹隆重。

开会之情形：正午十二时半，举行开会，秩序：①齐集；②就位；③向国旗党旗总理遗像行三鞠躬礼；④主席冯祝万恭读总理遗嘱；⑤默念三分钟；⑥主席宣布开会理由；⑦报告纪念堂筹备经过情形，由筹备委员金曾澄报告；⑧来宾演说，首由陈主席铭枢演说，次由省党部代表陈季博、市党部代表林翼中演说；⑨行奠基礼；⑩奏乐；⑪拍照；⑫鸣炮；⑬礼成。至下午一时半散会，各要人及来宾，随往观音山举行纪念碑立石典礼，至下午二时始散。"（"总理纪念堂纪念碑奠基典礼"，《广州民国日报》，1929年1月16日）

值得一提的是，冯祝万和陈铭枢在演说中都将纪念堂奠基看作奉行孙中山的三民主义，巩固党基、国基的象征。

"主席宣布开会理由：冯祝万宣布开会理由，大要谓今日是广州总理纪念堂举行奠基立石典礼，我们知道总理创造三民主义、中华民国，丰功伟绩，不特为全中国人民所敬仰，即全世界人士，亦所钦佩。本党同事，为纪念总理，崇拜总理伟大人格、革命光荣历史，建立纪念碑，使各同志有所矜式，今日为纪念堂纪念碑奠基立石，不特为巩固纪念堂基址，希望国基党基从此永远巩固。各同志一致笃信奉行总理主义，此点就是今日行奠基典礼，向各位贡献之意思。

陈主席之演说：大要谓在民国十八年，打倒军阀，统一中国之新纪念日子，来举行总理纪念堂奠基纪念碑立石典礼，觉得很有意义，是有悠久重大之意义。现在国家虽已统一，惟国基党基，尚未巩固，各界同志应谋一致团结，努力进行巩固党基国基之工作……今日为总理纪念堂奠基，不特使纪念堂基址巩固，还要纪念总理主义笃信奉行，遵守党纪，巩固党国基础，使成为千秋万代之总理纪念堂。总理主义，万世勿替，希望各同志注意，团结努力云云。"（《总理纪念堂纪念碑奠基典礼》，《广州民国日报》，1929年1月16日）

1931年10月10日，中山纪念堂落成，举行开幕典礼。《广州民国日报》在报道中详细描述了开幕当天的情形。

"布置伟丽：事前中山纪念堂建筑委员会已布置完备，极为壮丽。头门高搭牌楼一座，悬横题一幅，用生花砌成'中山纪念堂及纪念碑开幕典礼'等字，两边挂'革命尚未成功，同志仍须努力'对联一幅。由头门至纪念堂内两边，用长绳牵挂周番旗、电灯串，堂前铁旗杆上挂党旗一大面，随风飘扬。堂内地下楼上满置西式座椅，台上壁悬用白布写字之总理遗嘱一大张，两边伴以党国旗。遗嘱之上，置总理遗像，

图29 吕彦直获得第一名的孙中山先生纪念堂图案

图30 中山纪念堂奠基仪式情形，1929年1月15日

图31 《总理纪念堂纪念碑奠基典礼》，《广州民国日报》，1929年1月16日

两边置座椅，中置主席台，安播音机。国府派参军黄惠龙、邓刚等四人，佩指挥剑站台上，主理行礼事宜。堂之左两拱门置办公台数张，派女学生招待。凡有客到，均须签名，及领纪念证章一枚，布置异常伟丽。

到会人物：查是日晨八时半，各要人及各界来宾鱼贯而至，到者汪精卫、孙科、林森、古应芬、萧佛成、李宗仁、唐生智、陈济棠、邓青阳、陈策、邓泽如、林云陔、陈树人、经亨颐、陈璧君、刘纪文、李文范、陈友仁、程天固、省府各委员、各界团体代表共有数千人，先后莅止，堂前及左右平台几为之满。行礼时到者仍络绎不绝。开会时由孙科主席恭读总理遗嘱后，孙主席即揭幕（奏乐），揭幕毕，由邓泽如将堂之正门匙交与孙科接收，行开门礼，再由程天固引导前往开门，然后登台。"（《纪念堂纪念碑开幕典礼盛况》，《广州民国日报》，1931年10月12日）

在开幕典礼中，汪精卫和孙科分别作了演说，与奠基典礼一样，又一次将中山纪念堂看作孙中山精神的载体。

"汪氏演词：……今日中山纪念堂的落成，是纪念总理毕生救国救人群的历史，在此纪念堂中，我们回忆总理在后几年来的状况。现在国内军阀独裁未灭，国外帝国主义未倒，我们感觉有无限的悲痛，但在悲痛之中，我们生出勇气来，我们自信一定可以继续总理的遗志，完成中国国民革命。

孙科答词：各位同志，兄弟代表中央非常会议来说几句话。今日是中山纪念堂开幕的日子。中山纪念堂的建筑，系民十四年在中央执行委员会提议，建筑的经过，经林同志讲得很清楚。我们同志因纪念总理在广州谋革命，领导国民去做，是广州为革命策源地，所以在此建筑纪念堂来纪念，使全市全省全国民众，均有深刻的认识与瞻仰。一见该堂及纪念碑，就知道总理为我们导师。今纪念堂在物质上建筑伟大，系纪念总理的精神与生平的人格及主义的伟大。今日在纪念堂开幕当中，希望大家同志继续总理精神，打倒独裁，完成国民革命云。"（《纪念堂纪念碑开幕典礼盛况》，《广州民国日报》，1931年10月12日）

图32 广州中山纪念堂落成典礼全景图，1931年10月10日

图33 中山纪念堂开幕日堂外盛况，《中华(上海)》，1931年第7期

图34 《中山纪念堂纪念碑开幕典礼盛况》，《广州民国日报》，1931年10月12日

正是在这样一种氛围中，广州中山纪念堂落成以后成为了纪念孙中山及其追随者革命经历的重要场所。据不完全统计，自1931年11月至1933年5月，在中山纪念堂举行的与孙中山及其追随者有关的重要纪念活动和大会仅《广州民国日报》记载的就有25次，具体如下：

报道日期	报道内容
1931.11.12	总理诞辰纪念活动
1931.11.19	国民党四大开幕志盛
1931.12.6	国民党四大闭幕典礼
1932.3.12	总理逝世大会
1932.3.31	三•二九纪念大会
1932.5.5	革命政府成立纪念大会
1932.5.18	纪念陈英士大会
1932.6.16	总理广州蒙难纪念大会
1932.9.10	总理首次起义37周年纪念大会
1932.9.22	朱执信殉国12周年纪念大会
1932.10.4	各界首次联合纪念周
1932.10.11	总理伦敦蒙难纪念大会
1932.10.29	古湘芹（应芬）逝世周年纪念会
1932.11.10	本省光复纪念大会
1932.11.14	总理诞辰纪念大会
1932.12.26	云南起义17周年纪念大会
1933.1.1	民国成立22周年纪念大会
1933.1.3	联合总理纪念周
1933.1.5	广东新军起义纪念大会
1933.2.7	联合总理纪念周
1933.3.14	总理逝世八周年纪念大会
1933.3.29	三•二九革命先烈殉国纪念大会
1933.4.4	总理纪念周
1933.5.7	革命政府（非常大总统）成立12周年大会
1933.5.19	纪念陈英士殉国17周年大会

今日舉行
慶祝總理誕辰紀念
中央—九時在中山紀念堂舉行
各界—十時在省黨部禮堂舉行

今(十二)日爲總理誕辰紀念、中央非常會議暨國民政府、定于今(十二)晨九時在中山紀念堂舉行慶祝典禮大會、業經推定蕭委員佛成爲大會主席、鄧澤如陳濟棠鄧振各委員出席報告總理生平事略、至省黨部及各界機關團體各級黨部等、於是日上午十時在省市黨部大禮堂舉行、主席團推定省市黨部、省市政府、第一集團軍總司令部、機器工會、海員工會、八和工會、配鹽工會、女權會、女聯會、市教育會、海外同志社、市商會、中醫公會、并推定省黨部爲主席團主席、省市黨部大禮堂四週繞掛生花、張燈結綵、佈置極爲壯麗、本市黨部昨已分飭各級黨部各部會、須一律出席參加、

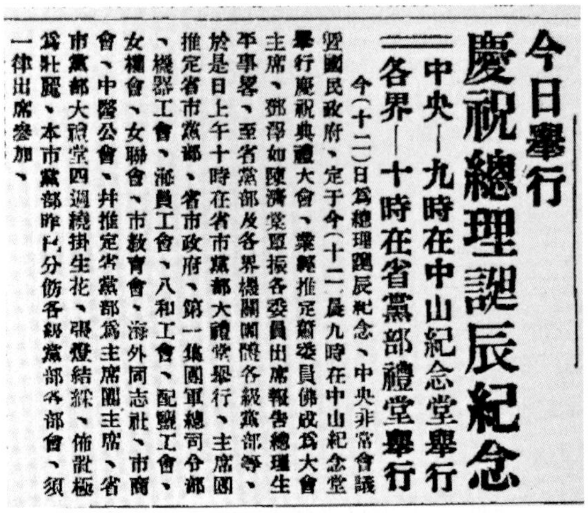

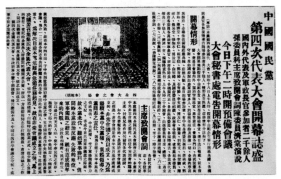

图35 《今日举行庆祝总理诞辰纪念》，《广州民国日报》，1931年11月12日

中國國民黨
第四次代表大會開幕誌盛
國內外代表及軍政長官參加者二千餘人
蕭委員科主席致開會詞陳委員濟棠演說
今日下午二時開預備會議
大會秘書處電告開幕情形

開幕情形

主席致開會詞

四全大會之會場（本報攝）

图36 国民党四大开幕志盛，《广州民国日报》，1931年11月19日

广州市工务局1931年12月2日发布了纪念堂碑界内不准擅自建筑的通告，进一步凸显了中山纪念堂的神圣地位。

“昨二日市工务局布告云：为布告事，查广州中山纪念堂纪念碑区域，东至原有登粤秀石级路及吉祥北路，西至三元宫迤东之小径，及将来定名纪念堂西路，南至德宣西路，北至山背马路，在上开区域，所有关于私人及团体，不得在界内有任何建筑。如系政府机关须增加建筑物时，仍须先商得广州中山纪念堂纪念碑建筑管理委员会同意，方得建筑，令行布告，仰市民一体知照，此布。”**（《中山纪念堂碑界内无论私人团体，不得从事建筑》，《广州民国日报》，1931年12月3日）**

中山紀念堂碑界內
無論私人團體不得從事建築

昨二日市工務局佈告云、爲佈告事、（上略）查廣州中山紀念堂紀念碑區域、東至原有登粵秀石級路及吉祥北路、西至三元宮迤東之小徑、及將來定名紀念堂西路、南至德宣西路、北至山背馬路、在上開區域、所有關於私人及團體、不得在界內有任何建築、如係政府機關須增加建築物時、仍須先商得廣州中山紀念堂紀念碑建築管理委員會同意、方得建築、合行佈告、仰市民一體知照、此佈、

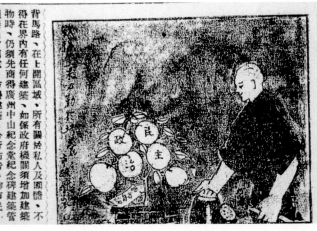

图37 《中山纪念堂碑界内无论私人团体不得从事建筑》，《广州民国日报》，1931年12月3日

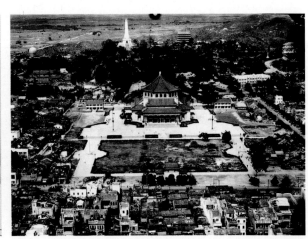

图38 作为城市地标的广州中山纪念堂，1931年落成

三、市政府合署大楼

中山市政府合署大楼是20世纪30年代广州市政建设的又一个重大工程，其建筑选址充分考虑了与中山纪念堂、中山纪念碑在精神上的联系。时任广州市长的程天固在《市政公报》中作了明确的说明。

"至于中央公园后段，以地位论，实居全市之至中……其前正对维新大马路，直接现建之海珠大铁桥，渡江而南，即与省府合署建址衔接（省府合署在天后庙至得胜岗一带，见工务局河南新规划），更由此而东出黄埔埠（外港），西达洲头咀（内港），河南全部，俱在掌中，其周揽全市之交通，控制全市经济上之形势，尤非法领旧署所敢窥其项背。且总理纪念堂纪念碑，耸峙其后，革命伟迹，昭著于斯，其垂示后人，使景仰者不期然而自奋。"（**论建筑广州市政府合署大楼及其地点，《市政公报》，1930年第359号**）

一句"总理纪念堂纪念碑，耸峙其后，革命伟迹，昭著于斯，其垂示后人，使景仰者不期然而自奋"道出了主政者希望将市政府合署大楼纳入由纪念堂和纪念碑共同营造的纪念孙中山的氛围中的深层考虑。

在这种考虑下，市政府合署大楼图案的评判标准中出现了与纪念堂纪念碑相似的设计风格要求。

第三条 评判标准应注意下列事项

（三）美观

1. 能表现本国美术建筑之观念

2. 气象庄严，四面及远近观察之宏丽

3. 性质永久

（**《提议组织市府合署图样评判委员会案》，《市政公报》，1930年第349号**）

评判结果为林克明获得第一名，余清江、高大钧分获二、三名。从《良友》刊登的市府合署得奖图案中可以看到这种设计风格的统一。

1931年10月3日，市政府合署大楼举行了隆重的奠基典礼，典礼由程天固市长主持。

"礼场之布置：市政府为隆重典礼起见，事前在公园大门，搭牌楼一座，高可数丈，状极巍峨，并在公园内之合署建筑地点，盖搭棚厂一座，为奠基礼堂，中堂悬总理遗像，伴以党国旗，上悬布额一幅，书'市府合署奠基典礼'字样，台前横设长餐台一张，中置播音机，两傍陈列合署图则，四周悬万国周番旗，布置井然，市府银乐队到场奏乐助兴，情形极为隆重。

开会秩序：是日依时行礼礼节如下：①齐集；②肃立；③唱党歌；④向国旗党旗、总理遗像行三鞠躬礼；⑤恭读总理遗嘱（程市长恭读）；⑥致开会词；⑦奠基；⑧演说；⑨奏乐；⑩拍照；⑪礼成；⑫鸣炮。"（**《市府合署奠基礼详情》，《新广州》，1930年第一卷第三期**）

值得注意的是，在典礼过程中，《三民主义》一书成为奠基的重要物品，孙中山的思想与市府合署通过这种仪式紧密地联系起来。

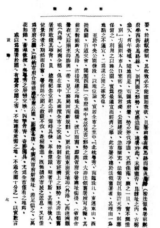

图39 论建筑广州市政府合署大楼及其地点，《市政公报》，1930年第359号

图40 《提议组织市府合署图样评判委员会案》中提出的对市府合署外观的评判标准，《市政公报》，1930年第349号

（缩钧大高）名三第 Plan for the construction of

（缩江清余）名二第求微样图府政市州广 The 2nd plan chosen in the submission

在建选府政市州广
名得常明克林
之图样建筑

年老病中之孙
理元配卢太夫人
Madam Sun, the lst wife of the late President Sun Yat Sen.

图41 评判结果为林克明获得第一名，余清江、高大钧分获二、三名，《良友》，1932年第66期

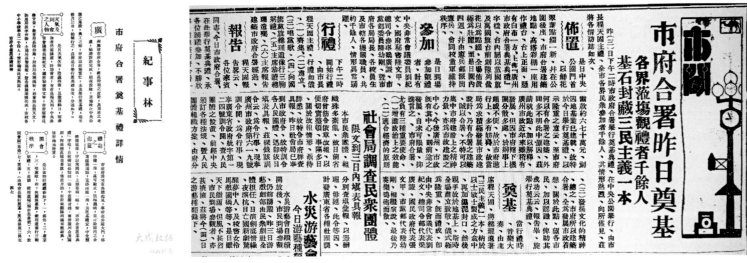

图42 《市府合署奠基礼详情》，《新广州》，1930年第一卷第三期

图43 《市府合署昨日奠基 各界莅场观礼者千余人 基石封藏〈三民主义〉一本》，《广州民国日报》，1931年10月4日

图44 《总理遗像》，《广州民国日报》，1933年4月18日

"奠基情形：当行礼时，音乐大奏，由主席程天固，将总理遗著《三民主义》一本，纳于以士敏土制成之方盒中，再加以湿泥封口，然后亲手放于地基上，斯时全场肃立致敬，仪式极为隆重。"（《市府合署奠基礼详情》，《新广州》，1930年第一卷第三期）

类似的举动在市政府合署大楼的建设过程中也不时出现，比如广州市政府曾计划在市政府合署大楼悬挂孙中山的油画像，显示了当局将其纳入孙中山纪念氛围的良苦用心。

"匈牙利油画家达士□对于所业，造诣甚深，最近运其妙笔，绘就总理遗像两幅，极为酷肖，高约七尺，横约四尺，市府昨特与之购得，除送一幅往中山纪念堂悬挂外，其余一幅，则侯市府合署建筑完竣后悬挂云。"（《总理遗像》，《广州民国日报》，1933年4月18日）

图45 1934年10月10日，广州市政府合署大楼举行落成典礼，《大众画报》，1934年第13期

图46 广州市政府合署大楼，1931年在中央公园后段动工兴建，1934年10月落成

四、中央公园

中央公园于1921年由杨锡宗设计，最初为一个模仿西洋风格的公园，但在孙中山去世后，市政当局开始有意识地通过一些措施将其改造为具有纪念孙中山意味的公园。其中一个典型的做法是将公园内的观音塑像改为孙中山铜像，《广州日报》详细报道了当时的情形。

“工务局，现以中央公园园内之水池石膏体像，每日恒有一般迷信妇女，携香烛冥帛在此膜拜，虽当局屡禁止，但仍复如故，现程局长（天固）以该像本为美术点缀品，今既被迷信者误作观音体像，实无存在之必要，乃于昨日提出，局务会议议决将该膏像及立于其下之童子像实行拆卸，改建总理铜像，以资杜绝迷信，而资景仰。查总理铜像已于昨一日派员赴港与德国某铜像公司订购云。”（**《中央公园将建总理铜像》，《广州日报》，1930年9月2日**）

五、海珠桥

海珠桥的建设自1929年春开始，由城市设计委员会规划并征集图案，最终确定由慎昌洋行承造，由马克敦公司建筑，1933年2月15日正式建成通车。在广州市工务局发布的《建筑珠江铁桥之布告》中，这项工程的建设与孙中山的规划联系在了一起。

“工务局发出布告云，为布告事，照得广州市区，迩来商务日盛，人口激增，马路建筑，力求展拓。惟省河南北尚无桥梁，举凡市民之往来，商贾之贩运，日夕所恃以横渡彼岸者，仅有电船小艇渡头相唤……从而溺毙人命者，不可胜数。若遇风狂潦涨，甚至渡岸无船，欲厉偈而难能，徒临江而兴叹。凡此困难情状，悉为市民所急与补救者，且广州规定市区范围，系经先总理所手定，南部展拓至黄埔为界，备作南方大港。以大势测之，此事实现，为期不远……今市政府有见及此，爰议决建筑横渡珠江大铁桥，桥之北端在维新马路，桥之南端在河南堤岸。”（**《建筑珠江铁桥之布告》，《市政公报》，1930年第349号**）

图47 中央公园（今人民公园）

中央公園將建總理銅像

建立總理銅像俾深景仰

拆去水池石膏像藉破迷信

工務局、現以中央公園、園內之水池石膏體像、每日恆有一般迷信婦女、携香燭冥帛、在此膜拜、雖當局屢禁止、但仍復如故、現程局長、以該像本爲美術點綴品、今既被迷信者誤作觀音體像、實無存在之必要、乃於昨日提出局務會議、議決將該膏像、及立於其下之童子像實行拆卸、改建總理銅像、以資杜絕迷信、而資景仰、查總理銅像已于昨一日派員赴港與德國某銅像公司訂購云、

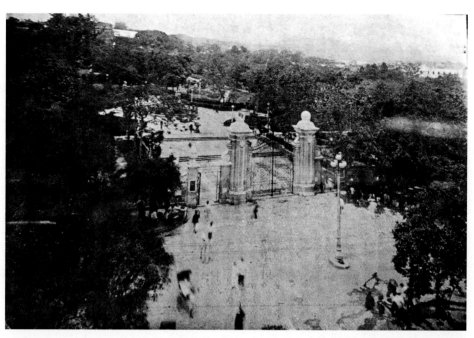

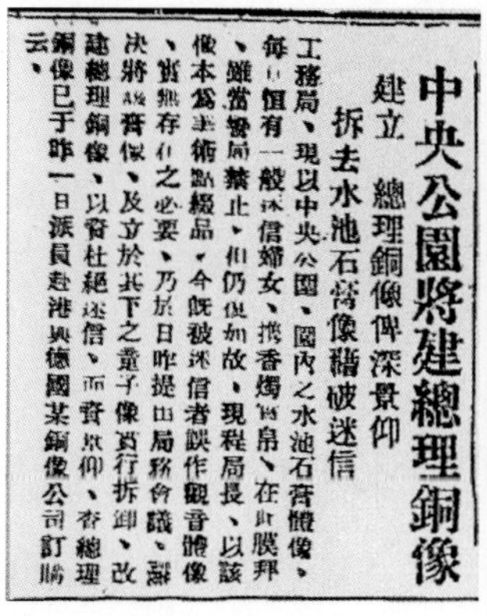

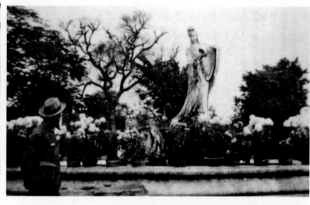

图48 《中央公园将建总理铜像》，《广州日报》，1930年9月2日

图49 中央公园的童子戏观音塑像，后被拆卸

第三四九號 紀事 二六

、以利交通、適年前共亂、該街燒去一段、其後火警又燒去一段、工務局遂決議將之興築馬路、但議決已久、尚未興工、現工務局已於昨日發出佈告、實行興工築路、該街兩旁鋪戶、限一個月內依照路線拆讓、不得逾延、以期早日開工、免誤路政云、

◎建築珠江鐵橋之佈告

工務局發出佈告云、爲佈告事、照得廣州市區、邇來商務日盛、人口激增、馬路建築、力求展拓、惟省河南北尚無橋樑、舉凡市民之往來、商賈之販運、日夕所恃以橫渡彼岸者、僅有電船小艇渡頭相喚、惡後爭先、擾往熙來、殊形擠擁、故年中舟楫、或因風雨潮流之傾翻、或因江輪海船之衝擊、從而溺斃人命者、不可勝數、若遇風狂潦漲、甚至渡岸無船、欲厲揭而難能、徒臨江而興嘆、凡此困難情狀、悉爲市民所急欲補救者、且廣州規定市區範圍、係經先總理所手定、南部展拓至黃埔爲界、備作南方大港、以大勢測之、此事實現、爲期不遠、今我廣州市馬路縱橫、樓閣翬飛、皆人民自築、不假外方、已爲全國市區之模範、若有鐵橋跨江、聯貫兩岸、南通黃埔、北接粵路、運輸北部之貨、廣納異邦之財、則商業宏展、氣象萬千、將與倫敦鬥其雄偉、凌紐約而上之、豈徒區區利涉而已哉、今市政府有見及此、爰議決建築橫渡珠江大鐵橋、橋之北端在維新馬路、橋之南端在河南堤岸、關於工程計劃種種事宜、經市政府苦心籌劃、始克就緒、現已與慎昌洋行馬克敦公司訂立合約、限期二十一個月完工、現定於十二月一日開始動工、本局長深知市民盼此橋之成功、尤急於政府之期望、

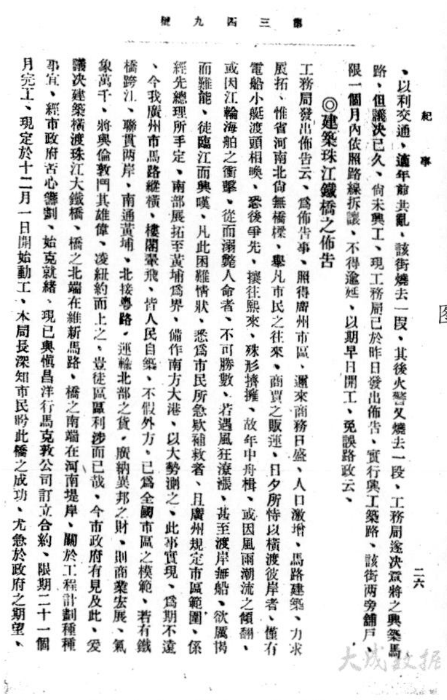

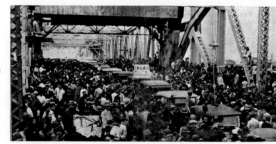

图50 《建筑珠江铁桥之布告》，《市政公报》，1930年第349号

图51 海珠桥落成开幕通车情形，《摄影画报》，1933年第9卷第13期

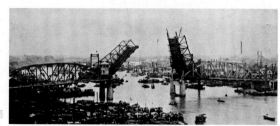

图52 海珠桥落成后的情形

六、省府合署规划

在广东省政府合署建筑的规划过程中，以中山纪念堂、中山纪念碑为代表的区域对其选择地址产生了直接的影响。1927年12月6日，省政府委员会议决通过建设省政府合署建筑的提议，并初拟建筑地址在中山纪念堂之北。

"六日，省政府委员会开第三十七次会议，省政府委员民政厅长陈公博以省政府所辖各厅，向分署设立办公，不特与省政府距离太远，办公上有不相联络之叹，因特向省政府提议建筑省政府合署，将省政府及所辖各厅均在一署办公，当经众议，建筑省政府合署办公。新建筑经费拟定一百五十万元，令财政、建设两厅负责筹划，议决通过，并闻省政府合署地址，拟以观音山脚附近倚山之旷地，即中山先生纪念堂之北，是日会议散席后，省政府委员陈公博、朱兆莘、朱晖日等，即乘车驰至观音山一带，察视合署地基，一俟勘定后，即可从速进行云。"（《省政府各厅合署办公之筹划》，《国华报》，1927年12月7日）

到了1930年，省政府合署建筑的地址有了新的考虑，一条由中山纪念碑、中山纪念堂、广州市政府合署大楼、中央公园、维新路、海珠桥和省政府合署建筑组成的广州近代城市中轴线呼之欲出：

"省政府合署，自决定择定河南得胜岗、松岗一带地亩为建筑之用后，工务局特自前周起，派员前赴该地测量地形，经已测度完竣，闻省府合署平面大概情形，为长方形，中分布建筑物九座，外环以一圆形之马路，署壮则直达现建之珠江大铁桥，过桥则以维新路直至中央公园，与市府合署相连，至其内容种种设计，现工务局已加紧着手办理云。"（《省府合署建筑内容》，《广州日报》，1930年7月17日）

虽然之后省政府合署建筑的建设地点迁到了广州石牌，但以中山纪念堂为代表的公共建筑风格也深刻影响了省政府合署建筑的设计，曾参与中山纪念堂设计竞赛的范文照在获得省政府合署建筑设计竞赛首奖后，曾这样解释他的设计风格：

"建筑之格式：省府既为行政中枢，复为一省之表率，更以广东为中外关系频繁之地，观瞻所系，故所建格式，颇能代表中国故有之文化。以崇国家之体制与尊严。当设计之时，不采取其他格式者，即本此意也。"（《广东省政府合署建筑说明》，《中国建筑》，1936年第24期）

图53 《省政府各厅合署办公之筹划》，《国华报》，1927年12月7日

图54 《省府合署建筑内容》，《广州日报》，1930年7月17日

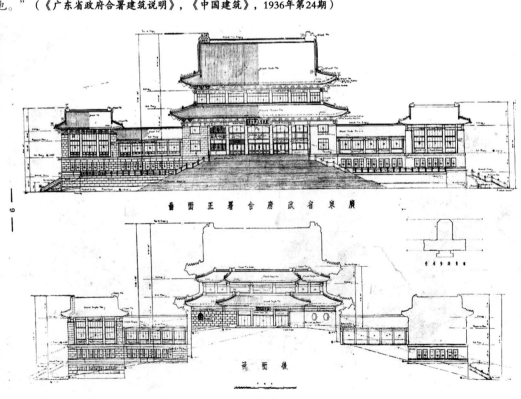

图55 省府合署设计图，《中国建筑》，1936年第24期

七、其余规划与建设

1. 广州市立博物院（镇海楼）

1929年3月，广州市立博物院（广州博物馆）在重修后的镇海楼成立。市政府对市立博物院的设立缘由作了详细说明。

“市立博物院址，原乃昔日广州越秀山上之镇海楼，高有五层，瞰全城，雄壮美丽，为粤省著名古迹。民国成立以来，越秀山因地势重要，除一二次短少时间开放，纵人游览外，余俱为军队所驻守，市民鲜得涉足。该楼以此不为官厅所重视，年久失修，日就倾圮。自革命政府在广州成立后，认广州市有改革之必要，设置市厅，经营市政，不遗余力。首先革去昔日军阀拥兵自卫之恶习，将越秀山改辟公园，以供市民游览，且以镇海楼将圮，去年特加重修，以存名胜。适市教育局陆幼刚局长，对于关系市民至为重要之社会教育，不避艰险，尽力扩充，以为镇海楼重修，空置未免可惜，特提议搜集革命纪念品，动植矿及一切天然人造之古物，陈列其内，使登楼者于凭吊古今之外，复可以输进多少知识。市厅韪其议，拨款三万一千元为购置费，属教育局筹办，及其成立，即今之所谓广州市市立博物院是矣。”（**《市立博物院成立之经过与今后之进行》，《市政公报》，1930年第349号附录**）

第三四九號　　附錄　　一二四

市立博物院成立之經過與今後之進行

市立博物院與鎮海樓　市立博物院址、原乃昔日廣州越秀山上之鎮海樓、高有五層、瞰全城、雄壯美麗、為粵省著名古蹟、民國成立以來、越秀山因地勢重要、除一二次短少時間開放、縱人游覽外、餘俱為軍隊所駐守、市民鮮得涉足、該樓以此不為官廳所重視、年久失修、日就傾圮、自革命政府在廣州成立後、認廣州市有改革之必要、設置市廳、經營市政、不遺餘力、首先革去昔日軍閥擁兵自衛之惡習、將越秀山改闢公園、以供市民游覽、且以鎮海樓將圮、去年特加重修、以存名勝、適市教育局陸幼剛局長、對於關係市民至為重要之社會教育、不避艱難、盡力擴充、以為海鎮樓重修、空置未免可惜、特提議搜集革命紀念品、動植礦、及一切天然人造之古物、陳列其內、使登樓者、於憑吊古今之外、復可以輸進多少知識、市廳韙其議、撥款三萬一千元為購置費、屬教育局籌辦、及其成立、即今之所謂廣州市市立博物院是矣、

籌備之經過　籌備辦本院之始、教育局以為博物院所應陳列品物、包含至夥、耳目若有弗周、搜羅亦不能盡、因着籌備委員會、分聘委員謝英伯、丁衍鏞、陸薪翹、辛樹幟、費鴻年、司徒槐、顧頡剛、朱庭祜、何敘甫、羅原覺、胡毅生、陳煥鏞、丁穎等十餘人、使各盡所知所能、早底厥事、計籌備會十七年十一月成立、一方面盡力向本市購置搜求、一方面以上海為吾國巨埠、百貨之所薈萃、攷古及收藏家甚多、特派委員向上海搜羅、所獲不少、尤使本

图56《市立博物院成立之经过与今后之进行》，《市政公报》，1930年第349号附录

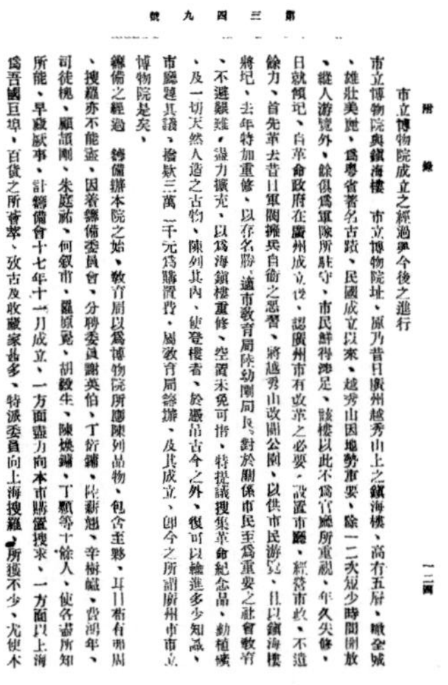

值得一提的是，市立博物院将孙中山的革命遗物放在最上层正中作为重要馆藏进行陈列：

“本院内容，共计五层。最上层当中，为总理先烈遗物。至古玉铜铁石木土磁等古物，与古今书画工艺美术，则分列楼之两旁及下一层，即第五层与第四层。其第三层为兽类，二层为鸟类，地下则矿物化石属之。”（**《市立博物院成立之经过与今后之进行》，《市政公报》，1930年第349号附录**）

2. “孙先生读书治事处”纪念碑

1930年6月，为纪念1922年6月16日总统府卫士抗击陈炯明部兵变的英勇事迹，广州中山纪念堂碑建筑管委会特在当年被毁粤秀楼之旧址设立总统府卫士纪念碑，即“孙先生读书治事处”纪念碑。

“广州中山纪念堂碑建筑管委会，以当民十一年六月十六日，陈逆炯明变叛于广州时，逆将叶举率兵犯总统府。当时卫士抗敌之勇，至为嘉许，特议决建卫士纪念碑于先大总统孙公驻跸之粤秀山麓。兹已定于今日（十六）开始兴工竖立碑石，以留纪念，而昭忠义，兹采录该碑原文，以供快睹。”（**《总统府卫士纪念碑今日立石》，《广州民国日报》，1930年6月15日**）

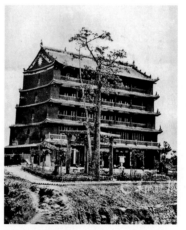

图57 1929年3月，广州市立博物院在重修后的镇海楼成立

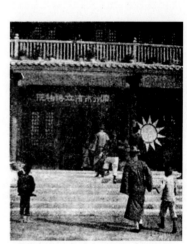

图58 镇海楼改建市立博物院后之正门，《图画京报》，1929年第50期

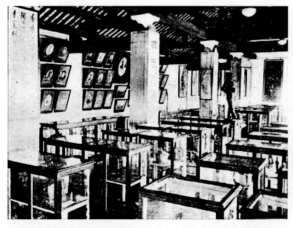

图59 广州市立博物院内部实景，其中孙中山的革命遗物作为重要馆藏进行陈列

市間

總統府衛士紀念碑今日立石

□列抗逆衛士姓名以垂久遠

□六月十六叛逆犯府之史跡

碑文

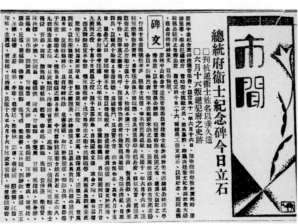

图60《总统府卫士纪念碑今日立石》，《广州民国日报》，1930年6月15日

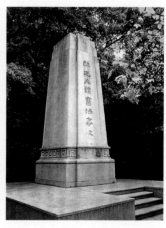

图61“孙先生读书治事处”纪念碑，1930年6月建于粤秀楼旧址（今摄）

3. 仲元图书馆

仲元图书馆（今广州美术馆）系为纪念孙中山的重要追随者之一、粤军名将邓仲元而建，位于越秀山上，原址为朝汉台名胜。图样由杨锡宗设计，模仿北京故宫文华殿的式样，1928年12月24日奠基，1930年9月底落成，1932年3月23日邓仲元上将殉难十周年之际举行开幕典礼。《广州市政日报》报道了当年落成的情形。

"仲元图书馆，系为纪念故第一师长邓铿而设，查邓铿字仲元，惠州淡水人，生于满清光绪乙酉年十二月二十七日，弱冠投入学堂，毕业后，随孙总理及诸同志奔走革命。辛亥武汉起义，潜赴惠州发难，旋将清军陆路提督秦秉直降服，树帜东江。民国以来，历任陆军司长、琼崖镇守使、粤军总司令部参谋长兼第一师长，于十一年三月十九日，在大沙头广九车站被狙击重伤，至二十三日在韬美医院逝世，葬于黄花岗之邻，追赠上将，当今军政要人，多属邓公袍泽。民十六年冬，由李济深提议创建图书馆，藉留纪念，并由政治会议广州分会函聘张景鸢为仲元图书馆筹备处委员会常务委员兼总务主任，筹办建馆一切事宜，就市北越秀山五层楼之东坪朝汉台名胜为建馆地址，用工程师杨锡宗所绘之图则，仿北平故宫文华殿式，材料用钢筋三合土，照图开投，由广兴隆公司承建，合约工料费及后增加工程等费，共约十四万元。其建筑费及办公费一半由军政要人捐助，一半由政府拨助，由十七年十二月二十四日兴工奠基，至十九年九月底始告落成。面积共一百零五井，阔七十二尺八，长一百三十四英尺六，矗立云霄，凭山瞰江，雄踞一方，风景清幽，可称卓绝。现因建馆工程完竣，已将筹备处结束，成立董事会，筹款购置图书，进行启幕云。"（《仲元图书馆落成》，《广州市政日报》，1930年10月6日）

4. 启秀楼

启秀楼位于越秀山麓，乃清代粤督院芸台所建，后日益残破，陈炯明部兵变后，受损更甚。后经程天固提议，重修此楼。《广州市政日报》介绍了其中情形。

"本市粤秀山麓启秀楼，乃前清粤督院芸台所建，迄今已八十余年，未尝重修，日就残破。自经陈炯明部下之变，该楼适当兵冲，更颓败不堪，今则势将倾倒。今春工务局程局长为保存胜迹起见，拟提议重

图62 《仲元图书馆落成》，《广州市政日报》，1930年10月6日 　　　　　　图63 《仲元图书馆昨开幕志盛》，《广州民国日报》，1932年3月24日

图64 仲元图书馆开幕摄影，《军声(广州)》，1932年第3卷第9期 　　　　　　图65 建成于1930年的仲元图书馆（今广州美术馆）

修，嗣以经费过巨，暂行搁置。今从新核算，将原址及四面墙壁不动，只将上盖瓦面桁梁及楼阵楼板楼梯之破烂者，从新改换，其余砖柱墙壁则重加批荡，门口增筑新围墙一幅，建铁门一度，楼前后筑碎石路一条，及增设树木。照此种规划，工料费约三千二百元，由永成公司承修。自十月兴工以来，工程已完十之七八，日间可以竣工。从此吾粤人士，又多得一游眺之地矣。”（**《重修启秀楼将竣工》，《广州市政日报》，1930年12月19日**）

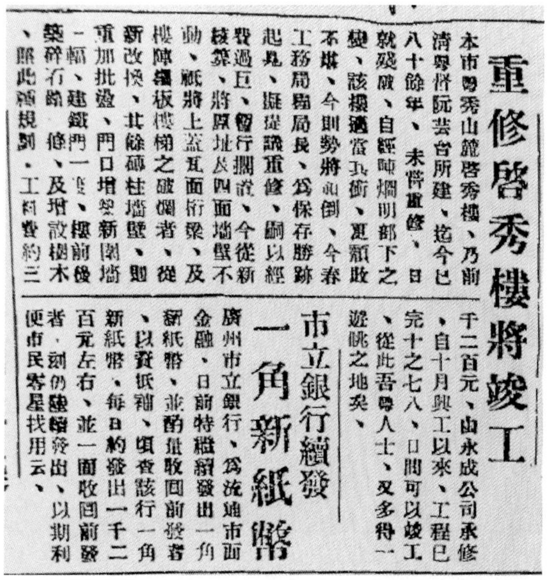

值得一提的是，与重修镇海楼、设立市立博物院做法相似，市政府重修启秀楼是为了将其作为革命先烈遗物的陈列所。

“市府为保存革命先烈遗物起见，曾饬令工务局将粤秀山启秀楼修葺，以作革命先烈遗物陈列所。现工程已告完竣，特令教育局主管该所，并征集先烈遗物，一俟征集完竣，及布置妥善后，即可开始陈列云。”（**《启秀楼将陈列革命先烈遗物》，《广州市政日报》，1931年1月26日**）

重修啓秀樓將竣工

本市粵秀山鎮啓秀樓、乃前清粵督阮芸台所建、迄今已八十餘年、未嘗重修、日就殘破、自經陳炯明部下之變、該樓適當其衝、更頹敗不堪、今則勢將向倒、今春工務局程局長、爲保存勝跡起見、擬提議重修、嗣以經費過巨、暫行擱置、今從新核算、將原址及四面墻壁不動、只將上蓋瓦面桁梁、及樓陣樓板樓梯之破爛者、從新改換、其餘磚柱墻壁、則重加批盪、門口增築新圍墻一幅、建鐵門一度、樓前後築碎石路一條、及增設樹木、照此種規劃、工料費約三千二百元、由永成公司承修、自十月興工以來、工程已完十之七八、日間可以竣工、從此吾粵人士、又多得一遊眺之地矣、

市立銀行續發一角新紙幣

廣州市立銀行、爲流通市面金融、日前特繼續發出一角新紙幣、並酌量收回前發者、以資抵補、頃查該行一角新紙幣、每日約發出一千二百元左右、並一面收回前發者、刻仍陸續發出、以期利便市民零星找用云、

图66 《重修启秀楼将竣工》，《广州市政日报》，1930年12月19日

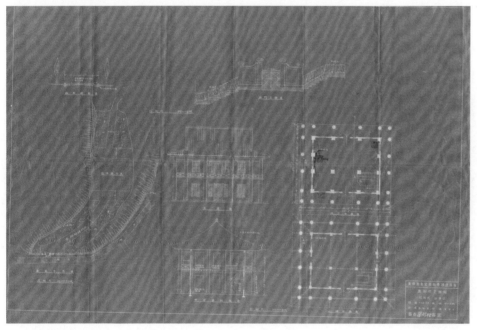

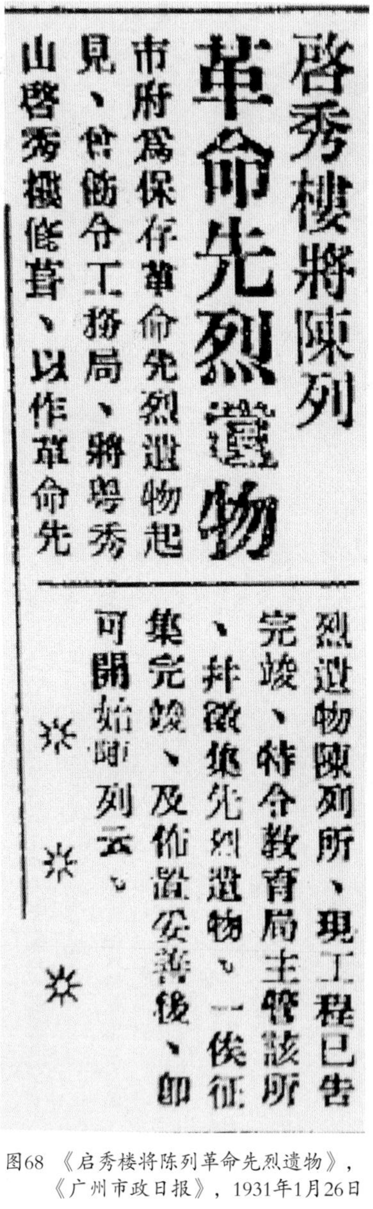

图67 重修启秀楼的图纸，1930年6月（原件藏于广州市国家档案馆）

啓秀樓將陳列革命先烈遺物

市府爲保存革命先烈遺物起見、曾飭令工務局、將粵秀山啓秀樓修葺、以作革命先烈遺物陳列所、現工程已告完竣、特令教育局主管該所、並徵集先烈遺物、一俟徵集完竣、及佈置妥善後、即可開始陳列云、

图68 《启秀楼将陈列革命先烈遗物》，《广州市政日报》，1931年1月26日

呈為呈復事現奉

鈞府第六十七號訓令內開為令遵事查本年一月十日第十七次市行政會議工務局提議粵秀山啟秀樓修葺工程業已告竣應撥交何人接管處置一案業經議決啟秀樓撥作籌備本市革命紀念品陳列所辦事處並交由教育局辦理在案除分令外合即錄案令仰遵照此令等因奉此自應遵照辦理除由職局派督學盧起焜接收管理外理合將遵辦情形備文呈復

察核至為公便謹呈

廣州市市長林

廣州市教育局局長陸幼剛

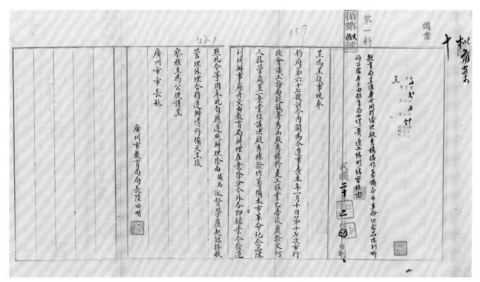

图69 教育局呈复奉令筹备将启秀楼作广州市革命纪念品陈列所之用，1931年2月4日（原件藏于广州市国家档案馆）

图70 伍廷芳铜像开幕礼情形,《时代》,1934年第7卷第1期

5. 伍廷芳铜像

伍廷芳铜像位于越秀山振武楼旧址,由近代著名雕塑家李金发创作,高2.7米,为纪念孙中山的重要追随者伍廷芳博士而建,1934年10月10日举行开幕礼。20世纪50年代铜像被毁,后根据当年李金发的作品造型原样重建水泥雕塑,体形略小。

6. 光复纪念石坊和光复纪念碑

位于越秀山上的光复纪念石坊建于1929年,原以花岗石建造,四柱三间冲天式,正面刻胡汉民题的"光复纪念"匾额,左右刻李煜堂撰写的《粤秀山上光复纪念石坊跋语》;背面刻陈少白题的"革命之源"匾额,左右分刻古应芬题的"脱离专制"和杨西岩题的"实现共和"匾额;两柱分刻"何时世界大同,宪法先从民主立""此日河山光复,义旗曾向港侨来"的对联。牌坊在日军侵占广州期间遭破坏。抗日战争胜利后,1948年4月在原址重建纪念亭,钢筋混凝土结构,绿琉璃瓦四角攒尖顶。亭高7米多,长、宽均为3.5米,台基下四边各有阶梯,原牌坊残存的胡汉民等题的匾额分嵌于亭的前额及左右两侧。

此外尚有建于1930年的光复纪念碑,时任广东省主席的陈铭枢出席了揭幕典礼。不过此碑现已不知去向。

图71 伍廷芳铜像旧影,李金发1931年创作,图片来源于网络

图72 伍廷芳塑像现状,比原铜像略小

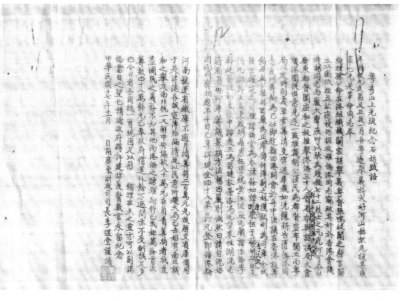

图73 原广东财政司司长李煜堂撰写的《粤秀山上光复纪念石坊跋语》,1928年11月(原件藏于广州市国家档案馆)

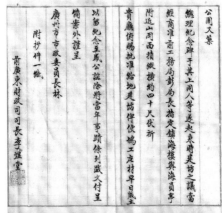

图74 李煜堂致函广州市政委员长林云陔请在粤秀山上拨地建立光复纪念石坊,1928年12月29日(原件藏于广州市国家档案馆)

图75 越秀山光复纪念坊,建于1929年,1938年遭日寇毁灭

图76 光复纪念亭现状

图77 辛亥光复广东纪念碑揭幕典礼,《良友》, 1930年第51期

7. 中山纪念路

由于纪念堂纪念碑工程的兴建，其周围道路的开辟也成为当局关注的焦点。1930年，纪念堂纪念碑建筑管理委员会委员林直勉提议将纪念堂西北两面的马路命名为纪念西路和纪念北路，得到常务委员会议决通过，《广州民国日报》曾详细报道。

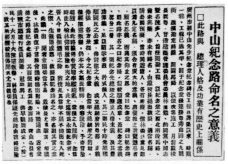

图78 《中山纪念路命名之意义》，《广州民国日报》，1930年3月14日

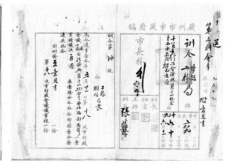

图79 1930年5月31日第十八次市行政会议通过兴筑中山纪念堂西北两面马路案（原件藏于广州市国家档案馆）

"广州市孙中山先生纪念堂纪念碑各工程自兴筑以来，时阅一稔，工程已过其半。关于纪念堂后连接粤秀山脚之九龙街，亟须勘定路线，开辟马路，以便次第施工。月前戴校长到粤，曾偕建筑管理委员会委员林直勉，约同党中同志暨名流多人，前往阅勘工程。以纪念堂之西北两段马路，尚未兴筑，亦未有路名，由戴校长提出欲拟一适当名称，请公同预拟。当时同游诸人，各有所拟，惟林委员意见则以为凡定名称，须含有广大的意义，庶使后之游览凭吊者，顾名思义而兴其仰止之思。堂曰纪念堂，碑曰纪念碑，则此路亦名之曰纪念路，似较顺理成章。盖纪念之意义，略分二层：其一则纪念先总理之历史人格主义及其丰功伟业，足以昭示来兹，矜式后人；其二则民十时，先总理顺国民之公意，伸讨逆之大义，成立总统府于粤都，正义伸张，各方景从，今之纪念堂即当年大总统府之旧址，后经陈逆叛乱，仍本其大无畏精神，从容脱险，予亦冒险追随，由此路线转赴黄埔靖乱。堂后之九龙街，即当时出入枪林弹雨、履险战夷之地，此尤勘留为永远纪念者。吾人今日低徊凭吊之余，犹恍见其当年不屈不挠、出生入死之慨，生无限感想，故拟以纪念路名之，亦名副其实之意。此议一出，闻者佥谓切当不易，戴校长尤为击赏。预议后，林委员复于常务委员会议时提出讨论，决议通过，遂定堂后之路为纪念北路，其西边则名为纪念西路，将由委员会函请市厅速行派员测勘，克期兴工，俾早观厥成云。"（《中山纪念路命名之意义》，《广州民国日报》，**1930年3月14日**）

虽然之后没有完全按照当初的决议来命名，但我们在1948年的广州地图上能够清楚地看到纪念堂北面的马路已经改名为纪念堂路，可见当年的决议还是被部分保留了下来。

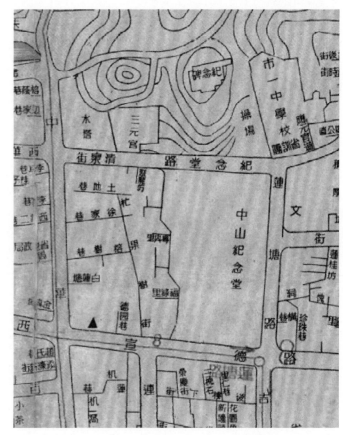

图80 广州市街道详图（局部）1948年1月初版，图中显示中山纪念堂北面的马路曾改名为纪念堂路（现为应元路）

On Contributions of Mr. Liang Sicheng after the Establishment of PRC

—Discussing with Mr. Yang Hongxun

梁思成先生在共和国时期的贡献
——兼与杨鸿勋先生商榷

殷力欣[*]（Yin Lixin）

摘要： 以口述史的方式对建筑历史学之学科发展史进行梳理，有助于学科日后的发展。在建筑历史学家杨鸿勋先生的口述史中，有多处对梁思成等人的治学经历提出不同的看法，这不失为杨先生科学的、认真的治学态度。同样，对杨鸿勋先生的口述史中对于某人某事的见解进行必要的辨析，检验其是否与历史表象下的实际动机吻合，也是后辈学者应从事的工作。

关键词： 中国营造学社，梁思成，杨鸿勋，建筑历史学，建筑考古学

Abstract: Systemizing the development of the science of architectural history in a form of oral history will conduce to the further study of the subject. In the oral history by Mr. Yang Hongxun, an architectural historian, there were different views on the study experiences of Mr. Liang Sicheng and other scholars which showed his honest academic attitude. In like manner, it is the job of futurity to make the necessary analysis on the oral expressions of Mr. Yang about the persons and events to verify the congruency with actual motivations under the historic presentations.

Keywords: Society for Research in Chinese Architecture, Liang Sicheng, Yang Hongxun, Architectural history, Architectural archeology

西方某学者曾提出："当代知识分子之有别于传统知识分子，要点在于自省性"，这正如中国儒学两千多年来所提倡的"三省吾身"和流传已久的俗话"学无止境""人无完人"。建筑学界如梁思成先生等先贤大师，也难免存在若干研究进展未达、处事欠妥乃至言语失当之处，这无须讳言，更无须因此苛责前辈，亦无损于后人对先贤的敬仰，因为直言前辈学术上的局限和未达，根本目的是为了学术的发展。基于这样的时代共识，杨鸿勋先生在谈到他的前辈梁思成、刘敦桢、刘致平等的时候，也不讳言他所认为的诸前辈之未达与不足之处，这对我们全面认识有关问题是不无裨益的——提醒我们认识前辈学者要科学、辩证。当然，作为建筑历史学界杨鸿勋先生的后辈，科学地、辩证地看待前人的成果及为人，包括梁思成、刘敦桢等第一代学者在内，也包括杨先生本人等第三代学者在内。

《20世纪中国建筑发展演变的科学文化思考》中的《揭示中国建筑历史奥秘的开拓者——建筑考古学家、建筑史学家杨鸿勋先生从事古建筑保护与研究六十年专访录》一文（冯娴女士整理，崔勇先生修订。以下简称《杨鸿勋先生访谈录》）就记录了杨鸿勋先生（1931—2016年）对梁思成先生的一些认识。杨鸿勋先生在建筑历史学界和考古学界声名卓著、成果辉煌，自无须赘言，但不能苛求杨先生没有任何研究未达、言语失当之处。比如《杨鸿勋先生访谈录》中提到著名建筑历史学家刘致平先生时说："他是梁先生的学生，但是比梁先生小不了几岁，两三岁的样子。"（见该书第108页）。实际上刘致平生于1909年，与1901年出生的梁思成先生相差八周岁。这虽是枝节问题，但可说明：杨先生的记忆也会有所偏差。由此衍生出另一个需要正视的问题：杨先生曾与刘致平先生共事，说来不可谓不知根底，但也会有认识或记忆上的偏差，那么在其他非枝节问题上呢？笔者以为，在另一些非枝节问题上，杨先生也是具有存在一些当局

者迷的认识误区的可能性的。兹将笔者认为《杨鸿勋先生访谈录》中的这类文字择要摘录如下。

1. "于是在中国科学院成立梁思成领衔的中国建筑研究室，我与梁思成的助手们就被分配到中国科学院了。但梁先生他是名人，社会活动多、兼职特别多，中华人民共和国成立后他就基本上没做多少科学研究，没见多少文章或书，所以我这个所谓的助手也没有真正在学术上研究过什么东西。他也不开研究课题，天天开会啊、出国访问啊、外宾见面啊，他好像对这个也感兴趣。"（见该书第107页）此话似乎认为1949年后梁先生学术成果少，热衷于社会活动。

2. "我自己想，建筑史要想搞，必须与考古结合。梁思成先生不提倡，我当时觉得是他研究工作的失误。他弟弟梁思永做考古，他要结合太容易了，但他就从来不提考古的事。"（见该书第109页）此话似乎是说梁思成不重视在建筑史研究中借助考古工作。

3. "我们年轻时，老一辈不培养底下的，不但不培养，客观上至少是起到了一个阻挡后进的作用，我们写的文章比老先生进了一步也不行。"（见该书第113页）此话似乎是说梁思成等人从不提携后进，甚至压制后进。

对于杨先生的这三个关于梁思成及中国营造学社同人的见解，现将笔者的不同看法直言如下，恳请学界的前辈和朋友（同代人及晚辈）斧正、匡谬。

一、如何评价梁思成先生在共和国时期的学术贡献

（1）建筑学界的朋友们都知道这样一个史实：中国营造学社因故停止工作后，梁先生于1946年回母校清华大学创办建筑系（有一段时期称为营建系），在1949年之前，又有较长一段时间访学美国（1946年10月至1947年7月，期间参与联合国总部大楼设计、在普林斯顿大学作学术报告并获荣誉博士殊荣），故真正着手清华大学建筑系教学、科研体系的建设，主要集中在1949—1966年。清华大学建筑系（今建筑学院）形成了完备的驰名中外的教学研究体系，培养出了包括杨鸿勋先生在内的大批英才俊杰。梁先生为此辛勤操劳，称之筚路蓝缕、殚精竭虑是不为过的。笔者以为，创立一个举世推崇的研究教学机构并培养出大批设计、研究人才，本身就是一项伟大的成果和学术贡献。

（2）梁思成先生当初加入中国营造学社，治学目的并不单纯是整理国故，而是借探讨古代建筑之文化内涵谋求现代中国的建筑发展。故1949年之后，梁先生试图学以致用，将历年积累的学识应用于国家建设，这是可以理解的。在这期间，梁思成与陈占祥合作，提交了《关于中央政府行政中心区位置的建议》（简称"梁陈方案"，1950年），领导清华大学营建系教师设计国徽（主要设计人员为梁思成、林徽因、莫宗江、高庄，1950年），与莫宗江、刘开渠等合作设计人民英雄纪念碑（1951年），与莫宗江合作设计扬州鉴真纪念堂（1963年），并就古建筑、古城保护问题提交了一系列研究与建

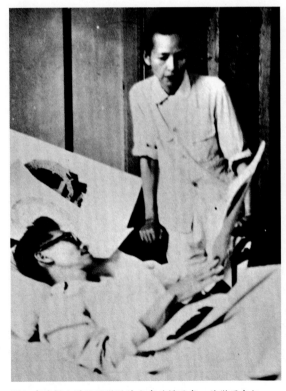

图1 在病榻上讨论国徽设计方案的梁思成、林徽因夫妇（1950年）

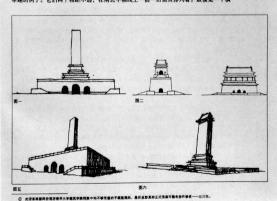

图2 梁思成为人民英雄纪念碑设计事宜致函彭真（1951年）

议。其中，古建筑"修旧如旧"的原则影响至今。由此可以看出，梁先生1949年之后的研究成果很大程度上表现在设计、规划方案上，其学术意义在于在实践中检验中国古代建筑原则与文化精神应用在现代中国建设中的实际效果（图1~图3）。

（3）诚如杨鸿勋先生所言，1949年梁先生所刊发的纯学术论文、考察报告等较中国营造学社时期少。但应该指出，尽管梁先生事务繁忙，但对建筑历史研究，尤其是对《营造法式》的研究并未终止。梁先生于1956年10月出任中国科学院与清华大学合办的建筑历史与理论研究室主任，指导了多项研究（如1958年出版的《中国建筑》图册，将该书的概说部分译为英文），尽其所能地配合刘敦桢先生《中国古代建筑史》的编写工作。1962年广州全国科学工作会议召开后，梁先生很快组织起课题研究小组（徐伯安、郭黛姮等为主要助手，莫宗江、陈明达等为学术顾问），1966年3月完成了《〈营造法式〉注释（卷上）》和《营造法式》大小木作以外部分的文字注释。这是迄今为止我国古代建筑历史研究的学术经典之一，可谓泽惠后进、功德无量。这一学术名著直到梁先生逝世13年后的1985年才得以正式出版，1987年梁思成所领导的科研团队以这部著作作为代表获得了"国家自然科学一等奖"。

尤其应当指出的是，1949至1966年，多种客观因素制约了梁思成的研究时间与精力，他自己并不情愿大量的研究、教学时间被占用。其遗孀林洙女士回忆道：当初在广州会议上陈毅元帅亲口鼓励、支持他继续研究《营造法式》，他是如何的心存感激。[1]而对于这件事，陈明达、莫宗江二位先生的回忆是："能够重新投入专力研究《营造法式》，梁先生说得上是欣喜若狂。"[2]（图4）

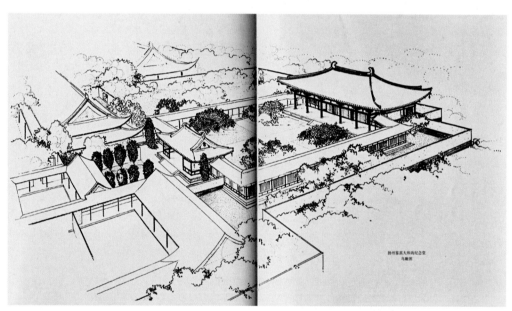

图3 梁思成、莫宗江设计的扬州鉴真纪念堂

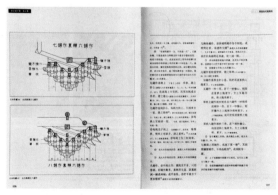

图4 梁思成的《〈营造法式〉注释》书影

① 林洙：《大匠的困惑》，北京，人民文学出版社，1991。
② 陈明达：《口述中国营造学社史》，未刊稿，原稿由殷力欣保存。
③ 梁思成：《梁思成全集》，北京，中国建筑工业出版社，2001；刘敦桢：《刘敦桢全集》，北京，中国建筑工业出版社，2007。

二、梁思成先生个人及中国营造学社的诸前辈并不排斥借助考古工作研究建筑史

关于梁先生以及中国营造学社同人是否重视建筑考古的问题，首先要理清究竟什么是建筑考古，建筑考古学的确切定义是什么。很遗憾，笔者查阅了相关的工具书，也咨询了建筑历史学界和考古学界的朋友，他们都只说这是新兴的分支学科（究竟属于考古学还是建筑学，尚有争议）。可能其最切合实际的工作正如杨鸿勋先生所言："建筑考古学的核心工作是复原研究"。因此，本文拟就这个工作略作史料辨析。

（1）中国营造学社的同人在1931至1946年之间的主要工作任务无疑是考察现存的地面古代建筑遗构，接触地下考古工作较少（在那个时期，以学社不足十人的研究队伍，不可能面面俱到），这是事实，但梁刘等从未中断过对考古工作的关注。例如，二位先生推测汉代建筑的原貌时，除曾经考察过的河南登封汉代石阙（太室阙、少室阙和启母阙）、山东肥城孝堂山石室、嘉祥武氏祠石阙和四川诸阙（以雅安高颐阙为代表）外，所撰写的文章广泛参考、采信了中外学者对汉墓的考察报告。[3]他们之所以这样做，意图是弥补汉代地面建筑稀少的缺憾，应用考古工作的成果做汉代建筑真实面貌的复原研究。梁思成在安阳考古发掘期间去看望其弟梁思永先生，也未尝没作探究商代建筑面貌之想，但那时发掘资料尚待整理，复原研究时机并不成熟（梁思永先生涉及建筑遗址发掘的侯家庄考古报告等在生前并未完成）。

（2）抗战期间，在傅斯年、李济等人的支持下，中国营造学社暂时将人员编制归属

中央博物院筹备处（今南京博物院前身），工作上与中央研究院史语所密切合作。此举除为解决学术研究经费外，亲身参与考古发掘工作以推进建筑史研究的纵深发展的意图也是显而易见的。

（3）在抗战李庄时期，梁思成、刘敦桢等与傅斯年、李济、吴金鼎、冯汉骥等商议，分别委派陈明达、莫宗江参加了四川彭山汉代崖墓发掘工作（吴金鼎主持，成员有陈明达、曾昭燏、夏鼐等人）和四川成都抚琴台前蜀王建墓发掘工作（冯汉骥主持，成员有莫宗江等人）。据陈明达、莫宗江及林洙等回忆，陈莫二人在参加发掘工作期间，几乎每周都与梁刘二位先生有书信往来，内容主要集中在通过考古发掘收集一手建筑资料，以期复原所处时代的建筑原貌方面。[1]

（4）就中国营造学社派员参加考古发掘工作的成果看，当时的工作目标之一是复原研究，取得了初步的阶段性的成绩。莫宗江先生关于王建墓的研究报告在战乱中遗失，但所留画稿比较完整，除现状测绘和墓内雕塑（圆雕、浮雕和图案雕饰）摹绘外，还作了同时代同类绘画题材的比较性引证（图5）。陈明达在1942年完成的《彭山崖墓》中更是将搜集到的建筑构件资料与其他汉代建筑资料汇总归纳，初步作出了汉代斗拱在四川地区虽普遍应用，但尚未形成像后世（唐宋）那样完备的模数制的阶段性研究判断（图6）。之后，陈明达先生于1963年发表《汉代的石阙》一文，文中附有一幅汉代石阙复原想象图（图7）。值得注意的是，陈莫的这两项阶段性工作成果均及时被梁思成、刘敦桢等采信应用于建筑史研究著述之中，如梁思成的《图像中国建筑史》（A Pictorial History of Chinese Architecture）（图8）等。实际上，正是由于在抗战期间中国营造学社的梁刘陈莫等与史语所、中央博物院筹备处的考古学家们的直接接触与密切合作，李济、吴金鼎、曾昭燏、夏鼐等考古学界人士深刻认识到建筑史学者参与考古发掘的必要性，才有了日后夏鼐先生力邀杨鸿勋先生加盟的学界佳话。

当然，上述史实虽然说明梁刘陈莫等做过或间接或直接的建筑考古工作，也曾酝酿过应用考古的成果尝试古建筑复原研究，但必须承认，在日后的学科建设中，后进杨鸿勋先生在这个领域出力尤多，建树颇丰。笔者认为，追溯上述梁思成等并非"不提考古"的史实并不贬低杨鸿勋先生在建筑考古方面的突出贡献，也并不影响杨先生"中国建筑考古学之父"的声誉。笔者只想说明一点，一派学术思想的确立是有很长的孕育过程的。尊杨先生为"之父"，不见得就可真正奠定杨先生的历史地位；不尊杨先生为"之父"，亦不见得就是根本否定杨先生的历史地位。

① 陈明达：《口述中国营造学社史》，未刊稿，原稿由殷力欣保存。

三、关于梁思成等人是否提携后进的问题

有关这一点，实际上更多的学界前辈恰恰公认梁刘二公"提携后进不遗余力"。

实例之一，刘致平先生在九一八事变后流亡关内，梁先生慧眼识珠，力邀其加入中国营造学社，使其人尽其才。当时，学社最缺的是古建筑调查、测绘人才，而梁先生针对刘致平更擅长研究归纳的性格特点，并不过多安排他参加野外调研，但野外调研所取得的一手资料无条件供其使用，而且在长期共事中，所有学术问题均坦陈己见，不回避分歧。可能正是因为前辈之间彼此不避分歧，给杨先生造成了刘致平先生对梁思成有意见、受压制的浮面印象。《杨鸿勋先生访谈录》中说"他（刘致平）向梁先生要资料，梁先生手里有中国营造学社的资料。这是公家的事，他都想看，要拿这个资料，梁思成先生就不拿出来，所以一直有矛盾。"

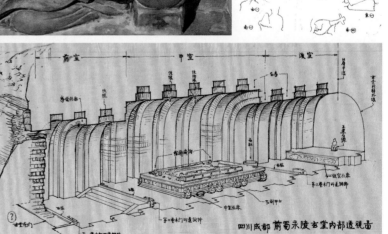

图5 王建墓图案分析比较图（莫宗江绘）

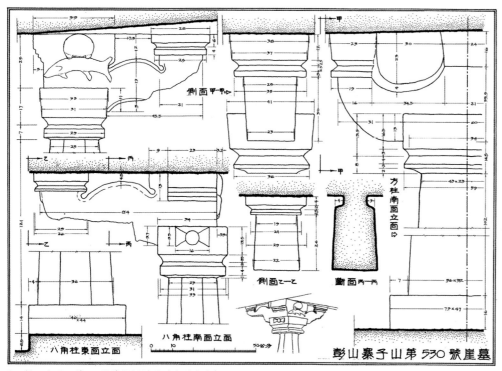

图6 彭山寨子山第530号墓柱拱详图（陈明达绘）

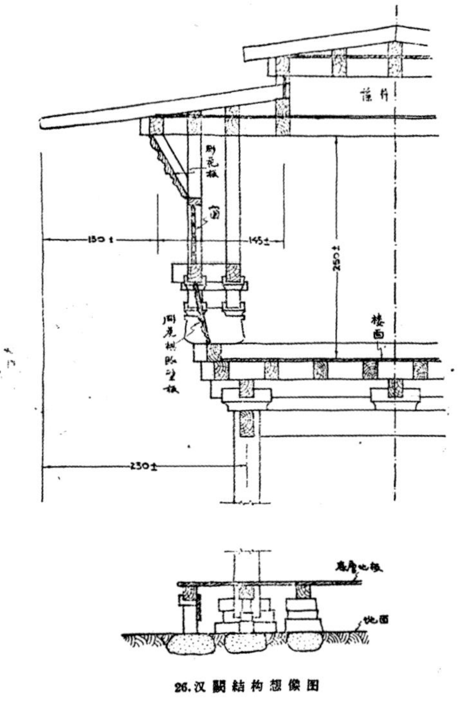

图7 汉阙结构想象图（陈明达绘）

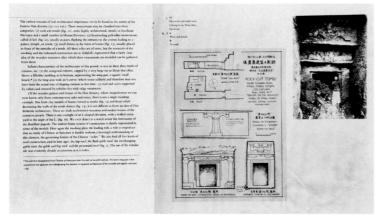

图8 梁思成的《图像中国建筑史》书影

（见该书第108页）这句话也有不确定的成分，中国营造学社停止工作后，所存资料去向分散，大部分归属清华大学、南京工学院（今东南大学）和北京古建筑修整所（今中国文化遗产研究院），梁刘陈莫以及刘致平等人手中也有少量保存（各自相关的摄影、绘图和文稿等），调阅起来很不便捷。以往学社对刘致平先生是无条件提供资料支持的，陈明达先生曾回忆说："1936年曾测绘过河南的两处窑洞，因二刘公（指刘致平先生）有兴趣研究，大部分资料就交给他了，大刘公（指刘敦桢先生）只留了几页测稿数据。"①故与其说"梁思成先生就不拿出来"，倒不如说"梁思成先生就是拿不出来"的可能性更大一些。当然，如果有可能，将来可以首先搞清楚刘致平先生索要的具体是哪些资料，以便确认是梁先生究竟是"不拿出来"还是"拿不出来"。

实例之二，梁先生对其学生张锦秋女士的特别关照。张锦秋本是梁先生的研究生，但基于当时她对古典园林的偏爱，梁先生就很大度地支持她改投莫宗江先生门下，因为他认为在这方面莫宗江先生造诣更高。这一导师变更的结果是梁思成先生在1966年之前名下没有研究生，但使得张锦秋所学如愿，日后成为了一代建筑设计大师。这件事不仅说明了梁先生对后进的爱护，而且他的爱护是不存任何私念的爱护。

实例之三，梁先生对在校期间接触并不很多的本科毕业生的关照。在这方面，傅熹年、萧默以及杨鸿勋等都是受益人。梁先生为使这些有志从事建筑历史研究的学生能各尽其才，无论有无私人交往，只要在校成绩优良，就设法将他们安排到合适的机构发挥专长。这方面的实例不胜枚举，兹不赘言。

实例之四，梁刘等前辈对后进在学术上的提携。早在中国营造学社时期，梁思成先生就与学生辈的刘致平先生联合署名编纂《建筑设计参考图集》；研究生莫宗江撰写《山西榆次永寿寺雨花宫》，梁先生不仅支持刊发，而且亲手帮莫先生斟酌的文字修订；研究生陈明达解决了素来被视为疑难的"卷杀"问题，梁先生逢人便赞许"明达有奇思"，1957年陈明达为《中国建筑》图册撰写绪论《中国建筑概说》，梁先生认为写得很好，就亲自将其译为英文，并且联系某苏联专家，要那位苏联学者将英译稿转译为俄文。②刘敦

---

① 陈明达：《口述中国营造学社史》，未刊稿，原稿由殷力欣保存。
② 陈明达的《中国建筑》自存书中的批注，殷力欣藏书。

桢先生在主编《中国古代建筑史》的时候也大胆启用了当时还很年轻的傅熹年、郭湖生等人承担重要工作任务，并安排学生辈的陈明达先生执笔撰写第四稿。受梁刘的影响，陈明达、莫宗江等第二代学人传承了这个"唯才是举"的传统。莫宗江先生为培养下一代学人，甚至"述而不作"，牺牲了大量撰写论文的时间，在课堂上把所有研究心得都传授给学生；陈明达先生审阅硕士生王其亨的毕业论文，认为达到了"有所发现，有所前进"的程度，就提议破例将该论文"提升为博士论文"……这方面的实例不胜枚举。

至于杨鸿勋先生为什么会得出"我们年轻时，老一辈不培养底下的，不但不培养，客观上至少是起到了一个阻挡后进的作用，我们写的文章比老先生进了一步也不行"（见该书第113页）这样的印象，我个人认为可能有下列因素。

（1）杨鸿勋先生在中国建筑研究室工作的时间为1956年底至1972年，实际接触梁思成先生的时间集中在1956至1966年，正值梁先生受到各种干扰的时期，或许确实无暇顾及助手们的工作、学习任务。

（2）早在中国营造学社时期，梁刘等导师级的先生对研究生、助手等均采取这样的培养方式：导师只传授基本知识与技能，个人研究方向由自己选择。正是因为这样的策略，刘致平、陈明达、莫宗江、王世襄等师出同门而各有偏好、各有专长：刘致平先生擅长建筑类型分析和住宅建筑研究；陈明达先生一生专力研究《营造法式》；莫宗江先生长于艺术品评与图像解析；王世襄先生更是出人意料地选择明式家具为研究课题……可能杨鸿勋先生尚不适应中国营造学社的这一传统，1957年梁先生自顾不暇之际，也确实缺乏与杨鸿勋先生的沟通，故造成了"不开研究课题"（见该书第107页）的误会。

至于"我们写的文章比老先生进了一步也不行"（见该书第113页），可能算是杨先生对梁思成等前辈最大的误会了。上文提到陈明达先生曾主张将一篇达到"有所发现，有所前进"程度的硕士论文提升为博士论文，言外之意，就是认可该论文的研究深度超越了包括陈明达先生在内的前辈；上文提到梁思成先生支持研究生张锦秋改选莫宗江先生为导师，也是自认学生莫宗江在古典园林方面的造诣超越了自己；陈明达先生1962年撰写完成《应县木塔》之际，刘敦桢先生一方面毫无保留地提出有若干疏漏需要修改，一方面多次督促陈明达先生尽早将此书稿正式出版。

我以为上述实例足以说明梁刘等前辈至少在主观意愿上是希望后进"有所发现，有所前进"的。当然，前辈们的主观意愿如此，但杨鸿勋先生说的"客观上至少是起到了一个阻挡后进的作用"的情况或许不是完全没有。因为当一个新观点提出来的时候，人们有时会立即认可其"有所前进"，但也不排除受自身学识局限，认其为谬误的可能。究竟是真知灼见还是谬误，这往往需要时间去检验，古今中外这类实例均不鲜见。当年居里夫妇提出他们的新发现时，索邦大学不是要求他们进一步求证而非立即褒扬吗？！[①]更何况杨先生出成果是在梁先生1972年逝世的若干年后。或许梁先生假以天年目睹杨先生的成果后会赞许"鸿勋有奇思"吧。

2016年7月22日夜于小汤山寓所

四、附记

著名建筑历史学家杨鸿勋先生近期病逝。沉痛悼念之余，笔者对是否提出一些商榷意见甚感踌躇。但想到当年陈明达先生逝世之后仍有人作专文对陈先生生前所作《抄？杪？》一文提出不同看法，笔者为尊重陈先生"将个人研究的得与失公之于众，使后人在前人的基础上有新的突破和成果"的遗愿，曾力主将该文刊载于清华大学主编的《建筑史论文集》中。想来杨先生应该有同样的襟怀，故笔者不揣简陋，将一己之见直陈如上，算是对杨鸿勋先生另一种方式的纪念。

[①] 居里夫人直到获得诺贝尔物理学奖之后才拿到索邦大学的博士学位，见《居里夫人传》。

A Brief Account of Laws and Regulations on the Protection of Cultural Relics before the Establishment of PRC

中华人民共和国成立前的文物保护法律法规述略

崔 勇[*] （Cui Yong）

摘要： 本文结合有关历史文献及材料，通过对北洋政府及南京国民政府时期文物保护法规的实际情况进行概述，阐明中华人民共和国成立之前北洋政府时期与南京国民政府时期文物保护法规的缘起、发展过程、基本内涵、文化特性以及开拓性的立法意义，以作为后人开展文物保护法规实施及研究工作的历史借鉴。

关键词： 北洋政府文物保护法规，南京国民政府文物保护法规，中华人民共和国成立前文物保护法规的特性

Abstract: Based on the historical documents and related materials, this article expounds the origin and development process of laws and regulations on the protection of cultural relics during the period of Northern Warlords Government and the period of Nanjing National Government before the establishment of PRC. This article also clarifies the basic connotation, cultural characteristics and pioneering legislative significance of this regulation, as a historical reference for future generations to carry out cultural relic protection laws and regulations and the research work.

Keywords: Northern Warlords Government cultural relics protection laws and regulations, Nanjing National Government cultural relics protection laws and regulations, Cultural relics protection laws' characteristic before the establishment of PRC

古代中国并非不保护前朝文物，但与现代社会的文物保护概念并不相同。可以说其中国现代意义上的文物保护概念是晚清以来中国政界、学界谋求维新乃至革命的产物。较早的文献之一可能是孙中山先生1914年所拟的《保护公共建筑古迹名胜告示》，其中写道："公共建筑、古迹名胜均为地方公益之物，或系人民信仰所关，理宜保护，以重公德。"[①]这篇文献篇幅很短，但寥寥数言展现了中山先生的远见卓识。不过这份战时法令性质的告示并未得以施行，故本文不作过多的阐释，而主要论述在北洋政府（1912—1927年）和南京国民政府（1927—1949年）时期得以施行的文物保护法规（图1）。

图1 载有名胜保护法令的《孙中山全集》

① 孙中山：《革命方略》，广州，广东人民出版社，2007。
② 中国第二历史档案馆：《保存古物暂行办法》，见《中华民国史档案资料汇编》，第3辑，198页，南京，江苏人民出版社，1979。

* 中国文化遗产研究院研究员，建筑学博士。

一、北洋政府时期的文物保护法规

中国自古没有专门的文物保护规章制度，北洋政府时期社会凌乱，涉利之徒窃取私收，转相运售，致使我国珍贵古物散失无数，日渐消亡，迫切需要设法保护。为有效地保存古物，北洋政府内务部在制定古物调查表及说明书的同时拟定了一些政策命令，并相继筹划制定文物调查征求、保管、出售限制等条规，于1916年制定了《保存古物暂行办法》，即当时出台的文物保护法规，通令各省认真调查、切实保管。[②]《保存古物暂行办法》的基本内涵可概括为如下几个方面。

第一条，历代帝王陵寝和先贤坟墓。规定应由所属地方官署设法保护，或种植树木，围绕周廊；或建立标志，禁止樵色；对于那些半就淹没、仅存遗迹者，应竖立碑记，以备考查。

第二条，城廓关塞、壁垒岩洞、楼观祠宇、台榭亭塔、堤堰桥梁、湖池井泉等文物遗迹，要求凡系名人遗迹，均宜设法保存；关系地方名胜者，当由地方或公共团体筹资修葺；与历代有关，足资考证者，应竖立碑记，以免埋没而不被彰显。

第三条，碑版造像、壁画摩崖等艺术类文物。规定应由地方官署，责成公正绅士、公共团体或寺庙住持认真保护，不得任人拓摹、毁坏或私相售运；私人所藏或发现的古物，即使是断碑残石，也应当妥为保存或购为公有，以防奸商串卖，运往海外；著名石刻碑偈，应由地方官署切实搜求，将现存者一律拓印两份，邮寄给北洋政府内务部，以备考查，并将所拓寄文物的种类、数目呈报负责官员备案。

第四条，植物类文物。规定故国乔木，如秦汉柏等，应与碑偈造像保护办法相同，责成所在地加以防护，禁止砍伐。

第五条，金石竹木、陶瓷锦绣，著录悠久、足资考证者，筹设保存分所，或附入公共场所陈列，严格制定保管规则，酌量收取参观费；先将公家所有汇集保管，对于私人所藏，若一时不能收买，应设法取缔，以免私售外人。

上述条款尽管不太完善，但是北洋政府时期第一部具有法律效力的文物保护条规，是当时文物保护工作者的政策依据，在一定程度上限制了文物的私售与毁坏，有首创之功。

历届北洋政府对禁止文物出口一事都很重视，也采取了相应的措施，但限于政权更迭频繁，时局动荡不安，始终未能制定出一部完善、周备的法规，致使非但没能禁止文物外流，随着社会混乱程度的加剧和外人的巧取豪夺，反而更加严重了。直至南京国民政府时期，在主管部门的努力和相关法规限定下，文物外流才稍有缓解。

上述政策条规是历届北洋政府在国家动荡、文物遭遇严重毁坏与散失的形势下，就保护文物之急需而制定的应时措施，仅仅涉及古物调查、暂行办法和禁止出口等几项内容，远非保护文物的完备办法，而且混乱的社会状况使其往往徒具空文，实效不大。古物调查因地方配合不力，无法获得详尽的统计结果。《保存古物暂行办法》在地方难以真正推行，况且它只是初步大纲，尚不能作为保护文物的根本法，古物外流始终无法有效禁止，无数珍异旧物散失海外。当然，有《保存古物暂行办法》比任由古物私相售运毁坏要好得多。

纵观北洋政府时期的文物保护，尽管由于政局动荡，国家的文化建设支离破碎，许多保护措施无法得到有效实施，但这是中国近现代文物保护事业迈出的开创性的一步。政策条规的制定有力地推动了文物保护的立法工作，为南京国民政府时期制定比较完善的文物保护法规奠定了基础，对文物捣毁流失案的查办在一定程度上打击了犯罪行径，起到了警示作用（图2~图4）。

图2 北洋政府时期成立的故宫博物院1（殷力欣提供）

图3 北洋政府时期成立的故宫博物院2（殷力欣提供）

二、南京国民政府时期的文物保护法规

由于北洋政府时期中国一直没有真正完备、有效的文物保护法规，文物保护工作往往无法可依，很难取得预期效果。鉴于此，南京国民政府成立不久便着手文物保护的立法工作。南京国民政府一方面参考北洋政府时期的政策法规，一方面借鉴西方各国的立法经验，同时参照中国的文物现状，相继出台了一系列法规，使中国的文物立法工作取得了突破性进展。

1.《古物保存法》及《古物保存法实施细则》

1930年6月7日，南京国民政府颁布《古物保存法》。这是该时期第一部保护文物的根本法，是制定其他文物保护法规的基础。《古物保存法》共有14条，对古物的范围、保存、登记、采掘、流通及保管机构的组织等内容作了概括性规定。《古物保存法》规定，古物的范围系"与考古学、历史学、古生物学及其他文化有关之一切古物"，具体范围和种类由中央古物保管委员会裁定；关于保存事宜，除私有古物外，其他古物应由中央古物保管委员会责成保存处所保存，保存在中央或地方机关及寺庙、古迹所在地的文物应由保存者制成照片，分存教育部、内政部、中央古物保管委员会以及保存处，古物保存处所每年要将古物填具表册呈报教育部、内政部、中央古物保管委员会及地方主管行政官署，表册格式由中央古物保管委员会规定，重要私有古物应由中央古物保管委员会裁定，向地方主管行政官署登记，并由该主管官署汇报教育部、内政部及中央古物保管委员会，不得转给外人，违者必究；对于古物采掘，规定埋藏在地下及由地下暴露于地面的古物归国有，发现人须立即报告当地主管行政官署，由上级机关咨询教育、内政两部及中央古物保管委员会收存古物，并酌予奖金，若隐匿不报，以盗窃论，古物采掘工作归属中央或地方政府直辖学术机关，应凭教育、内政两部会同所发的采掘执照进行，并由中央古物保管委员会派员监察，所得

图4 北洋政府时期保护的前朝帝王陵（殷力欣提供）

古物需要呈中央古物保管委员会核准，于一定时期内负责保存，以供学术研究之用，须外国学术团体或专门人才协助采掘时，应先呈请中央古物保管委员会核准；古物流通以国内为限，若中央或地方政府直辖学术机关因研究需要需派员携往国外研究，应呈中央古物保管委员会核准，转请教育、内政两部会同发给出境护照，且最迟须于两年内归还保存处所；中央古物保管委员会由行政院聘请的古物专家六人至十一人，教育部、内政部代表各两人，国立各研究院、国立各博物院代表各一人为委员组成，组织条例另行制定。

作为保护文物的根本法和制定其他文物保护法规的依据，《古物保存法》的各项规定都是概括性的，具体如何实施尚需进一步说明。1931年7月3日，南京国民政府行政院颁布《古物保存法实施细则》，对如何施行《古物保存法》作了详细解释。《古物保存法实施细则》共有19条，着重对私有重要古物登记和古物采掘作了规定。《细则》声明，私有重要古物的登记申请书内容需要包括古物的名称、数目，申请登记年月日，登记官署，古物照片，古物在历史或学术上的关系，古物的现状、保管办法，登记人的姓名、籍贯、年龄、住址、职业（若是法人，应登记名称、事务所）等；已经登记的私有古物，所有权仍属原主，如有转移或让与等行为，应由原主会同取得人向主管官署申请转移登记，否则转移行为无效，应登记而不登记者，按情节轻重施以二百元以上一千元以下罚款，并责令所有人补登；凡经登记的私有古物，如已经残损有修整时必要，中央古物保管委员会需要会同原主或主管官署酌量修整，若因残损或其他原因需改变形式或转移地点，应经中央古物保管委员会核准方可处置。

关于古物采掘，《古物保存法实施细则》还有如下具体规定：凡学术机关呈请发掘古物须具备申请书，内容包括古物的种类和所在地、发掘时期与原因、学术机关名称以及预定发掘计划等；采掘监察人员应将采掘古物的数量、名称、所在地、现存处以及发掘年月日、是否采掘完毕等内容列表详细呈报中央古物保管委员会备核；采掘古物时不得损毁古代建筑物、雕刻塑像、碑文及其他地面上的附属古物遗物；凡外国人士，无论以何种名义，不得在中国境内采掘古物，但如外国学术团体或私人对中国学术机关发掘古物有经济协助，受助的中国学术机关报告中央古物保管委员会核准后，可允其参加。

《古物保存法》及《古物保存法实施细则》是中华民国颁布的第一部真正意义上的文物保护法规，是派生其他文物保护法规的母法。《古物保存法》及《古物保存法实施细则》借鉴了西方近代文物立法的成果，在中国历史上第一次把保护文物纳入法律的轨道，以国家立法的形式宣布文物保护法规，是辛亥革命以来的宪法精神在文物领域的具体体现。

2.《采掘古物规则》《古物出国护照规则》及《外国学术团体或私人参加采掘古物规则》

19世纪末20世纪初以来，伴随着安阳殷墟甲骨等长期深埋地下的文物的空前发现，文物盗掘之风日益猖獗，北洋政府虽然一再严令禁止，但因政府无力而令行不止，且制度混乱，无法可依，盗掘现象难以制止，文物流散海外不绝。1935年1月，中央古物保管委员会制定古物采掘及出国护照规则进行讨论，形成了决议，并根据《古物保存法》第八条及《古物保存法实施细则》第十八条，函请内政、教育两部会同拟定采掘古物许可执照，由委员会利定《采掘古物规则》及"采掘古物申请事项表"；根据《古物保存法实施细则》第十三条，函请内政、教育两部制定古物出境护照，并由委员会根据《古物保存法》第十条，制定《外国学术团体或专门人才参加采掘古物规则》。随后，中央古物保管委员会将以上各项规则呈请行政院，行政院经决议修正通过，于同年3月16日公布施行。

《采掘古物规则》规定，采掘古物的合法机关是中央或省市直辖的学术机关，对中国学术机关发掘古物有特殊协助的外国学术团体或私人经中央古物保管委员会核准后方可参加工作；古物采掘地点如系公有，须取得主管官署的许可或经管有者同意，如系私有，须会同当地官署酌给相当价款或依据土地征收法办理；不得采掘的古物有炮台、要塞、军港、军用局厂及有关地点等圈禁未经准许者和距国有公用建筑物、国葬地、铁路、公路及紧要水利等15公尺以内未经许可者；采掘古物不得损毁古代建筑、雕刻塑像碑及其他地面上的附属古物遗迹等。《采掘古物规则》还规定了"采掘古物申请事项表"、采掘执照事宜以及采掘古物监察事宜等。

《古物出国护照规则》是对中国学术机关将保存或采掘的古物运往国外研究领取古物出国护照一事的规定，共有16条。《古物出国护照规则》规定，学术机关请领古物出国护照，须填具两份"古物出国申请事项表"；需要运往国外的古物，每件须摄四份照片，一份黏附于出国护照上，其余三份分存于中央古物保管委员会、内政部、教育部存查，有特殊花纹或文字的，须附拓片；经核准出国研究的古物，应由中央古物保管委员会检验加封，检查后始发给出国护照；运往国外研究的古物，应由申请运送的学术机关随时向中央古物保管委员会报告其在国外的研究情形，并须于该古物押运总结回国时作三份总结报告；古物出国护照的往返有效期为三年。《古物出国护照规则》还对古物押运、监运、回国后的查验等情况作了具体规定。"古物出国申请事项表"由中央古物保管委员会制定，主要包括机关名称、古物出国原因、经过何地、何时出国、运往何国何地、何时回国等栏目，还附有"出国古物种类表"及填表说明。这些规则是在严禁擅自将文物输出国外的前提下，在加强文物研究、增进学术交流的基础上制定的，使北洋政府时期未得有效制止的文物出国现象有所缓解。

《外国学术团体或私人参加采掘古物规则》共有11条，是对《古物保存法》《采掘古物规则》中涉外内容的补充。《外国学术团体或私人参加采掘古物规则》规定，中国学术机关采掘古物，必要时可呈请中央古物保管委员会准许外国学术团体或专门人员参加，人数不得超过中国学术机关人员的一半；中国学术机关应将参加采掘的外国学术团体或私人的详细情况，如参加理由、组织性质等，呈报中央古物保管委员会审核，呈转行政院及内政、教育两部备案；中国学术机关未经中央古物保管委员会许可，不得与外国学术团体或私人订立关于采掘古物的契约；参加采掘古物工作的外国学术团体或私人须受主持采掘的中国学术机关指挥，并由中央古物保管委员会派员监察，如有超出采掘古物或古物地域范围等越轨行为，中央古物保管委员会有权随时停止采掘工作。《外国学术团体或私人参加采掘古物规则》对采掘物品的处理办法、采掘结果的文字说明等事宜也作了具体规定。《外国学术团体或私人参加采掘古物规则》以维护中国文物权益为要，是对外国人自19世纪末以来以各种借口滥采滥掘中国地下文物、掠夺性开采中国民族文化遗产行为的有力扼制。

3.《暂定古物范围及种类大纲》

确定文物的范围及种类是执行文物保护法规的必要条件。根据《古物保存法》的规定，1935年1月，中央古物保管委员会拟就了"古物之范围及种类草案"，交付由李济、叶恭绰、蒋复璁等组织的审查委员会进行审查，4月修正通过。随后，中央古物保管委员会将草案呈送行政院签核。6月15日，行政院须布了《暂定古物范围及种类大纲》。

《暂定古物范围及种类大纲》分甲、乙两项。甲项为古物范围，又细分为2条，规定古物是指"与考古学、历史学，古生物学及其他文化有关之一切古物"；值得保存的古物的范围应以"时代久远""数量罕少""古物本身有科学的、历史的或艺术的价值"为标准来确定。乙项为古物种类，以概括法将古物分为12类，分别是古生物、史前遗物、建筑物、绘画、雕塑、铭刻、图书、货币、舆服、兵器、器具以及杂物，每类均列有具体物例。文物的范围和种类是划分文物的标准，也是施行文物保护法规的依据。《暂定古物范围及种类大纲》是中国第一部以概括法制定的文物分类大纲，不仅有助于文物保护法规的执行，也促进了文物博物馆的分类工作。

4.《古物奖励规则》

为鼓励民众保古存萃，配合文物保护工作，根据《古物保存法施行细则》的规定，中央古物保管委员会于1936年初制定了《古物奖励规则》，呈报行政院审核批准后，由行政院于4月9日公布施行。

图5 南京国民政府时期负责文物保护的教育部（殷力欣提供）

《古物奖励规则》共有10条，对于获奖资格、如何申请奖励、如何奖励等事项作了详细说明。《古物奖励规则》规定"报告国有古物之发现者；捐赠私有古物归公者；寄存私有古物与中央或省市政府直辖学术机关研究及长期陈列者"均可申请奖励，但所涉古物应以对历史、艺术或科学有特殊价值为限。关于奖励申请，规定申请人应开具申请书，申请书需包括申请人的姓名、年龄、籍贯、住址，古物的名称、种类，古物的历史、艺术或科学价值，申请年月日等内容，并需附古物照片或拓本，如经审查认为不合格，则申请无效。对于如何奖励，《古物奖励规则》规定：奖励分奖金、奖状两类，奖金以一万为最高额，奖状分特种、甲种、乙种三种，式样由内政部制定，奖金数额、奖状等均由中央古物保管委员会拟定，内政部颁给；若捐赠私有古物归公者声明不要奖金，所捐古物价值在三万元以上，除给予特种奖状外，于年终由中央古物保管委员会汇案呈请内政部转呈国民政府明令嘉奖；古物价值上万，除给予特种奖状外，由中央古物保管委员会专案呈请内政部国民政府明令嘉奖；古物价值由中央古物保管委员会聘请专家缜密拟议，并报由全体会议决定。《古物奖励规则》通过政府奖励来刺激普通民众参与文物保护工作，及时报告发现的国有文物，踊跃捐献私家所藏，这既防止了文物的盗毁散失，又增强了民众的文物共藏文化遗产的观念。

5.《非常时期保管古物办法》

1935年6、7月份，日本军国主义者借"张北事件"胁迫中方先后签定了《秦土协定》《何梅协定》。通过这两个协定，日本侵略者实际上控制了冀、察二省。接着，日军又加紧策动了河北、山东、山西、察哈尔、绥远的华北五省"自治运动"。为满足日本侵略者"华北特殊化"的要求，12月18日，"冀察政务委员会"在北平强行成立。它虽未公开打出"自治"的旗帜，但实际上冀、察二省已变相"自治"。至此，华北已到达危亡的地步，中日局势日渐吃紧，文物保护工作面临严峻挑战。

为加强非常时期的文物管理，南京国民政府行政院于1936年5月2日发布了《非常时期保管古物办法》，规定中央或地方古物保管机关（包括博物院、古物保存所、图书院及其他保有文物的社会文化宗教等团体）在非常时期应依据《非常时期保管古物办法》处理所保管的古物；为防止灾变，各古物保管机关须根据情形设置安全仓库或联合设置安全仓库；各古物保管机关应认定最贵重物品，随时作入库或转移准备；如有中央紧急命令，各保管机关应将已认定的最贵重物品先行入库或转移，仅以其模型或影片陈列；有重要的历史、科学或艺术价值的私有古物，应由所有人呈准中央古物保管委员会寄存在安全仓库。《非常时期保管古物办法》是南京国民政府在民族危亡空前深重的形势下制定的急救措施，对挽救民族文化遗产，使其免受战争摧

图6 南京国民政府时期参与文物保护研究的中央研究院（殷力欣提供）

图7 南京国民政府时期对南京灵谷寺的保护与改建（殷力欣提供）

残起到了积极的防护作用。

南京国民政府以立法的形式力图保护古代遗存、维护民族精神，开辟了文物保护的新局面，促进了国家的文化建设，是中国近现代文物保护事业的关键性进展。但是，由于当时国内政权还不够稳定有力，中日民族矛盾日渐加深，国家从事文化建设的实践和环境十分困难，文物立法工作尚不能从容不迫地进行，一些法规只经过了反复讨论却未公布实施，如《古物交换规则草案》《登记公有古物规则草案》《私有重要古物登记规则草案》《私有重要古物之标准草案》等，文物立法工作的实施存在诸多疏漏，留下了许多历史遗憾（图5~图8）。

三、南京国民政府时期文物保护的特点

1. 开创性

客观地看，南京国民政府时期文物保护法规的设立及实施是中国前所未有的创举，与从"戊戌"到"辛亥"再到"五四"的整个新文化运动相适应，具有鲜明的开创性，主要体现在文物立法、创设保护机构、开展文物工作等方面。此外，关于文物采掘、保存、出口、奖励等一系列文物法规的制定，为保护文物提供了最早的基本法律依据，具有划时代的意义。而且，现代化的公共博物馆取代了旧时代的私人收藏楼室，把文物从仅供少数人把玩的低级状态提升到向公众开放的社会教化职能上来，使其发挥应有的文化作用。这样具有开创性的历史功绩是功不可没的。南京国民政府文物保护法的颁布与实施是当时中国新文化运动的救亡与启蒙精神、民主与科学理念在文物领域的反映，体现了中国文物博物馆事业的现代化进程，是中国新文化运动的重要组成部分。

2. 阶段性

南京国民政府的文物保护工作虽然开创了前所未有的事业，却并没有获得直线式的稳定发展，而是以国家政治形势的变化为界标，呈现出显著的阶段性特点。南京国民政府因存在时间短而来不及进行文化建设以至文物事业近乎阙如，但这期间形成的宪法意识和新式文化建设观念却为文物保护事业提供了政治、精神上的支持。这是南京国民政府文物保护史上尽管无具体内容，但又不可或缺的一个零的开始。在北洋政府时期，政府的文物保护事业正式起步，但进展极为缓慢。北洋政府时期文物保护工作的最大特点在于它以颁发官方条规的形式迈出了中国现代文物保护事业的第一步，为日后南京国民政府的文物保护工作奠定了基础。

3. 区域性

毋庸置疑，南京国民政府时期的文物保护工作具有明显的区域分布特点，并因时期不同而有不同的表现。北洋政府时期，政府的文物保护工作重点在北京附近和黄河流域一带，以北京、陕西、山西、河南、山东为最。南京国民政府时期（1928—1937年），虽然国家相对稳定、统一，文物保护工作的空间范围有所扩大，但由于文物分布的区域特点，保护工作仍轻重有别。南京国民政府除继续在黄河流域开展工作外，还对南京周围的文物古迹进行了调查保护。在南京国民政府的不断督促下，当时各地的文物保护机构都在本地区开展了一系列保护活动，逐渐形成了几个比较大的文物保护工作中心，北方为北京，西部为西安、安阳。中国地广民众，由于历史文化与自然造化的原因，各地区的文化大发展次序有先有后，程度有深有浅，文化遗存也就有多有少。这种不平衡性致使文物保护呈现出区域性特点。但南京国民政府时期的文物保护工作的区域性特点除此之外，另有别种内涵，它还是时局更迭、天下凌乱和内忧外患的形势下国家文化建设无法稳定、统一的反映。

4. 类别性

南京国民政府时期的文物保护工作还具有类别性。北洋政府时期，内务部在制定《保存古物暂行办法》时就曾经有意识地把文物分为地下文物和地上文物两类。地下文物指历代帝王陵寝和先贤坟墓；地上文物包括城廓关塞、楼观祠宇、台榭亭塔、堤堰桥梁等建筑类，碑版造像、壁画摩崖等艺术类以及植物、金石竹木、陶瓷锦绣、旧刻书帖及各种器物等。

南京国民政府时期对文物范围及种类的划分作了详细的规定。1930年6月颁布的《古物保存法》规定，古物的范围系"与考古学、历史学、古生物学及其他文化有关之一切古物"。根据《古物保存法》制定的《暂定古物范围及种类大纲》以"时代久远""数量罕少""古物本身有科学的、历史的或艺术的价值"为标准，用概括法将文物分为古生物、史前遗物、建筑物、绘画、雕塑、铭刻、图书、货币、舆服、兵器、器具以及杂物等12类。文物范围与种类的确定是执行文物保护法规、实施文物保护措施的依据。南京国民政府依照文物的范围与种类对不同类型的文物采取不同的保管方法，如对地上古迹进行修缮整理，创建博物馆保存古器物，结合现代田野考古方法对陵墓等地下遗存进行科学发掘等。

南京国民政府的文物保护工作起到了开启政府保护先河的作用，它注重文物保护法规的建设，第一次以系统立法的形式将文物保护纳入政策体系之中，从基本保护法到采掘、奖励、出口等具体规则，都为日后的政府文物保护立法工作提供了有益的借鉴，它在实施保护措施时采取科学和积极的方法，使文物脱离了过去被动地收藏、把玩的消极状态，如在发掘地下古物时采取西方现代田野考古方法，在修缮整理台榭亭塔与堤堰桥梁时采用现代建筑技术等。

5. 文化学术性

从学术文化建设方面来看，南京民国政府的文物保护工作对文化学术研究具有极大的推动作用。在政府的倡导下，文物发掘中科学方法的应用为改善考古方法提供了实践的机会；发掘所获为考古学研究和历史研究提供了第一手资料，从而推动了中国现代考古科学的诞生与历史学的新发展；南京国民政府文物保护措施下的考古发掘还促进了古文字学的发展，大规模的殷墟发掘为进一步研究甲骨学提供了丰富的资源，名贵青铜器的发现与保存为金文的研究开拓了新天地；史前遗址与新石器时代遗迹的调查、发掘与保护对中国刚刚创立的古生物学和古地质学具有填补空白、奠定基础的作用；对敦煌文物与流沙汉简的关注孕育了敦煌学和简牍学；对地面古建筑文物的重视促进了科学的古建筑学的产生。南京国民政府通过文物保护措施的制定与实施，使考古学、古文字学、历史学、古生物学、古地质学、古建筑学等领域产生了一大批文化精英，使中国逐渐摆脱受外国学术力量控制的被动局面，逐渐形成自身的学术体系；文物保护政策的实施为学术研究保存了珍贵的资料，为民族性学术成果的推出奠定了可靠的文化基础。凡此种种，对砥砺学术、繁荣民族文化均起到积极作用。

图8 南京国民政府时期筹建的中央博物院（殷力欣提供）

A New Exploration Based on the Heritage Preservation
—The Sidelights of "Retracing Liu Dunzhen's Road of Ancient Architecture in Huizhou and the 3rd Intercommunication of Architects and Literati"

遗产守望背景下的探新之旅
——"重走刘敦桢古建之路徽州行暨第三届建筑师与文学艺术家交流会"纪略

*CAH*编辑部（*CAH* Editorial Office ）

摘要：近期举行的"重走刘敦桢古建之路徽州行暨第三届建筑师与文学艺术家交流会"是一次探寻文脉、填补社会及公众对刘敦桢的认知"空白"的启蒙之旅，是一次真情与史实交融、建筑与文学互渗的记忆之旅，更是一次"活化"文化遗产的新尝试。这是一次以纪念中国20世纪的杰出建筑师为主题的"重走"活动，田野考察、古建筑测绘乃至分析研究报告的出版与传播都体现了当代建筑科学的方法，因此传承中国20世纪建筑师的设计研究思想不仅是迫切任务，也是为了探讨新的传承模式。

关键词：刘敦桢，民居建筑，古村落，中国建筑史，创意与探新

Abstract: Retracing Liu Dunzhen's Road of Ancient Architecture in Huizhou and the 3rd Intercommunication of Architects and Literati held recently was an enlightenment of exploring cultural tradition and filling in "blanks" of social and public recognition of Liu Dunzhen; was a memorial journey of fusion of emotion and historic facts and interpenetration of architecture and literature; further more, was a new attempt to re-activate cultural heritage. It was a retrack in memory of the outstanding Chinese architectural masters in the 20th century that had incarnated the scientific methods of modern architecture whether in the field studies or in mapping the ancient buildings or in publications of study reports. Therefore, inheriting the thoughts of design and research of those Chinese architecture masters in the 20th century is not only an emergent mission but also for the discussion of a new inheriting mode.

Keywords: Liu Dunzhen, Residential buildings, Ancient villages, Chinese architectural history, Creativity and exploration

图1 马国馨院士（右一）、关滨蓉老师（左一）考察歙县

图2 俞孔坚向与会嘉宾介绍西溪南考察项目

2016年6月18日—21日，"敬畏自然 守护遗产 大家眼中的西溪南——重走刘敦桢古建之路徽州行暨第三届建筑师与文学艺术家交流会"在安徽省黄山市徽州区西溪南镇举行。本次活动由中国文物学会、黄山市人民政府主办，中国文物学会20世纪建筑遗产委员会、北京大学建筑与景观设计学院、东南大学建筑学院、《中国建筑文化遗产》

《建筑评论》编辑部等联合承办。这是继十年前在四川宜宾举行的"重走梁思成古建之路四川行"活动后，又一次探寻文脉、填补社会及公众对刘敦桢的认知 "空白"的启蒙之旅，是一次真情与史实交融、建筑与文学互渗的记忆之旅，更是一次"活化"文化遗产的新尝试。

6月19日上午，来自全国十多个省市的建筑学院士大师、文博专家及著名作家百余人冒雨出席了内容丰富的田野考察活动的开幕式及研讨活动，他们是中国文物学会会长、故宫博物院院长单霁翔，安徽省省长李锦斌，黄山市市委书记任泽锋，黄山市政协主席毕无非，中国文物学会副会长黄元，东南大学建筑学院教授刘叙杰（20世纪中国建筑学家刘敦桢先生的哲嗣），中国工程院院士马国馨、程泰宁、孟建民、王建国，中国科学院院士常青，全国工程勘察设计大师周恺、张宇，美国艺术与科学院院士俞孔坚，美国弗吉尼亚州立大学教授汪荣祖，天津历史风貌建筑保护专家咨询委员会主任路红，天津大学建筑设计规划研究总院院长洪再生，新疆城乡规划设计研究院院长刘谞，中国建筑西北设计研究院总建筑师赵元超，上海现代设计集团总建筑师沈迪，南京大学历史系教授周学鹰，中国文化遗产研究院研究员崔勇，重庆设计院城市策略研究所所长舒莺，天津市作家协会主席赵玫，湖北省作家协会主席方方，厦门市作家协会主席林丹娅以及本书正副主编金磊、李沉、殷力欣等。作为活动的策划者之一，金磊主编在开幕式的主持语中表述了如下意图："十年前的2006年3月28日—4月1日，在国家文物局、四川省人民政府的支持下，为期四天的"重走梁思成古建之路四川行"活动在四川宜宾李庄举行。时任国家文物局局长的单霁翔在闭幕式中总结强调：值梁思成诞辰105周年之际，举办此次田野考察活动不仅仅是回望中国营造学社艰苦卓绝的历程与学术贡献，更是中华人民共和国建筑界与文博界的一次联手的建筑文化跨界行动。从传承与创新看："重走"是建筑遗产新理念的认知之旅；"重走"是改变并发现的建筑历史之旅；"重走"是服务当代城市建设的文化塑造之旅。（图1~图3）

图3 活动宣传册

相比十年前的"重走梁思成古建之路四川行"，此次"重走刘敦桢古建之路徽州行暨第三届建筑师与文学艺术家交流会"之意义在于，刘敦桢是与梁思成齐肩的20世纪中国建筑大家，在对中华人民共和国建筑诸方面的贡献上，刘敦桢先生的成就前瞻而务实，尤其在民居与住宅调研方面堪称典范，开了学术先河。建筑学家刘敦桢长期主持东南大学建筑学院（其前身先后为中央大学工学院建筑系和南京工学院建筑系）的工作，同时开启了一个建筑流派，他的贡献是时代性的。

由于建筑师与文学家的共同参与，这不是一般的徽州建筑文化之旅，而是几代人的"接力之行"；这不是通常的古村落保护的记忆珍藏，而是有创新人文精神内涵的"提升之行"；这不是逆行于时代的命题旧语，而是德雅兼蓄、包含历史创新与洞察的"学术之行"；这不仅是"建筑与文学"为获取灵感的又一

图4 参加开幕式的部分专家领导合影

图5 单霁翔院长的主题演讲

次分享活动，更是有大文化"场域"的图像承载和精神再现的"跨界之行"；这也不仅是展示建筑师乡土设计社会责任的实践，而且是让文化、教育、旅游在古镇民居中"复活"，找到新创作体验的当代乡土之行。

一、"重走刘敦桢古建之路徽州行暨第三届建筑师与文学艺术家交流会"纪略

刘敦桢先生对徽派民居的考察可分为1952年刘敦桢先生初次调研和之后在刘敦桢先生指导下的中国建筑研究室续调研。初次调研的踏查之地有西溪南村、潜口村、西溪村、郑村、坤沙村、潭渡村和歙县旧城等，以明代木构为重要发现；续调研

的踏查之地有歙县呈坎、唐模、柘林、七里头、王村、歙县旧城十字街，休宁县吴田、樟东，绩溪县清河街等，仍以明代木构为考察重点，同时普查清代木构。（图8）

此次活动主要由金磊主编与俞孔坚院长策划，殷力欣、苗淼等在黄山市文化文物界的领导、专家汪潮涌、何帆帆（黄山望山投资公司总经理助理兼土人学社总监）等的配合下，先后数次作前期筹划、踏查，拟定行动路线和考察项目，决定将活动分为实地考察与学术交流两部分，围绕初次调研和续调研中的部分项目（增加了新时期公众普遍关注的清代古村落一项）开展。

（一）重走——刘敦桢古建考察之徽州行

包括前期踏查在内的此次活动历时6天（含前期踏查2天），踏查了如下地点。

（1）西溪南村之老屋角（吴息之宅）、绿绕亭等。 此村中原有老

图6 部分专家学者与刘叙杰教授在潜口村方文泰宅前合影（右起第三位为刘叙杰教授）

图7 专家们在西溪南村绿绕亭开启此次考察活动

屋祠、吴之高宅、黄卓甫宅等明代建筑和大量的清代建筑，后或迁移至潜口，或损毁无存，致使今日村内遗存数量有限。今由北京大学建筑与景观设计学院院长俞孔坚教授主持作古村落保护规划并已基本落实；又利用现有资源将村中一处旧民宅改建为"荷田里酒店"，是响应"看得见山，望得见水，记得住乡愁"文化策略的成功之作。

此村系刘敦桢先生1952年调研的重点之一，由此可确定中国现存最早历史古民居的不是之前所认知的"不足百年"（见梁思成的《中国建筑史》），而是有相当多数量的距今约400年（明初至明中叶）的建筑遗存。在建筑艺术与技艺方面，刘先生既注意到吴息之宅等遗存实例"不论住宅、宗祠都使用斗拱，但柱头科不位于坐斗上，而是直接插入柱身上部，这也是南方宋式做法的遗留"的技术细节，又指明"当地艺术颇为达（如新安画派和版画都著称一时），虽然与建筑直接关系较小，但在间接上促进了一般的审美观点"。（图9~14）

（2）**潜口村明代民居群。**现存原址保留和异地迁移至此的多座明代建筑，部分为刘敦桢初次考察项目，部分为刘敦桢指导下的扩大考察项目。1982年，为集中保护古建筑，国家文物局批准当地文物部门将分散在歙县徽州地区郑村、许村、潜口村、西溪南村等地的10余处较典型而又不宜就地保存的明代建筑拆建复原，移建潜口民宅。拆建复原工程长达十二年，先后迁建祠堂3座、民宅5幢、路亭1座、石牌坊1座、石拱桥1孔。其中苏雪痕宅（刘敦桢考察项目，20世纪80年代自郑村整体迁移至此）年代最久，可能为明初遗构，距今超过500年。（图15~图18）

适逢特殊的时代变迁与经济热潮冲击，此地能较为妥善、完整地保存了相当多数量的珍贵建筑遗产，厥功甚伟，甚至有一段时间业内有"潜口模式"之说。不过"不可移动文物的异地搬迁复原"本身就是一个颇存争议的话题。与会者中有多人认为：在世人对保护文化遗产的意义的认识逐步加深的当今，这个例子似乎以"下不为例"为宜。

（3）**歙县旧城之许国牌坊、十字街、谯楼、原徽州府衙、太平桥等。**其中许国

1952年12月刘敦桢教授赴皖南调查明代村落及民居
摄于歙县西溪南村绿绕亭前

图8 1952年12月刘敦桢先生在绿绕亭前

图9 西溪南村老屋角旧影1

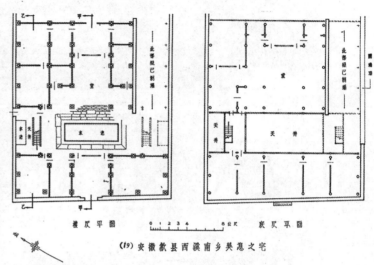

(19)安徽歙县西溪南乡吴惫之宅

图10 西溪南村老屋角旧影2

图11 西溪南村老屋角测图1

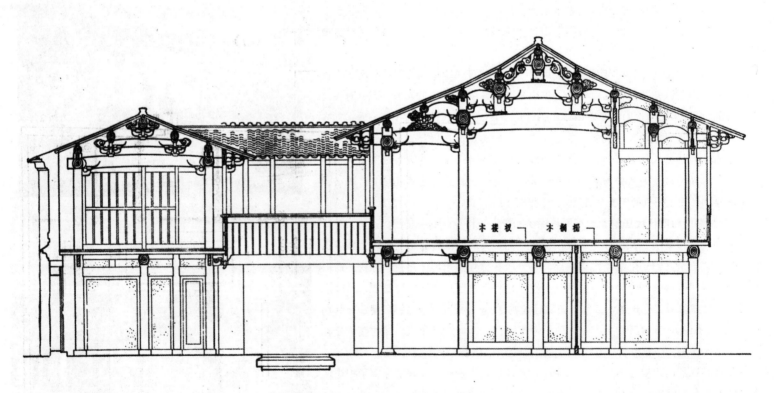

明 间 横 剖 面 甲一甲

(20)安徽歙县西溪南乡吴惫之宅

图12 西溪南村老屋角测图2

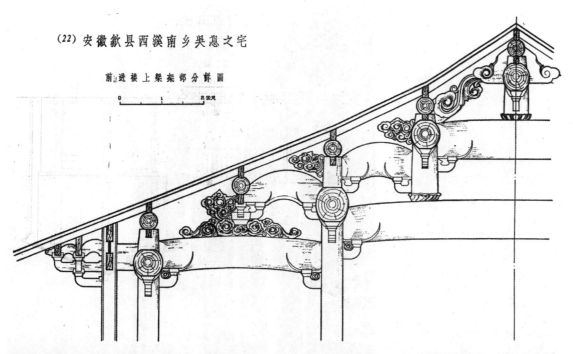

图13 西溪南村老屋角测图3

图14 西溪南村老屋角现状

牌坊为刘敦桢初次考察项目，以其国内罕见的形制闻名遐迩，是研究明代牌坊类建筑的珍贵实例；原徽州府衙是一处古建筑复原工程，其可信度如何尚有待学界论证；谯楼为明代遗构，其城楼门道的做法可上溯至宋朝，在《清明上河图》中可找到其原型；城外的太平桥之所以引起此行的注意，一是其古桥加铺新桥面与新护栏以继续利用的做法是否得当有待考证，二是由于分水墩的做法与北方古桥有所差异。（图19、20）

（4）呈坎古村落。此处为刘敦桢指导下的扩大考察项目，中国建筑研究室所著《徽州明代住宅》一书

图15 苏雪痕宅旧影

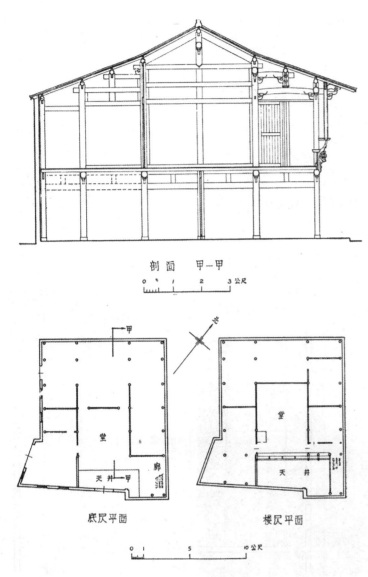

图16 苏雪痕宅测图

图18 刘叙杰教授与金磊、舒莺等在潜口现场交流

图17 苏雪痕宅现状

中有较详细的论述，并配有测图和旧照，尤以罗炳基宅等为中小型民居的典范。在刘敦桢初次调研和中国建筑研究室续调研之后，学界又从风水学的角度重新审视此村落的整体格局，故该村落时下享有"中国风水第一村"的美誉。（图21~图23）

（5）唐模村明清民居。此处亦为刘敦桢指导下的扩大考察项目，《徽州明代住宅》一书中亦有较详细的论述，并配有测图和旧照，其中胡培福宅也为中小型民居的典范，方文泰宅以雕饰精美著称，今已搬迁至潜口村。在刘敦桢初次调研和中国建筑研究室续调研之后的研究中，学界更为侧重其村落环水处理手法的运用。（图24~图28）

（6）岩寺民居群及新四军军部旧址。此处为刘敦桢先生初次调研所未达之地，《徽州明代住宅》一书中记载有王九如宅之穿逗式梁架、吴宅之窗栅和进士第门罩等。在此次考察中，意外发现此地毗邻新四军军部旧址，有一座清代的风雨桥（洪桥）曾被辟为新四军军部机要室。因此，此地规虽然模不大，但却是古建筑与抗日战争文物的

图19 歙县许国牌坊现状

图20 歙县太平桥全景

图21 呈坎村旧影1

双重文化遗产。（图29～图32）

　　（7）棠樾石牌坊群及明清民居。此地的系统调研始于1957年《徽州明代住宅》问世之后。棠樾牌坊群为七座牌坊呈扇形分布于棠樾村东大道上，是明清时期古徽州建筑艺术的代表作，体现了徽文化"忠、孝、节、义"的伦理道德概貌，也是徽商纵横商界三百余年的重要见证。七座牌坊中明构四座、清构三座。

图22 呈坎村旧影2

图23 呈坎村钟英街现状

图24 唐模村旧影1

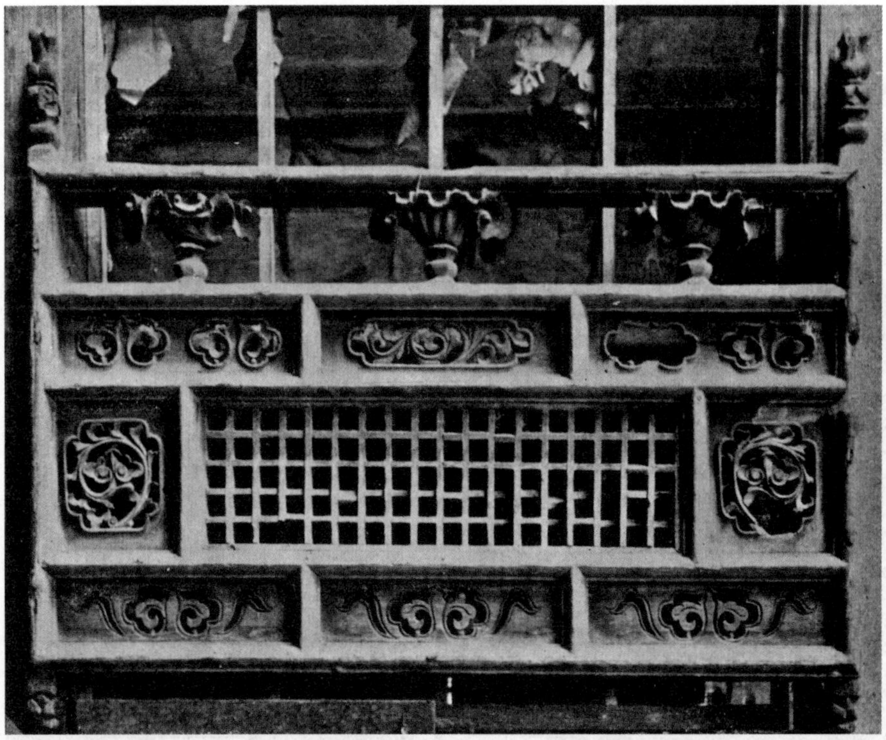

图25 唐模村旧影2

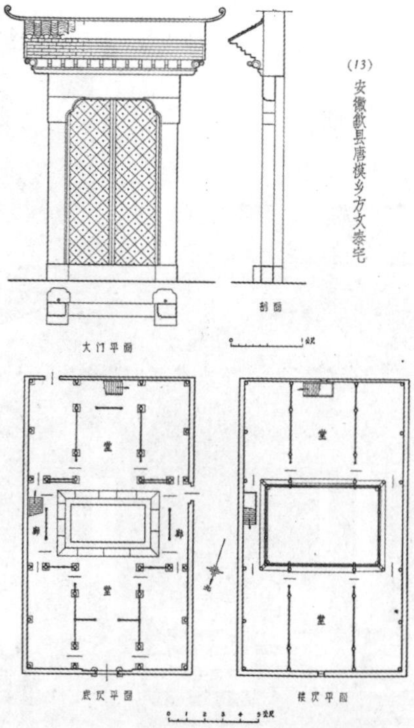

图26 唐模村方文泰宅测图

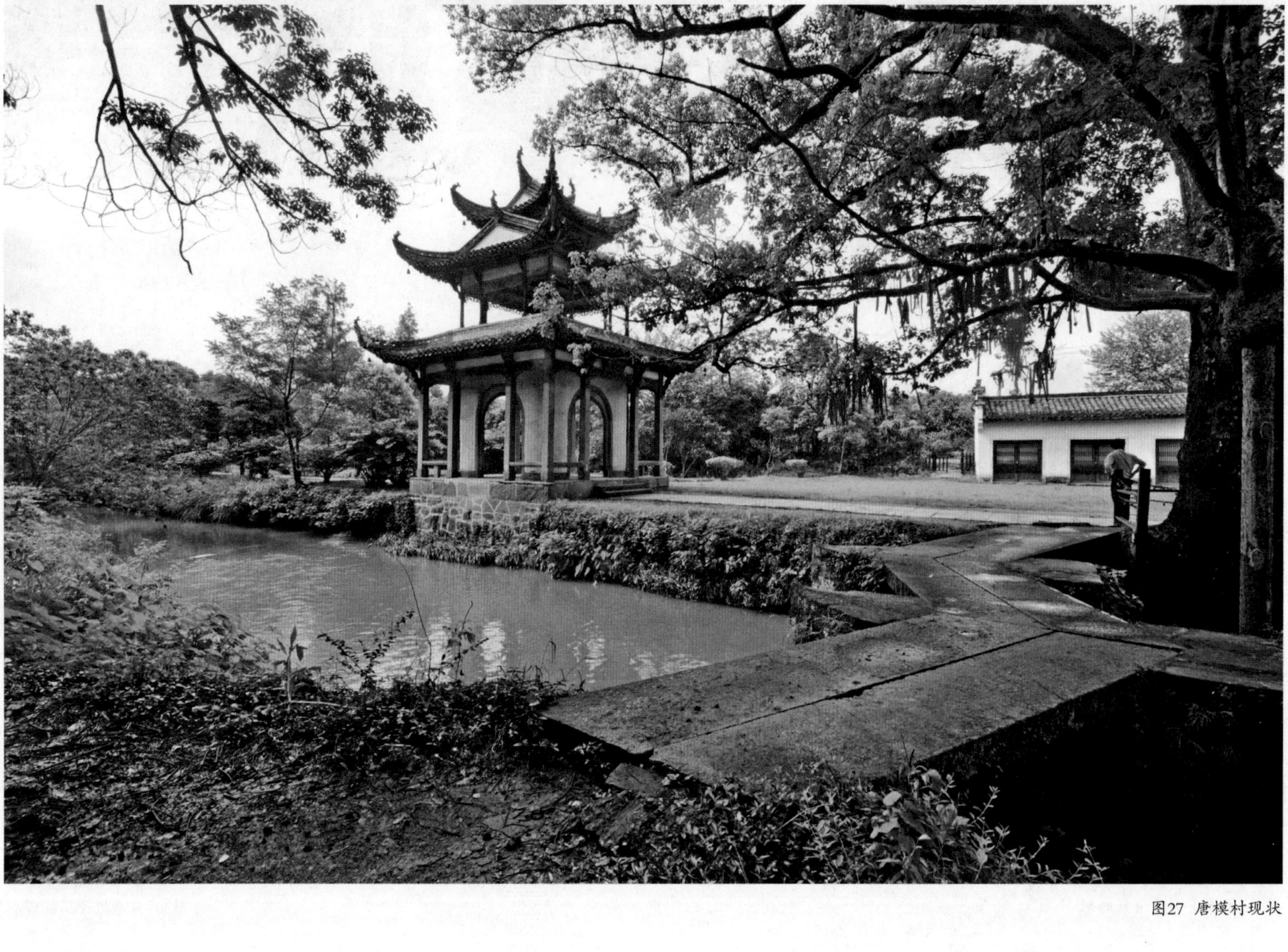

图27 唐模村现状

图28 与会者在唐模村留影

①慈孝里坊建于明永乐十八年（1420年），牌坊的龙凤板上有"御制"二字。明弘治，清乾隆、同治、光绪年间多次整修。

②鲍灿坊建于明嘉靖初（1552—1567年），为四柱三间一楼，清乾隆十一年（1746年）重修。旌表明弘治年间的孝子鲍灿。

③鲍象贤坊建于明天启二年（1622年），旌表鲍象贤镇守云南、山东之功。

图29 岩寺进士第门罩旧影

图30 岩寺进士第坊现状

图31 岩寺洪桥——新四军军部机要室

图32 岩寺街景及新四军纪念馆

④鲍文渊妻坊建于清乾隆三十二年（1767年），旌表鲍文渊继妻吴氏之"节劲三冬""脉存一线"。

⑤鲍文龄妻坊建于清乾隆四十九年（1784年），旌表其为年轻守寡的节女。

⑥鲍逢昌坊建于清嘉庆二年（1797年），旌表孝子鲍逢昌。

⑦乐善好施坊建于清嘉庆二十五年（1820年），旌表鲍漱芳和其子鲍均"乐善好施"之善行。

棠樾村内有鲍家花园、敦本堂（男祠）和清懿堂（女祠）等古典园林和祠堂建筑，均为清代建筑、园林佳作。（图33~图35）

（8）**黄山市屯溪区老街、镇海桥**等。学界对此地的考察亦在《徽州明代住宅》问世之后，因黄山旅游业兴起而逐渐引起公众之关注。其中屯溪区老街之兴起可溯源至元末明初，现存多为晚清、民国建筑及近年的仿古复原之作。主街两侧的支巷中有戴东原旧居等，见证了此地文脉之盛。屯溪镇海桥（俗称老桥）位于屯溪三江（新安江、率水、横江）交汇处，始建于明嘉靖年间，重建于清康熙年间，至今仍在正常使用。其形式为六墩七孔石拱桥，长133米，两端的引桥各长15米，宽6米，高10米，拱洞的跨度13米至15米不等。上部为等截面实腹式石拱，下部为浆砌条石重力式墩台。此次活动适逢大雨，与会者得以观测到三江水位暴涨时此桥的抗洪能力之强。据同行中周学鹰教授观察，其拱券的做法在民间称"锅底券"，确系清代流行做法，足证现存为康熙年间遗构，其重建工程是以提高抗洪能力为目的的。（图36~图38）

（9）**西递古村落（世界文化遗产）**。现保存古民居124幢，祠堂3幢，多为清代建筑。西递村以整体规

图33 棠樾石牌坊群

图34 刘叙杰教授与常青院士在棠樾石牌坊群

图35 刘叙杰教授实测棠樾石牌坊群遗物

模庞大、建筑雕饰精细著称。学界对其现存单体建筑的价值判断低于西溪南村、潜口村等地的明代建筑，但一般游客乃至国外学者更留意世俗性的精雕细刻和庞大的整体规模，以致其于2000年11月30日被联合国教科文组织列入世界文化遗产名录。西递古村落名列世界文化遗产而大量明代建筑相对被冷落的事例提醒了学界，一个当务之急是使公众（包括外国同行）对高水平的建筑文化遗产有深层次的认知。（图39~图41）

（二）建筑师与文学艺术家交流会

本次活动安排了数次学术交流座谈。

刘敦桢先生之哲嗣刘叙杰教授首先简要介绍了刘敦桢的古建考察成果，中国营造学社在云南昆明、四川宜宾李庄的艰难历程，特别告诉大家刘敦桢先生在考察之路上的一系列尘封的珍贵故事与片段。1959年12月，55岁的刘敦桢教授带领一个中青年建筑专家考察组（有南京博物院的学者参加）走进了西溪南村，从此开始了徽州建筑考察。一座座古民居、祠堂、牌坊，一道道马

图36 屯溪区老街现状

图37 屯溪镇海桥现状

图38 涨水时的屯溪镇海桥

头墙，一口口天井，一幅幅雕饰，都在他的发现与探究下先后出现在他的《皖南徽州古建筑调查笔记》《皖南歙县发现的古建筑初步调查》等中。他强调：中国营造学社为一个整体，其主要成员朱启钤、梁思成、刘敦桢、刘致平、陈明达、莫宗江等都作出了承前启后的学术贡献，希望事业后继有人。

殷力欣先生作了题为《刘敦桢等中国营造学社先贤的民居建筑研究历程》的学术报告，向与会者介绍民居建筑研究自河南窑洞考察至徽派建筑考察长达37年的发展历程，刘敦桢、梁思成、龙非了、刘致平等前辈的学术建树，他指出："我国杰出的建筑历史学家刘敦桢（1897—1968年）撰写出版了一部在学科发展史上被公认具有里程碑意义的著作——《中国住宅概说》。这部著作之所以获得如此崇高的声誉，表面上看是由于一改过去将主要精力用于古代官式建筑研究的旧局面，将研究视野拓展为官式建筑研究与民居建筑研究并重，极大地丰富了中国建筑历史的内容，可谓引领时代之先声。在深层的文化意义上，是将以往纯学术性质的借建筑研究之途径探索中国文化精神改变为将建筑与大众生活紧密关联。"

东南大学建筑学院教授龚恺先生作了《试论徽州古民居保护中的几种模式》的专题报告，具体介绍了徽派建筑的专项研究成果。龚恺教授长期从事徽州建筑与民居调研，他除专为会议递交了《试论徽州古民居保护中的几种模式》的论文外，还感触此次"重走"活动对新型城镇化建设、留住村落文化、记住乡愁的特殊作用。他说：传统村落拥有较丰富的文化与自然资源，它们是历史文化的鲜活载体，维系着华夏民族最浓郁的乡

图39 西递古村落1

图40 西递古村落2

图41 西递古村落3

愁，修缮、保护与发展除应坚持'修旧如旧'的科学原则外，更重要的是让服务当代生活落到实处，在这方面建筑师、规划师及文博专家有很大的展示空间。"

上述学术背景介绍凸显了一点：刘敦桢先生作为一代建筑学宗师，其成功之处不仅仅是自己屡出成果，更在于他的身体力行直接影响了几代学人。刘敦桢之为晚辈们所敬仰，至为重要的是继承刘敦桢先生孜孜以求、锲而不舍的治学理念，因而在徽派民居研究上形成了有所发现、有所前进的局面，成就了当前建筑历史学界以民居建筑研究带动当地文化建设乃至经济发展的良性循环。（图42~图45）

回顾以往的成绩和现存有待解决的问题，与会者中多人感叹：此次"重走"是一次"迟到的重走"。

二、这是一次虽"迟到"，但是向建筑学家刘敦桢致敬的深度遗产研讨

为什么说"迟到"？在中国 20 世纪建筑先贤榜上，梁思成（1901—1972 年）、刘敦桢（1897—1968 年）、杨廷宝（1901—1982 年）、吕彦直（1894—1929 年）、童寯（1900—1983 年）堪称建筑"五杰"或"五宗师"。"南刘北梁"之说源于中国营造学社的创始人朱启钤先生（1872-1964 年），当年法式部聘前东北大学建筑系主任梁思成教授为主任，文献部聘前中央大学建筑学教授刘敦桢为主任。朱启钤说："两君皆为青年建筑师，历主讲席，嗜古知新，各有根底。就鄙人闻久所及，精心研究中国营造，足任吾社衣钵之传者，南北得此二人，此可欣然报告于诸君者也。"2006 年 3月 28 日—4 月 1 日，为贯彻《国务院关于加强文化遗产保护的通知》精神，落实我国首个"文化遗产日"的各项活动,提高全社会的文化遗产保护意识，同时纪念梁思成先生诞辰 105 周年及中国营造学社在川的学术活动，国家

图42 单霁翔院长在交流会上

图43 刘叙杰教授在座谈会上发言

图44 龚恺教授作现存交流

图45 王建国、常青、孟建民等院士在交流会上

图46 殷力欣先生作学术报告

文物局和四川省政府共同举办了"重走梁思成古建之路——四川行"活动。那次活动在文化寻踪过程中谋求创新，为我国首个"文化遗产日"的系列活动开创了一个良好开端。活动以李庄为起点，沿四川宜宾、夹江、峨眉山、乐山、新津、梓潼、绵阳、成都等地，先后考察了中国营造学社旧址、旋螺殿、千佛岩摩崖造像、大庙飞来殿、乐山白崖山崖墓、新津观音寺、七曲山大庙、李业阙、石牌坊等重点文物保护单位，而且几乎每天晚上均安排了有意义的学术交流活动，最后在"中国文化遗产永久标志"金沙遗址圆满地结束了预定的行程。虽然自那时起，建筑文化考察组组织了数十次中外建筑遗产考察与分析，但如此宏大的跨界集合滞后了整整十载；本次"重走"活动还举办了"第三届建筑师与文学艺术家交流会"，它是在第一届（1993年南昌）、第二届（2002年杭州）后迟到14年举办的。之所以说这次活动意义非凡，不是因为它为生命呐喊，提出了"敬畏自然 守护遗产"的主题词，也不是有感于"梦幻黄山·礼仪徽州"等吸引眼球的风景名胜，而是因为建筑师与作家们意识到在西溪南这个"节点"上有乡愁、有创举、有书写远方及未来的好方式。刘敦桢当年考察西溪南诸地的建筑遗产底蕴是当代中国建筑创造力之根。所以，回望刘敦桢60多年前的考察岁月，不仅成为时代的心声，更成为有着特殊价值的遗产。建筑的意义不止于建筑，其引申的内涵或许是此次"重走"活动的价值。虽重走活动"迟到"了十几载，但仍感议题新颖。专家对此的发言让人感触很深。

中国文物学会会长单霁翔在会上做了两次重要演讲。他特别回忆了此次活动与2006年重走梁思成古建之路活动的不同，认为本次活动跨界面更广，凝聚到一批建筑、文博、文学和摄影界人士。他在致辞中谈道："保护文化遗产之路很漫长，但要坚定地走下去。中国文化遗产日的诞生与民众保护文物的行动密不可分。文化遗产强调世代传承性和公众参与性，要将祖先的文化经由我们的手世世代代传承下去，就应打破行业界限。"20世纪建筑遗产、工业遗产、乡土遗产、大运河遗产等共同组成了"大遗产"，在这个时代要特别提倡工匠精神，只有扎实地耕耘并跨学科发展，才能为建筑遗产保护出力。跨界的朋友，希望你们能关心城乡建设的发展，在走笔徽州写就建筑文化时，使这里丰富的建筑人文故事跃然纸上，感谢你们与我们共同为以刘敦桢为代表的20世纪建筑先贤的贡献与事迹进行有深度的传播。

作为刘敦桢的学生，中国工程院院士程泰宁在发言中回忆了与刘敦桢先生的师生情，并通过介绍与刘先生相处的几件小事赞扬了刘先生严谨的治学态度与学术精神。他说："今日我怀着朝圣之心前来，是为纪念并缅怀刘先生的指导和提携，我们要把前辈学者的故事传述下去，激励后人，这样的精神遗产对青年学子乃至中青年建筑师都是非常宝贵的财富，重要的是，我们要自觉地融入其中，我们要真正理解，要把它变成自觉的文化行动。"（图47）

中国工程院院士马国馨表示，今天的活动将在中国建筑史上留下很重要的一笔。他参加了三届建筑与文学的交流会，也参加了2006年重走梁思成古建之路——四川行的考察，这次活动是中国文物学会20世纪建筑遗产委员会所举办的一次真正意义上的向刘敦桢大师致敬的建筑文化活动，会根植于大家心中，有利于开展向20世纪建筑大师学习并普及公众建筑文化的工作。他认为，建筑与文学都是源于生活、高于生活的，这次会议的交流让我们看到，建筑并非建筑师的"象牙塔"，建筑师需要在人文方面有所突破，结合广大民众的生活需要、借助文学家的创作更好地认识建筑遗产的文化价值。（图48）

中国科学院院士常青从古建筑保护的角度提出了新农村建设的方式、方法。他认为在进行城市修补的过程中必须"往前走，往后看"，在汲取古人建造智慧的同时，重视材料技术，不断地更新设计理念。他告诉大家同济大学成立了材料病理学实验室，从研究给旧材料"治病"的方案入手，组织建筑师、材料学家和结构工程师三方共同研究有效的古建筑保护方法。当谈及建筑与文学的关联性时，他说，建筑有限的空间可以传达出文学无限的想象，通过借鉴古典文学详尽的描绘，可以让传统建筑修补成为生动的现实。

中国建筑学会教授级高级建筑师顾孟潮对"重走"活动有一系列建议，他认为，一年之计在于春，一事成败在设计。他说："保护建筑文化遗产应有建筑师与文学家的悉心合作。重走考察活动本身不仅走入空间，还进入历史事件，文学家对建筑的文化内涵和生命力的感悟性很强，值得建筑师学习。创意不是设计师的专利，不少伟大的建筑作品的创意完全取自文学家，反之，建筑大师们也有很高的文学艺术造诣，他们那些诗意栖居的作品大多是从诗的意境中获取的。"他感叹1954年建设部的《建筑》杂志创刊时，朱德元帅的题词"建筑是万岁的事业"，现在看来，这是对建筑文化遗产多么高的评价呀。

图47　程泰宁院士在交流会上

天津市国土资源和房屋管理局副局长路红作为已有十多年历史建筑保护经验的专家型领导，很感慨此次活动，她说重走之行代表着与刘敦桢先生在思想上的交流，"我对刘敦桢先生不是简单的膜拜，上大学时就在读《中国住宅概说》，这位民居研究泰斗级的开山鼻祖给后辈学者以诸多启示，我做民居保护的源动力可能就在于此。"她还谈道，建筑师必须吃百家饭，涉猎范围要广，而文学是最好的"捷径"，可从中吸收文化养分，从而探寻到许多老建筑保护的新做法。"相对而言，文学在社会上能产生更大的影响力，而建筑却能够直接影响民族的文化基因，所以建筑与文学的研讨可以相互促进，相互支持。"

图48　马国馨院士在交流会上

新疆城市规划设计研究院有限公司董事长刘谓首先拿出珍藏了二十余年的与刘叙杰教授的合影，回忆陪同刘叙杰教授考察喀什民居的情景，认为刘先生的研究给新疆遗产保护带来了很好的启示和教育。他代表西部建筑师表达了对环境的坚守之心，"民居的空间、形式和发展来源于生活的长期积累，由于气候环境所限，新疆传统民居大多是抵抗式的，以营造内庭院的小气候为目标，再以细胞繁殖的方式相互依存，集中利用资源，有效抗衡自然。然而在西部大开发过程中，新疆也盖起高楼大厦，出现许多维护成本高且不必要的设施，不尊重环境的问题日益严重。"

图49　洪铁城与黄元在交流会上

图50　王建国院士在交流会上

中国建筑西北设计研究院总建筑师赵元超提道，每个建筑师都应该有个文学梦，虽然随着经济的快速发展，城乡素质有所提高，但建筑却越来越"丑"，因为它们缺失了灵魂的塑造。"或许我们离文化的根越来越远了，建筑便失去了自然生长的土壤。建筑师需要寻找过去的路，更要着眼于未来，为新农村建设贡献力量。"他认为本次重走之行是重返民间，回到真实的建筑世界的过程，从被忽视的民居建筑中找寻文化的意义和文脉。与文学的对话将使建筑的意义更完整，将对建筑学体系的建设产生更深远的影响。

东南大学建筑学院副所长李华代表陈薇教授发言，表达了建筑历史与理论研究所对会议召开的祝贺。她对本次活动有三点感言：其一，民居调查是面向现实的历史研究；其二，刘敦桢的民居调查开创了建筑研究的新形式；其三，建筑学是以物质实体和技术为基础的学科，因此文学会给物化的建筑学带来很多新思维。她认为，从研究"住宅"到研究"民居"的转变是从研究物体上升到探寻人与建筑、与社会关系的变革，是独立于一般学科的创新之举。中国传统建筑学与文学相伴而行，建筑师继承传统，不应只是传承形式，更应在美学和价值观上遵循传统，文学面对人的问题，建筑师回应人的需求，这是学科间交织且可互相助力的地方。

图51 俞孔坚院长在交流会上

北京大学城市与区域规划系副教授汪芳谈道，对城乡记忆的研究是基于动态的时间变化，由于使用主体的置换而带来的空间响应，历史遗产的物质外壳固然重要，但隐藏在背后的人和事更需要挖掘。文化遗产的传承是非常综合性的学科，生活方式的改变隐藏着社会变革引发的空间响应，所以要充分理解其中的地理、历史、民族、民俗等因素，利用前人的宝贵经验，在跨空间研究的地方差异性中探寻文化特征的关联性，做好"文化守门人"的角色。

湖北省作协主席方方认为建筑给文学创作提供了一个入口，她通过父亲的引领走近建筑艺术之美，因而主动写了许多以建筑为背景的小说，同时也喜欢参加城市与建筑的讨论。她表示，作家描写的是建筑背后的人和事，文学界关注更多的是事情发生的社会背景，而建筑是城市发展中最重要的词汇，建筑的乡愁、记忆、环境与和谐发展有关，建筑师应该具有强烈的社会责任感，除了在城市中建"皇家宫殿"，还应该特别关注百姓生活，踏实地为普通民众设计一些适用的、好看的住房。

厦门市作协主席林丹娅谈到了乡村建筑衰败的现状，传统祖屋每年都在消失，丑陋的建筑却拔地而起，因为乡民外出打工赚钱后，有了改善居住条件的需求，分到祖屋的一小间后就立刻拆掉，在十几平方米的空间里用最便宜的方式盖起粗糙的楼房，不但毁掉了整个老宅的结构，裸露在外的土坯和砖石也缺乏设计。反之，那些经济很落后的地方还保存着许多有价值的老宅，我国的新农村建设需要有文化传承的引领。

天津作协主席赵玫表示，作家对建筑有着天然的敬畏，每幢房屋都有不同的故事，只有了解故事发生的空间背景才能更真实地描述事件，所以建筑对写作非常重要，是不可或缺的文化基因。（图46~图52）

图52 交流会现场

三、这是一次源自建筑遗产保护，体现当代乡土设计观念的创新之旅

考察是此次"重走"活动的"第二章"，大家从当年刘敦桢先生考察的西溪南村出发，立足点是考察徽州民居，这并非为了迁徙的历史、并非为了逃离蛮荒、仅寻找青山与家园，而是为了在生生不息的民居文化中找寻到对当下有价值的设计生态与灵感。2016年正值刘敦桢先生具有里程碑意义的《中国住宅概说》发表（1956年）60周年，重读该书感受到其不仅是为民设计的住宅说，更有服务当代乡土设计与村落遗产保护的诸多启示。刘敦桢指出："大约从对日抗战起，在西溪南诸省看见许多住宅的平面布置很灵活，外观和内部装饰也没有固定格局，感觉以往只注意宫殿陵寝庙宇，而忘却广大人民的住宅建筑是一件错误的事情。"三天的考察，建筑师与文学家的足迹遍布西溪南村的老屋阁、绿绕亭、果园、唐樾、唐模、歙县古城（许国牌坊、徽州府衙）、潜口民居乃至世界文化遗产西递等，实地了解并发现了文化遗产项目的状况乃至乡村遗产保护的问题。不少专家赞叹刘敦桢先生学仰之弥高、钻研之弥坚，治学修身不止的创新意识，联想当下，先生之风实在对建筑遗产保护有继往开来之重要功绩。有人说，阅读是最长情的纪念，虽说"重走"迟到了数十载，但因为有刘敦桢先生的一系列理论"代言"，真的并不算晚！学者、政府、村民三位一体的传统村落保护与创新之路潜移默化地让文化传统在古镇中复活，这条路不仅有民俗的非物质文化之体验，更有以资源整合为主线的乡愁设计与展示。这些地方的共同特点是都有以建筑遗产为基的"活化"村落的记忆场，绝没有让乡愁之恋变为"乡痛"的负面影响。1932年，离别家乡近20年的茅盾在《故乡杂记》中清晰地勾勒了他对故乡乌镇的记忆，如果说20世纪30年代茅盾的乡愁是一种淡淡的惆怅之痛，20世纪80年代又回故乡，他说乡愁成为一个种复杂的故乡之恋，同一个记忆场所，是什么改变了乡愁？不仅有家乡环境改善与活力提升之因素，也因村镇记忆场所复兴赋予了乡愁新魅力。

此次"重走"活动在中国文物学会单霁翔会长及诸位院士的见证下，先后举行了"土人学社""北京大学建筑与景观设计学院教学实习基地""田野新考察活动徽州西溪南基地""中国建筑学会建筑摄影专业委员会西溪南摄影基地"四块匾额的授牌仪式。其意在于将传承与发展之精神，将支撑中国建筑文化的"工匠精神"从教育入手抓下去。这里蕴含着一份责任、一份坚持、一份严谨、一份惊喜与诚信，不仅有以匠人之心写下的传统工艺的体验，更有为时代留住乡愁的理念及系列行动。著名作家徐刚因故未能与会，但他对"重走"乡愁观的话很深刻："足下乃言行走。足下接地气者也。人类生存、文明、创造靠的是行行复行行，不离水与草木，乃至地理大发现……人类文明正是随着对植物的认知和利用渐渐积累的，若编制麻草蔽体，若不再光脚而着木屐等。故'足下'语，有仁义之重，有致远之意，飘逝的或能于梦中拾得。"因为是建筑、文博、作家、摄影师、媒体众人们的行走，虽文章笔记不可缺少，但相机（含手机摄影）更不可缺少，有图片才有真相、有图片为证，这是田野考察的基本要求。好大一支队伍，长枪短炮拍村落、拍房屋、拍植被、拍古柏、拍人物乃至民俗，无论它们是有长久艺术魅力的照片，还是堪称珍贵的历史图像资料，也无论是人还是物，是处在山野村落还是跋涉攀登的队列，都让观者会感受到"重走"途中的丰富色彩与深度的体验。

"重走"考察活动中，专家们携带刘敦桢先生《皖南徽州古建筑调查笔记》《皖南歙县发现的古建筑初步调查》等文章及其指导编著的专著《徽州明代民居》，对照西溪南村老屋角旧影照片，拍下了老屋角新影，从当年刘敦桢先生率师生的老屋角丰富的测图中感受着60

图53 大场景·西溪南

图54 徽州明代住宅彩画1

图55 徽州明代住宅彩画2

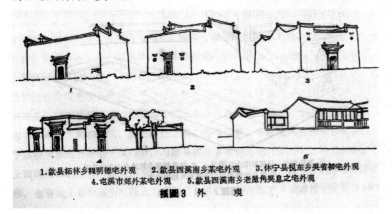

1.歙县柘林乡程明德宅外观 2.歙县西溪南乡某宅外观 3.休宁县祝东乡吴省初宅外观
4.屯溪市郊外某宅外观 5.歙县西溪南乡老屋角吴息之宅外观
插图3 外观

图56 徽派民居的几种外观

多年前歙县程明德宅外观、吴省初宅外观、西溪南老屋角吴息宅外观等。歙县唐樾七座牌坊组成的牌坊群是固化的史书，更是徽文化的标本。据当地文保专家介绍，奇松、怪石、云海被称作黄山自然风光中的"三奇"，而徽州以牌坊、民居、祠堂并称人文景观中的"徽州三绝"。七座牌坊弧形排开的"棠樾牌坊群"，慈孝天下无双里，记录了鲍氏家族明清两代辉煌的家谱，在这里"忠、孝、节、义"的传统道德标准都物化了，堪称世界文化史上的里程碑之作。尤令各路专家们赞叹的是建于明万历十二年（1584年）的全国重点文物保护单位——许国牌坊，据史料记许国是明代歙县人，他在嘉靖、隆庆、万历三朝为官，是声名显赫的三朝元老，于是他才斗胆破君臣定例，在家乡造了全国独一无二的八脚牌坊，相传"先学后臣"、"上台元老"八大楷字是明代著名书法家董其昌亲笔。细观这气势非凡的有徽州"凯旋门"之誉的牌坊，面料采用质地坚硬的青色茶面石，用料粗硕厚实，雕饰玲珑精细，其梁枋、栏板、斗拱、雀替均是大块石料，最大的重达四五吨，如此巨石在空中接榫而严丝合缝，这在四百多年前已属奇迹。

唐模村是令"重走"考察者们最兴奋的，它是平和泰然的古君子国，它以水街风情和悠悠古韵，令观者感受风雅唐模的意境。我认为有两大胜景要说：其一，位于小西湖中心的镜亭。亭内四壁用大理石砌成，嵌有苏轼、米芾、朱熹、文征明、董其昌、查士标等书法大家的碑帖，好似一座歙县的名胜新安碑园；其二，唐模水街。唐模水街上的高阳桥，是欣赏水街风情的最佳地方。一条清清的檀溪穿街而过，两岸近百幢徽派民居白墙青瓦，倒映水中，在全长仅一公里左右的溪水边架有十座古桥，方便的将分离两岸连成一体，反映出唐模百姓在营造生存空间、构筑生活环境时的独具匠心。尤其是沿街一片避雨长廊，既可供来往行人遮风避雨，又可让族人晨昏相聚，谈天说地。在这里古韵悠悠，和谐共生，好一派原汁原味的大家庭之感。

潜口民宅又名紫霞山庄，是徽州明代汉族民居建筑群。1982年5月，国家文物局批准建立"明代民居建筑群"，将散落于歙县境内民间不宜就地保护的明清古建筑集中保护，1988年1月13日被列为全国第三批重点文物保护单位。在这里85岁高龄的刘叙杰教授很激动，手持当年其父刘敦桢教授的考察测绘文稿，逐一对照，且不时与中青年学者探讨各幢建筑在断代上的异同点。他本人20世纪80年代曾亲率学生测绘，成功搬迁方文泰宅。无论从现在看，还是过去看，潜口民宅的成功恰恰是传统文化的创举。对此考察中有人提出中华民族温柔敦厚，拘谨含蓄，很少能有创新的冲劲，但我以为从刘敦桢60多年前的西溪南考察到徽州明代民居研究都说明我们的民族崇尚古人，尊重传统时，不自觉地转入了故步自封。传统建筑的创新是较为复杂的话题，它依循古制较为艰辛，创新不是单纯的靠灵感及想象力，建筑遗产利用上的创新之举必然包含对历史条件的洞察，意味着要在合适的时间与地点找到创新举措，这方面，以刘敦桢为代表的中国20世纪建筑专家为我们树立了榜样。（图54~图56）

"白话栖居，大地美学"赋予"重走刘敦桢古建之路徽州行暨第三届建筑师与文学艺术家交流会"以场所感，因为在大家交流的西溪南荷田里酒店坐落于皖南千年古村，丰乐河环绕流过，原始枫杨林、徽州古建筑保存完好，自然与人文景观丰富。荷田里酒店由原来村政府整体改造，贵在留存了老建筑原有的风格及特色，既复古，也现代，如北面大厅墙壁两侧刷有毛主席红色语录，成为唤起一代人历史乡愁记忆的印证。安静的院落，没有城市生活的局促，拥有别样的静谧，倡导诗意栖居的慢生活，从而在春深如海的夏日夜，在西溪南荷田里酒店门前可看到一排排栖居着的美丽燕子，它们仿佛是在守护着荷田里，仿佛是在吟唱着人与自然的和谐曲。

"重走刘敦桢古建之路徽州行暨第三届建筑师与文学艺术家交流会"活动给我们留下的印迹太多，感触太深，总括起来有如下四点：

（1）在这次走向历史与文化深处的"重走"活动中，遗产保护的力量加大了，因为在文博专家自说自话的圈子里，走来了建筑界院士大师，走来了著名作家及媒体人，跨界的力量与效果会很快呈现。

（2）这是一次以纪念中国20世纪杰出建筑师为主题的"重走"活动，无论从田野考察、古建筑测绘乃至分析研究报告的出版与传播都体现了当代建筑科学的方法，因此传承中国20世纪建筑家的设计研究思想不仅是迫切任务，也是为了探讨一种新的传承模式。

（3）在中国第11个"文化遗产日"强调"让文化遗产融入现代生活"的主题下，如何避免城乡记忆消失、如何避免城乡面貌趋同是个大问题，所以有效阐释文化遗产，以开放性、国际化视野讲好中国故事太重要，因此要在挖掘、展示、表达上下足功夫。

（4）将建筑遗产深度融入现代生活，就是要创新性的营造场景感，政府及各方学术机构更要持续支持诸如此类"重走"活动，田野考察出于保护当地的文化景观的目的，并非保护落后的文化面貌，它通过建设必要的村史馆、乡村博物馆（美术馆等），旨在避免村民陷入对短期经济效益的误区之中。诸如西溪南村确有旅游价值，但它更有历史、审美、民俗、文学、建筑、景观上的多重价值，整体保护与发展可使利益最大化，否则会造成文化失真和碎片化。

愿我们对"重走"活动的感悟能代表百余位与会专家的心声，也能似潺潺的小溪引更多的文化人士走进徽州西溪南。

（执笔：金磊、董晨曦、殷力欣、苗淼等；摄影：陈鹤、朱有恒、殷力欣、李沉、周恺等）

图57 与会者在呈坎古村落

The Notes of Investigation on the Ancient Buildings in Xinning, Hunan (V)

湖南新宁古建筑考察纪行（五）

刘叙杰*（Liu Xujie）

摘要：中国建筑历史学科的奠基人之一刘敦桢先生一向重视民居类建筑的考察研究，但因故未能如愿展开对其家乡湖南省新宁县各类古代建筑的考察，这成为了他的终身遗憾。因此，笔者近年以个人身份多次发起对新宁县古建的田野调查，并先后得到了东南大学建筑学院、新宁县政府、《中国建筑文化遗产》编辑部等单位的支持，取得了相当丰硕的考察成果。

关键词：新宁县，宗祠，桥梁，寺观，住宅

Abstract: Mr. Liu Dunzhen, one of the founders of the science of architectural history in China, had always paid his attention to the study of the folk houses but it was a lifelong pity for him not having investigated any of the ancient buildings in his hometown, Xinning County, Hunan Province. Therefore, in recent years, the anthor made several personal field investigations on the ancient buildings in Xinning County and his investigations, supported by the Architecture Collage of Southeast University, local government and Editorial office of *China Architectural Heritage* have achieved a lot.

Keywords: Xinning County, Ancestral hall, Bridge, Temple, House

2012年11月4日至13日，笔者再赴新宁作古建筑调查，同行者有东南大学建筑学院青年教师张艺研。11日北京《中国建筑文化遗产》编辑部特派遣副主编殷力欣、摄影师陈鹤，并会同长沙《潇湘晨报》记者朱辉峰等联袂前来新宁考察，这表明国内文化界与新闻界对此项工作已给予越来越多的重视与关怀。此次调查的项目有祠堂8座、桥梁10座、寺庙11座、住宅3座、其他建筑2座，共34座（其中还不包括对过去已调查之多处项目的复查与补测及此次对多处民居之局部调查），为历次调查之最众者。以下就此行闻见，依次分类扼要报告如下。

一、宗祠

1. 夏氏宗祠

夏氏宗祠位于县城以西9公里之飞仙桥镇夏家村。

该祠总平面略近方形，面阔23.70m，进深26.85m，占地面积约638m²。其具体组成仍依前门廊、中庭院（附两旁侧屋）及后大殿之习见制式。

正面屏墙中央辟石框门（门净高2.60m，净宽1.80m），门楣上以高浮雕刻出双狮戏珠形象，周旁浅刻环带纹及万字纹。两旁之侧门仍为园券构造（门净高2.35m，净宽1.25m），表面及拱端之装饰则为西方式样。现右侧之门洞已完全被封砌。

门廊三间，进深3m，上覆以三步梁承载之单坡瓦檐，中部庭院平面方形，二侧各列廊屋三间（现右侧已改建为红砖砌造之现代民居），侧屋原有木梁架施三柱十檩（前檐4檩，后檐5檩）。为扩大室内空间，

* 东南大学建筑学院教授，建筑历史学先驱刘敦桢先生之哲嗣。

其后金柱未落地而承于六架大梁上。

最后为大殿五间，但仅中央三间作为宗族仪典活动所在，两端者另以板壁分隔，用作辅助房屋，此种制式为县内诸祠所通用。

大殿明间梁架为四柱十五檩，自前檐天井边缘至后檐墙内壁计9.60m。梁架主体部分为对称式样，但檩梁下支承构件之形式多有变化，如九架大梁与其下之大随梁间，承以雕刻精美之曲背麒麟，可称别出心裁之举。

正面大屏墙之墙基处砌以条石，然后卧砌条砖十一层，再上则以砖作"一卧一侧"式直砌至顶，墙之转角处施角石，侧面外墙全部以卵石层叠砌造，以上各墙面均施粉刷。

2. 杨氏宗祠（一）

杨氏宗祠（一）位于县城以西16公里之水庙镇湾子头村，现已用作木门制造厂。

总体平面近方形，面阔28.10m，进深27.60m，占地面积约776m²，其内部组合及排列顺序与上述之例大同小异。

门廊建为二层，其上层之两端与三间之侧楼上层相通，对内院之廊柱间皆施以具西方风格之木栏杆。中部庭院平面近方形，约13m×13m。

其后之大殿一列五间，亦仅中央之明、次间供祠中庆典之用。明间梁架四柱十七檩，脊檩下高度为8.00m，其于二金柱间之组合甚为复杂华丽。除于脊檩下施驼峰、大斗及插拱等构件外，又在脊童柱二侧施托木，二上金檩下皆承以驼峰且雕饰繁丽。中金檩亦载于较小之似驼峰构件上，但将其下之五架梁头斜杀至底，并紧贴于承下金檩之七架梁梁背上，此种将五架、七架梁合而为一的方式解决了此二梁间高度不足的困难。二下金檩直接载于七架梁，但该梁端又与载于九架梁上、外形十分复杂之似驼峰构件紧密结合。明间前檐处之梁架稍有变化，如檐柱与金柱间之双步梁略有升高，其上之单步梁与座墩合组成刻有花叶之组合体。次间梁架则立中柱到地，形成前后对称之穿斗式"分心造"，其柱、梁皆朴实无华，构件断面也较小。稍间梁架紧贴山墙，其制式与次间者无异。

宗祠之外围护结构，于正面以砖作"一卧一侧"自下而上砌造。正面屏墙于二端伸出约0.8m之宽大墀头，顶部则以叠涩二道承两坡小瓦顶檐。檐上再建平直小背，并于两端翘起甚高之鱼龙吻。背之中央则饰以双龙与宝瓶组合之脊花，造型亦甚为美观。屏墙下方中央建石框大门，于两侧建石园券旁门，一如县内他祠所见，但大门石门楣上由高浮雕琢刻之"双龙戏珠"颇别具风格。侧面外墙之前段呈直线形，因表面尚涂有粉刷，故其墙体结构不明。墙上端向外伸出断面狭长之木梁头五道，上置挑檐檩承悬出之屋檐。此墙之后段即大殿之山墙，其上部升起之"山尖"承大殿之悬山两坡屋顶（悬出约0.60m）。

大殿以前之左侧外墙上开门窗二列，下层为一门五窗（中部二窗已封闭），上层为六窗。大殿右侧山墙下层之诸窗业经封砌。以上制式是否皆为原有尚不能肯定。

背墙中部全砌以现代之红砖，砌式为"二丁一侧"，与祠中他处不同，故疑非原物。其两侧墙面皆有粉刷，故未能判断其内部构造。此墙上部亦伸出承出檐之木梁头六道。该墙右侧之下部则有小门一道，恐系日后所辟。

3. 肖氏宗祠

肖氏宗祠位于县城西□公里之水庙镇三溢村。

宗祠总平面呈矩形，面阔19.10m，进深25.10m，占地面积约480m²。祠中存有清光绪二十五年（乙亥，1899年）立之《建修祠堂碑记》一方。

平面布局虽与前述二祠相仿，但尚有若干区别，现表述于下：

（1）前屏墙之各部构造及形制与前述夏氏宗祠大致雷同，但仅于中央辟一石框门供出入，未建两侧之券门。大门之门楣上仅施浅浮雕为饰，墙体概用河卵石层叠砌造，大门内于门廊之两侧，各建内墙（相距之宽度与庭院等同）隔为门屋。

（2）侧面外墙均施粉刷，左墙未辟门窗，右墙则建有三处，不知为何形成如此差别，抑或其间尚存某种变化。该祠右侧外墙于中段处向外斜出，至大殿前檐柱附近又直线垂直折内约0.80m，形成明显之变异。

左侧外墙亦自前而后向外斜出约0.40m。究其原委，恐均出于施工中之错误。

（3）中间之庭院为纵长方形，宽4.23m，深10.60m。

（4）庭院两旁之侧屋进深甚大，其木梁架施五柱十檩，为县中诸祠罕见。

（5）后殿五间，其明、次间皆甚为宽敞，但二梢间极为狭窄（仅约1.5m），可能是依循侧屋梁架柱网所致。

明间梁架四柱十五檩，基本为对称布置，各檩、梁下支承构件变化亦多。

4. 杨氏宗祠（二）

杨氏宗祠（二）位于县城东北32公里之迴龙寺镇峦山坳村外，目前已建为该村之幼儿园。

总体平面大致呈方形，面阔30.00m，进深28.00m，占地面积840m²。

平面布局亦大体为门廊——庭院（附两侧廊屋）——大殿之制式，但略有变化。

① 门廊五间，甚为广阔。建为上、下二层，下层净高3m。廊屋明间临内院之二柱下石础琢刻华丽。

② 中部庭院平面矩形，但宽度略大于进深（14.35m×13.60m）。其二旁之廊屋亦为二层，上下皆与门廊相通。

③ 大殿三间，其总面阔稍小于中庭，但两旁各附小院及挟屋，并建有供上、下之扶梯。大殿明间之主体梁架甚为简易，为穿斗与抬梁之混合式样，各构件均无装饰。脊檩下有墨书，惜不甚清晰。

④ 大殿前檐檐口至檐柱间均施木天花板。明、次间之金柱枋上皆置有不同纹样之透空棂格横披窗。其下现置之槅扇纹饰棂格亦有多种，制式及尺度甚不统一，恐系自他处拆迁来而非原物。

前屏墙下部砌以大条石（最巨者长1.20m，宽0.40m，高0.36m），石上以青砖（长29cm，宽19cm，厚10cm）错缝平砌三层。其上再以同式青砖作盒式砌造至顶，角隅施以角石。屏墙高5米，较多数宗祠为低，顶部所置平直瓦檐及中央脊花皆甚简易。

前屏墙所辟三门俱为石框门，仅二侧门之尺度差小（且门楣下之支承石侧出雀替甚窄），各门皆置石门槛及门墩。

5. 戴氏宗祠

戴氏宗祠位于县城以西6公里之飞仙桥镇戴家村。总平面略近方形，面阔23.64m，进深24.46m，占地面积约578m²。正面屏墙中辟石框门，两旁开园券门，现其旁侧墙面全砌以白、蓝二色磁砖，已大失原有风貌。但刻于门额、门框及门墩上之各种浮雕仍甚为精丽。

门内置门廊七间，为已知诸祠中较广者。但廊柱已易为方形平面之砖柱，其上之木梁架及地面已涂抹水泥，原有面貌几乎全遭破坏。

中部庭院大体呈方形（广10.70m，深10.20m），其两侧建筑业经完全拆除，故原状无从了解。

大殿五间，明间梁架三柱十三檩，虽前、后金柱均已易为砖砌之方形柱墩，但上部木架仍多为旧物，其间之支承构件变化亦多。脊檩下且有"民国八年建造……"字样，次间梁架中柱落地，各构件构造皆甚简明并朴实无华，殿内于次间缝置木板墙为隔断。

殿上屋顶为两坡式，二端山墙砌作曲线之屏风式样，墙身及局部装饰（曲脊、屋角、脊花……）均甚精丽，殿内地面铺以错缝方砖。

6. 李氏支祠（八）

李氏支祠（八）位于县城以西7公里之飞仙桥镇杨柳村，现已作为木材加工车间。

总平面呈矩形，面阔21.90m，进深38m，比例约为3：5，占地面积836m²。

正面屏墙以陶砖作"一卧一侧"式砌造，墙高约6m。正中辟石框门，门楣上浮刻双凤图形。二侧仍列券门，因被全抹以粉刷，其原状及是否有琢刻均不得知。

门廊内施四步梁，地面已涂抹水泥。其后之庭院中部新建一甚宽之水泥过道，由门廊通向前殿，道侧现堆放大量待加工与已加工之木料。

前殿三间，梁架为四柱十三檩。殿之前檐增建一披檐，估计乃目前加工工作所需。

前殿之后置一矩形小院，其进深仅1.30m。院二侧各置一狭窄通道（宽约0.80m），其外侧墙上则辟一园券小门（门内再置双扇小木门）。

后殿三间，明间梁架四柱十五檩作对称布置。前檐双步梁上所置弯曲似鱼形之单步梁及倒"T"形支承，雕刻皆甚有特色。而中央之脊瓜柱直落于九架梁上。脊檩下之墨书，似有"光绪"字样，惜拍摄之照片不够清晰，尚难予以辩识。

明间后壁中央砌有以白色磁砖贴面之神台以及神龛上方所悬匾额"祖德流芳"，均系近期所为。

7. 周氏宗祠（二）

周氏宗祠（二）位于县城西北12公里之飞仙桥镇梅塘村，现建为梅塘小学。

该祠总平面呈方形，面阔及进深均为22.5m，占地面积约506m²。

平面布置仍为门廊——庭院（附侧屋）——大殿之制式。

前屏墙除地表以上砌条石一层，均以青砖作"一卧一侧"式直砌至顶。顶部出叠涩二道承墙头之两坡小瓦顶。除顶脊置脊饰外，并于屏墙上部二侧出墀头。此墙之高度测为7m。但侧面外墙高度仅约4m，右墙辟窗二扇，不知是否系为原物。侧墙上亦悬出瓦顶，用供排水。

屏墙上所辟三门一如常式，其与他祠有显著区别者，乃三门以上之墙面皆隐出有屋檐之门楼，其于中央石框门上者为三楼，于二侧门上者为一楼。

门廊三间。上置三步梁木屋架，其间之支承构件亦颇富装饰性。庭院平面方形。二侧廊屋各二间半，略少于习见之三间。然高度甚高，故建为二层。目前其下层已改为教学用房，并将部分门窗及板壁移改，槅扇棂窗式样亦欠统一。但楼上仍保存旧状。

大堂三间，与两旁侧屋间以木板壁隔断。旁侧之房间原已建为二层，显系供辅助之用，现又于其前端新砌红砖之坎墙。

大堂木梁架四柱十三檩，大体呈对称布置。明间缝上七架梁之梁体与支承之变化均甚为复杂美观。远观其五架梁之二端及上下之支承，外形组合恰如双狮相对，其寓意及造型俱极佳妙，可视为县中诸建筑中有代表性之良作。次间梁架为前后对称与中柱落地之"分心造"，简洁明快。

除门廊外，其他建筑均施双坡瓦顶，其檐口板下于梁头及角隅俱以如意头式木雕为饰。大堂屋顶亦以悬山形式伸山丁二端山墙之外。

各处之木柱下，皆以扁平之方形石板为础。县内于各类建筑中习见之"上园鼓、中八棱、下方座"制式，于此祠中全无发现。

大堂明间之地面通铺以方砖（40cm×40cm），而次间则以较小之方砖（23cm×23cm）作斜向45°铺置。

8. 郑氏家祠

郑氏家祠位于县城以西4.5公里之金石镇柳山村，现已改建为小学校。

祠总平面呈矩形（图1），面阔37.70m，进深48.70m，占地面积达1836m²，居已调查县内诸祠之次位。

正面屏墙之下部以碎瓦斜砌（方式如卵石墙），以上则以条砖"一卧一侧"直砌至顶。最上施由小瓦构成之两坡压顶，墙之二端上方亦出墀头。

墙上所辟三门个俱为石框门，仅大小尺度有所区别。现中央石柜门上之家祠匾额因遭抹灰而失其原有面目，而左方之侧门业已用土坯堵塞。

门屋进深4.40m，面阔36.40m，以檐柱划为九间，为已见县中此项建筑中之最大者。在空间上，构为上、下二层。下层各檐柱间均未见曾构有门窗及其下之墙壁。上层则于檐柱间建木板坎墙及棂格窗，但保存较好者仅见于明间及左次间。楼廊之上构五步梁架及单坡瓦顶，现此廊左侧自第三间起全毁，仅存廊基及其后之外屏墙。右侧各间基本保存完好，仅存登楼之木梯，置于右侧尽间依山墙处。

门廊后之大庭院甚为广阔，进深达16.78m，面阔与门廊宽度相等。目前已

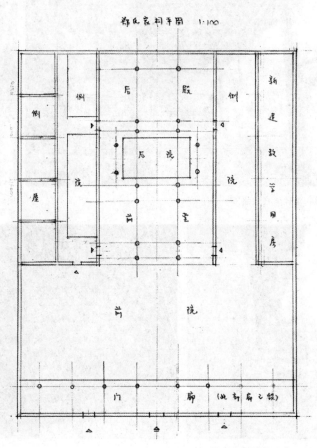

图1 柳山镇郑氏家祠平面

用作学校之操场，地面全抹水泥。因院之二侧现全为空地，故不审当年该处是否曾建有房舍或廊屋。

前堂位于大院正面之中央，面阔15.65m，进深11.25m，因内部建有天花，故其脊檩之下之高度不明。堂上覆以两坡屋顶，二侧建硬山山墙。山墙之前端各开一园券门，以交通左右。此堂前檐自檐口至檐柱间之双步梁以及前后金柱间之大梁以上，均已覆有天花板，故其梁架形制难以了解。但自部分损毁天花板间观察，大致可判断其梁架为四柱十五檩，而其后檐之中金檩处竟然使用并列之双檩，乃生平考察诸地之首见，然亦不知其运用之理由为何。现堂内各柱表面均髹以兰色油漆，殊不调协。柱下石础（为"上园鼓、中八棱、卜方座"式样）尚完整，唯地面原满铺之方砖部分已碎。

前堂之后辟有小院，广8.80m，深5.20m。院之两侧各建宽3.10m之过廊，通向后方之大殿。

后殿面阔三间（明间广5.45m，次间广4.80m），明间梁架为三柱（利用后墙承重）十七檩。脊檩下高度9.63m，梁架布置为对称式样，然其间之若干承载构件（如驼峰）形制及尺度变化仍多。次间之檩、枋均承载于二端之砖砌山墙上，山墙前端各开一园洞门通向两侧。

此祠之辅助用房屋，乃建于自前堂前檐起迄于后殿背墙之两侧。现左侧者已全部不存，其地已另建为教学服务之近代建筑。其右侧尚保存完好，现介绍于下：该组建筑之通面阔为10.67m，总进深为前堂前檐至后殿背壁之距离（27.38m）。最前建一屏壁（上砌三山屏风墙），位置与前堂之前檐平齐。其左端在与前堂右山墙相距2.87m处，辟有一直径为2m之圆洞门。门内建小门廊，一侧通向前殿，另面向通长之走道，以联系此区内右侧之其他建筑。而此走道与前堂右山墙间，辟有狭长平面之小院二区。中央主体厅堂与此区附属房屋间的交通，可通过建于前堂前端及后殿旁侧之二座洞门，十分便利快捷。

大殿脊檩及左、右二上金檩下均有墨书，惟字迹不甚清晰。（图2~图9）

图2 郑氏家祠正门

图3 郑氏家祠原庭院及戏台

图4 原过堂内景插图

图5 郑氏家祠过堂明间左侧
梁架细部及雕饰插图

图6 郑氏家祠二堂庭院

图7 郑氏家祠正堂廊檐

图8 郑氏家祠正堂室内梁架-明间

图9 正堂明间梁架雕饰

二、桥梁

1. 高桥

高桥位于县城西南15公里之水庙镇新桥村。

始建年代不明，但清道光三年（1823年）《新宁县志》已有记载。中华人民共和国成立后于1962年重修。次年罹火灾，致使该桥二侧腰檐全毁，现残留之少数焦木尚在。此桥下建石桥墩二座，上为木构廊屋二十三间及门屋二间。全长48.50m，桥宽3.80m，廊屋脊檩底高3.33m。

两端门屋皆高于桥廊，且均构有屋檐二层（上层为歇山顶，下层为单坡檐）。位于桥廊屋中央之祀神间，在外观上其歇山屋顶虽高于两侧，但高、宽尺度仍稍感局促。其脊檩及上金檩下皆有墨书。

在结构上，于石墩上纵横排列挑出梁木三层以承桥廊，仍保存了当地石墩木廊桥的早期传统手法（已知最早实例，为建于明万历十六年即公元1588年之江口桥）。目前此桥内之四柱九檩木架构基本尚好，但若干构件已产生位移或出现残毁。另外，设置于木梁上之电线杂乱缠绕，致安全堪忧。

图10 太平桥全景——西面

2. 太平桥

太平桥位于县城以西偏北4公里之李家塘村外（图10~图14）。

图11 太平桥北端门楼

图12 太平桥桥墩（西面）

图13 太平桥梁架细部

图14 太平桥中段神龛

下建石桥墩二座，上建廊屋十五间。全长34.20m，桥宽4.20m（其中央之祀神间稍向外延出，故该处宽度拓扩为4.60m）。

二端入口处均建歇山顶式门屋。中间之廊屋仍为两坡顶，亦于祀神间上增建歇山顶。桥廊二侧腰檐大部已毁，原有之木栅栏现仅存其下部者。桥内木构架仍为习见之四柱九檩式样，造型简洁，仅于脊童柱上端二侧各横出短木板一为饰。

3. 车头桥

车头桥在县城以北36公里之安山镇车头村。

下建石墩二座，上构廊屋十一间。全长22.30m，宽4.10m，廊屋脊檩底高3.20m。此桥之始建年代不明，亦未见遗有日后维修之碑刻或其他文字纪录。

二端入桥之门屋横向垂直于桥廊，其高度亦高出甚多。除主体部分施两坡顶外，并于二侧再出单披檐，外观较一般常见者略为复杂。门柱间之横枋上置以驼峰，亦他桥所罕见。

廊屋木架仍为四柱九檩，亦于脊童柱上端二侧出翼形木为饰。中央祀神间上加盖之两坡式屋面，仅高出廊屋约0.30m，因此，在外观上二者似紧密相贴。此桥未建有腰檐，而两侧之木栅栏现已无存。

4. 大坝头桥

大坝头桥在县城东北26公里处之清江桥镇湘塘村。

始建年代不明，但此桥之名曾见录于清道光三年（1823年）《新宁县志》中（属当时之温塘村），1985年再予修补。

桥下建石墩二，上构廊屋十一间。桥长20.72m，桥宽3.40m，廊脊檩底高3.65m。

桥二端建砖砌门墙（上为三山屏风式样），中央辟园券门以供交通，门高2.45m，宽1.50m。

桥廊木架仍为习见之四柱九檩，唯局部结构及构造有所变化。例如脊檩及其左、右之二上金檩均承以童柱，而此三柱又并立于同一之五架梁上，柱间再联以横枋，故此部之结构实为穿斗式而非抬梁。但各柱梁构件均未施任何装饰，桥廊两侧原建之腰檐及栅栏现几乎全毁。此桥未见祀神间，故桥廊全部之屋顶皆平直而无升起。

5. 花桥

花桥位于县城以北29公里安山镇安山村，一端垂直正对邻贴村庄之公路，另一端通向对岸之农田。

桥下建石墩一座。桥上二端建木构门屋，其间联廊七间。桥长16.33m，桥宽3.70m，廊内脊檩底高3.16m。

桥廊木架仍为四柱九檩。脊檩承载于断面方形之童柱上，柱下二侧出镂空雕刻托木。承柱之三架梁两端伸出卷云状装饰梁头，而此梁又以扁宽之方形构件托载于五架梁上。桥廊中央之祀神间上加盖一两坡屋顶，内部构有天花，为县内诸桥中不多见，故此处梁架构造情况未能明瞭。

此桥另一特点为石墩未位于河道或廊下之中央，而是偏于近村落之一侧（与两岸距离之比约为1：2.5），其原因可能因河道中央水底之土层不宜建墩，或是为了保留中央水流较深处之航道，以利重载船舶之航行。

据桥内脊檩下墨书及远端入口外之石碑，称此桥始建于清乾隆二十五年（庚辰，1760年），经咸丰三年（癸丑，1853年）十二月重修。解放后1954年及2007年再修。然依《县志》，知该桥于清康熙五十四年（乙未，1715年）、雍正三年（乙巳，1725年）、道光十九年（乙亥，1839年）均经修缮，故其建造年代至少应在康熙中期或更早。此桥入口处之屋角起翘甚高，且雕饰甚为繁密，其名为花桥乃源于此。

6. 栗山桥

栗山桥位于县城东北20公里之黄龙镇栗山村。

桥下建石墩一座，桥上建木廊七间。目前河道大部被堵塞，水流甚为狭窄。桥长14.20m，宽3.80m，廊桥脊檩底高3.38m。

桥二端入口之门屋，各构高出桥廊甚多之两坡顶三座（中央较高大，二侧较低小），门枋下且施雕刻精丽之小雀替，但其装饰效果大于结构。

桥廊木架仍为四柱九檩，但内部装饰较他桥为多样。如承脊檩之童柱两侧，上饰以翼形拱，下载以大斗，并出单拱托脊枋。三架梁下则施多种异形驼峰，亦以大斗承拱托金枋，又削去三架梁及五架梁之下腹，使均呈月梁形象。桥廊二侧并构较低矮之腰檐。

中央祀神间在外观上构有屋顶二层，下为歇山，上为方攒尖，此种形制，在县中目前仅见此一例。内部虽施天花，但由侧面可见其上之梁架，及依中心柱所构之方攒尖顶。因上层屋顶升高，故能在其四侧构具镂空棂格之横披窗，使外观更增加不少变化。

依桥内所存残碑，知此桥于清嘉庆八年（癸亥，1803年）曾予重修。

7. 永兴桥

永兴桥位于县城以北28公里之安山镇石桥村外之公路东侧。

为下建石拱券二道、上为廊屋五间之平桥。桥全长10.62m，宽3.30m，桥廊脊檩底高3.45m。

桥二端立砖砌山墙，但未上升作屏风墙式处理，而是止于桥廊延出之两坡顶下，其构造甚为简易，亦县中廊桥所少见。

桥廊木架仍为通用之四柱九檩式样，简单明快，仅于脊童柱上端二侧各出短木为饰。两坡屋面亦沿用板椽及灰色小瓦。桥廊整体平直，其中央祀神间屋面未予升起，可能与此桥总长度不大有关。两侧原构之木栅栏已全部不存。桥内中央之祀神间面阔仅1.86m，较其他各间（2.14m~2.28m）为狭，亦为已调查诸桥中之特例。

桥端山墙之中央辟一券门，高2.10m，宽1.53m。其对外壁面于门上之匾额内墨书桥名，当为近世所作。桥内地面铺大小不一之石板，表明在始建时并不十分考究。

目前桥内尚列有石碑三通。其中有清道光六年（丙戌，1826年）之修桥碑，惟字迹甚为模糊，未及通读细阅。

8. □□桥

□□桥位于县城以北黄龙镇至栗山村途中某河畔。

乃一横跨溪流之单高拱石桥，该拱净跨约3m，净高亦相当。因昔日之交通久已改道，渺无人行，故桥上杂草丛生，高及人膝。原供上下之石级亦残缺不全，两侧石栏尽失，亦未见桥名。以登临恐生危险，故未能进行测绘，仅摄影数帧而已。

9. 遇仙桥

遇仙桥位于县城以南之崀山镇石田村路侧。

亦为跨水之单高拱石桥，全长7.10m。此桥大部由当地盛产之丹霞石砌造，仅拱券于近水处另砌天然石块三层。其目前情况，亦与上例大致相仿。

10. 石板桥

石板桥位于县城以西17公里之水庙镇蒋木村外。

原为一横跨溪流之石板平桥，目前已残毁不能通行。存留有一宽约0.50m，长约1.00m具分水尖之小石墩以及由岸边搭至石墩上并列之石桥板二块（各长约1.80m，宽0.40m，厚0.18m）。依板端凹槽，似在建造时曾使用嵌入之联络构件（如燕尾榫等）。板侧未见有设置护栏之榫眼，其桥身距现有水面亦仅1.50m左右。

由现存遗物观察，此桥之规模不大，结构及造型亦甚简单，且大部业已损毁（估计原桥应为二墩三孔）。但就县内现有津梁而言，此类平桥目前仅发现一例，故仍应予以重视，建议继续收集有关资料，并作进一步之研究。

11. 其他

对过去已考察之若干廊桥，如迴龙桥（五墩，三十五间）、龙潭桥（五墩、三十三间）、迴溪桥（一墩、五间）……此次又进行了复查，并在原有资料基础上，作了若干补充与修正，其内容将纳入有关文稿，于本文中不再补叙。

三、寺观

1. 藤桥庙

藤桥庙位于县城以北29公里之安山镇安山村内，与前述之花桥隔公路相对，其间距离约70m。

此庙亦见载清道光三年《县志》，又称藤庙。目前总体平面呈矩形，面阔（约11m）与进深之比大体为2：3。四面围以高垣，除正面中央之庙门，未辟其他门窗。现外墙表面涂抹之水泥与墙顶覆盖之黄色琉璃瓦，显然皆系近年所为。

入口建一石框门，门上之石楣中央镌刻"必恭敬土"四个大字。另在门楣左端刻"乾隆三十二年四月立"，右端刻"光绪十六年庚子重修"等字样。按清乾隆三十二年为丁亥、公元1767年，光绪十六年为公元1900年，二者相距134年，而此门楣应制作于光绪时。大门上方另以砖砌凸出之矩形匾额框，内有墨书之庙名，但未记年月，其时恐在近年再修之际。

大门内建狭窄之单披檐横廊及一矩形平面小天井，其后即为三间面阔之神殿。此殿自外向内建柱三列，将空间划为前、中、后三部，现殿内木梁柱俱经更换，仅柱下石础似为旧物（形制仍为习见之上园鼓、中八角、下方座式样）。殿中原有陈设及后部之神龛、神像均已无存，唯天井旁尚遗有石刻香炉一具，由所镌铭文知制于明天启三年（癸亥，1623年）九月初六日。

该香炉之平面自上而下，可分为园形、八角与正方三种不同形式，外观亦有变化，如上部为刻有铭文之环形口缘，其次为仰覆莲及束腰，再下为饰以"佛八宝"及竹节柱之八边形石墩及具"壶门"之方形底座。据当地父老言，此石香炉曾被县文物局作为征集文物移置县内，后因村民要求，又以"镇村之宝"而被送回。现将炉上所刻铭文抄录如下：

"江西道吉安府永新县六都里附籍湖广道宝庆府冈州新宁县扶杨乡第四都小地名蒋家冲，祀祭藤桥庙皇（笔者按：恐为"城隍"）祠下。天启三年九月初六日吉旦立。喜捨信士李坎同妻马氏、刘氏，长男李幕（笔者按：恐为"慕"）麒、妻王氏，李幕麟、妻周氏，李幕灯、妻刘氏，口祠庵兵珠孙女乾大（笔者按：此处恐有误漏）五十施舍水田二江桥边四丘，价银七两。中刘秀瑞买黄斗粮三秋四合，施本庙城隍大夫二夫位前，永远烧香为记。又施石香炉一座，刻名为记。乞保家门清吉，老幼康宁。户侄李一、李监、李幕文、师人向法通、烧香人刘凤果，石匠荆思乾、荆思好。"

以上之铭文记录稿乃县文物局提供，内中若干文字恐有错录或遗漏，待来日校核后，再行订正。

2. 斋公丞相殿

斋公丞相殿位于县城以北4公里之金石镇松枫亭村外。

此殿依山临路远离村落。总体平面呈矩形，由前殿、后殿及两侧附属房屋组成。在外观上，于中部建二层檐高阁，其上、下层之角脊均略有起翘，而角端之白色龙形雕饰及顶部之葫芦、宝瓶，造型皆甚活泼灵巧，颇令观者注目。其周旁皆构单层建筑，并将对外之屋面均覆盖并伸出于外垣之上。此举既有利于屋面排水，又得以形成别具一格之建筑风貌。

庙前建施白色粉刷之屏墙，中央辟近代式样之木门二扇，上悬黑底金字之"斋公丞相殿"木匾，再上建扁平之水泥遮雨板一道。侧墙以红砖作"二卧一侧"之斗式砌造。墙面开具现代形式之木窗及镂空水泥板窗，表明以上各种兴建均系近代所为。侧墙前部表面抹有淡薄白色粉刷，墙下近屋之地面则以杂乱石片铺作范水。背面外墙之构造大体相同，但墙面抹以水泥及白灰粉刷。其中央偏上处另开一扁长之矩形小木窗。

大门内为三间之前殿，面积不大，或可称为门屋。屋上覆以两坡瓦顶，其前、后檐木架因屋面长短不一而形成变化（檩数为前五后三）。脊檩以多层木板叠合成之三角形垫木载于三架梁上，而此梁又由相距甚近之宽木墩二具承于五架梁。五架梁下再置宽木墩三具，并与前檐多出之二檩同载于其下之大梁上。就比例尺度而言，以上诸梁之断面较小，与承载之宽大木墩不成比例，应是后代工匠不依古法随意而为所致。前殿后檐墙中央设一神龛，内供奉关羽塑像。

后殿为此庙之重点所在，由方形高阁四隅柱所形成之中央空间，广阔且高敞，是为殿内举行各种宗教活动的主要场所。阁后至背墙处建有神龛多处，其中央一龛供奉身着红袍头戴黑冠之金面神像，料即为斋公丞相。其两侧较小神龛内，又各供神祇三躯，皆披红被彩，然均不知为何方神圣也。此三龛俱施木雕边框及四坡式屋盖，其制式略类大同云岗北魏石窟，然造像风范则大相迳庭。

因未施天花，高阁上部之攒尖梁架得以一一在目。现檐下四面高窗之小木装修已全部无存，虽增加了殿内的光线亮度，但无法阻挡风霜雨雪的入侵。位于两侧上、下枋间具有高浮雕神兽之园形垫木，乃为阁内木架构中唯一的显著装饰。此外，阁后高悬于神龛上之通长大匾"威灵显赫"，亦为室内宗教气氛增色不少。

现因地面已增抹水泥，致使柱下石础泰半埋没，但形制仍可分辩为八角及园形二种。由天井旁侧所堆积五种大小及形状不一的石柱础，似亦为殿中旧物。据此，则庙内建筑已多经更修，对其始建规模及当时原貌与日后改建情况，均有待进一步考证。

3. 太和庙

太和庙位于县城西偏16公里之水庙镇湾子头村外，周旁皆田畴旷野。

此庙规模不大，平面大体呈方形，面阔12.26m，进深11.12m。面积约137m²。该庙除入口外，全以高墙封闭（图15、图16）。

在外观上，正面中部之上端建三山屏风墙，其二侧则施稍低之曲形屏墙。山面外墙之前端平直，其上仅出侧屋之少许瓦檐。后端于大殿处则升起高大之五山屏风墙。背墙全部半直，仅于上端延出大殿两坡顶之后檐，以利排水。

入口为一园券门，置于前屏墙下之中央。入门后为一上建单披檐之狭窄横向过廊。经一面广5.54m、进深2m矩形小院及附建于二侧之廊屋，即至后部之正殿。其平面布署与前述之藤桥庙基本雷同。

庙内主要木架构乃大殿之明间梁架，为大致对称之四柱十三檩抬梁式样。其稍有变化之处，为前檐之檐柱向二侧斜出。临山墙处之次间梁架，采用中柱落地之"分心"式样，其柱枋断面均略小于明间。此种未将次间檩枋搁置于山墙，而仍然使用木梁架的作法，于县内并不多见。除正殿外，天井二旁之侧屋木架（二柱七檩）虽小，仍皆沿此手法。在局部方面，大殿前檐侈出檐柱与金柱间之双步斜梁呈简易之月梁形，而其上之单步梁则制为弧度甚大与造型多变之曲梁。

据称该村村民早年系由江西省太和县迁来，为怀念故乡，特建此庙以表缅思。现殿内神龛中供有四男一女之小塑像，其中坐之男像为武将，其旁侧

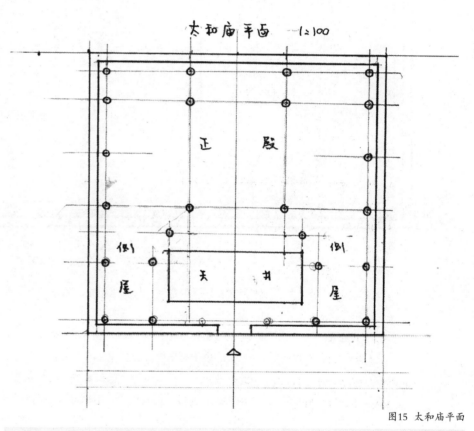

图15 太和庙平面

图16 太和庙平面和全景

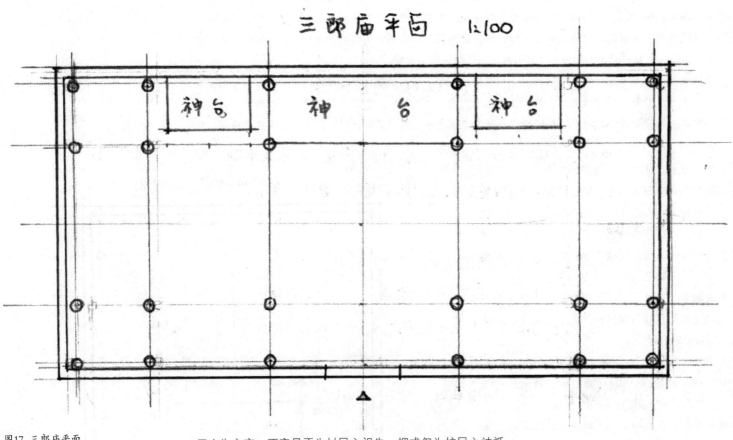

三郎庙平面 1:100

图17 三郎庙平面

三人为文官，不审是否为村民之祖先，抑或仅为护民之神祇。

天井右侧之廊屋墙下，遗有民国二十八年（1939年）施田碑记一方。

4. 七殿庙

七殿庙位于县城以西17公里之水庙镇蒋木村外。

此庙位于一小丘上，隔公路有溪流、竹木林及巨崖，自然风景甚为优美。

庙平面近方形，正面屏墙之下部累块石为基。墙身则由条砖及卵石砌造，现表面已遍涂黑色。屏墙两端伸出墀头，顶部砌叠涩三道承两坡瓦顶，二脊端略有起翘，脊中央再立宝瓶、异兽为饰。墙下中央辟由石框构成之匾额及大门。门内建门廊，入内依次为附侧殿之天井及大殿。目前庙内损毁甚烈，殿屋柱梁倾毁，瓦件脱落，墙壁倒塌，荒草蔓生。原供奉之佛佛、神台全无踪迹。如不予以整治，则其全部塌毁，将指日可待。

此庙未见载于各代所撰之《县志》，又无文记碑刻可供考证，故其始建年代及兴衰情况全不知晓。由目前存留之木梁柱结构制式观察，当属晚清之物。依庙名知曾建有殿堂七座，但各殿之名称未悉，而且是否全部位于此庙垣之内，亦无从考证。

5. 三郎庙

三郎庙在县城以西16公里水庙镇□□村。

该庙平面呈矩形（图17），面阔五间（16m），进深三间（7.70m），占地面积约128m²。在外观上，除正面外墙中部升起（约高4m）并于其下辟有庙门外，全庙四周均为高2.65m之无窗垣墙所包围。其上再覆一可掩盖全庙之组合型大屋顶（除在中央明间四金柱上建一较小歇山顶，于明间前、后檐处各建单坡披檐）。入口辟一园券门，高2.80m，宽2.10m，惜周旁上下均镶以现代瓷砖，大煞风景。

此种由一组合屋顶覆盖全庙的方式，相类似的亦见于前述之斋公丞相殿，均采用了将屋面置于周垣上以排水，及升高建筑中部屋顶以采光的基本手法。但三郎庙摒除了内部的小天井，而采用上部覆顶之檐廊，不但不妨碍建筑的采光和排水，还扩大了内部使用面积，因此其构思与设计更为合理适用。

主要梁架为四柱九檩对称之抬梁式，造型甚为简洁。其中央明间由前、后四金柱形成之广阔空间，为殿内主要活动所在，而在四隅柱上部外出插栱承柱角梁之手法，亦为县内所少见。中部屋顶最高之脊檩距地6.53m，侧面者高4.62m。

神台三座，分别置于明、次间之后金柱至后檐柱间。中央之神台前置有清雍正十二年（甲寅，1734年）石香炉一座，另一炉在右侧神台前，惜已部分毁坏。原置之神像已佚，询之守庙人，亦不知所奉"三郎"之由来。

6. 仙风殿

仙风殿在县城东北20公里之黄龙镇栗山村（图18）。

为县内诸次调查中首见之道观建筑，该殿夹处于村内民居间，依山坡而建，分为上、下二层。下层为干阑式结构，于方石础上立方形木柱四列（第一、第二列各四柱，第三、第四列各二柱），上托横梁，以承上层之主体建筑。

上层之殿屋面阔10.70m，进深9.65m，面积约103m²。位于平面中部之大殿面阔5.35m，适居建筑通面阔之半，其左、右各为辅助用房。

现殿堂之入口置于右侧。入门后经甬道进入大殿，大殿之上建八角形藻井及歇山屋顶。殿前檐置三抹头之槅扇门六扇，门外周以回廊（此廊在殿之两端绕向后方，但止于殿侧之半）。殿后立神龛，龛上列匾多方，其下又缀以八仙等道教故事为内容之透雕，金彩虽部分脱落，但形象颇为生动。

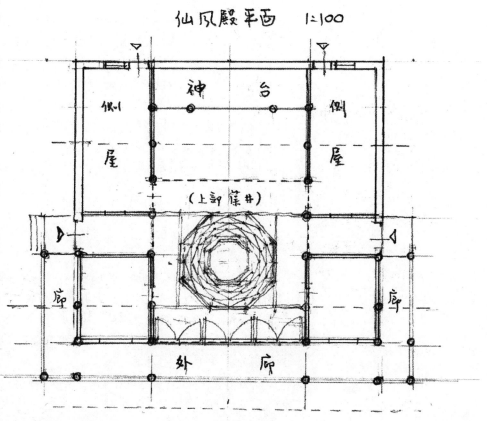

图18 仙风殿平面

综视此殿的结构与构造，中央主体及前部与两侧回廊所表现之传统形制较为明显，与其有强烈对比之后部两侧房屋，建造时间显然较迟。另依入口外庭院中之重修石碑二方，一立于民国三年（1914年），一立于民国九年（1920年），亦可作为证明。

在外观上，殿屋正立面之干阑支柱、前廊栏干及槅扇以及厚重之歇山屋顶，其间之比例尺度及造型均不够统一。但最大的败笔在于建筑之侧面形象，其下层为前后毗联之两座双坡顶房屋，上层则施跨建于它们之间的歇山屋顶。就其部位、造型、结构、材料、外观而言，均形成甚不调协之现象。作为县内十分稀少的道教建筑，虽辟处山村，今后继续对其进行保护与整修，仍属必要。

7. 湘山祠

湘山祠在县城以西11公里飞仙桥乡岩口冲村。大道旁侧，为一面阔三间，无内部庭院之独立建筑。已经过多次翻修，故其屋架、墙壁、门窗均非原物。

屋面施两坡顶，但前檐置四檩，后檐置五檩。因梁架之组合甚为随意，大梁断面已因不胜荷载而弯曲变形，是否尚有其他隐患，今后应密切关注，不可大意。

神龛位于后壁前，中央之神台前置有清康熙九年（庚戌，1670年）石香炉一具，惜所刻图案及文字，部分已漫患不清。

8. 峙山殿

峙山殿位于县城东北13.5公里白沙镇石湾村之公路侧，由公路依弯曲小道登山即可至庙前之门台。

此建筑之总体平面为左后方缺一角之横长方形。面阔18.10m，进深13.40m。占地面积约243m²。总平面大致可划分为前部庭院、中部殿堂及左、右附建房屋四区，除中部之殿堂大部为原建外，其余皆为后建者。

在外观上，其正面建平直屏墙，正中辟一券门，门旁及其上之庙名匾额四周皆砌以暗红色磁砖，墙顶再以兰、白、黄色磁砖砌造出檐及墙脊，脊中央更饰以琉璃之双龙戏珠，造型及色彩十分混乱，又与大面积白粉墙面不调协。右侧面之外墙上端建五山屏风墙，但比例失调，形象生硬，与传统风格差距甚大。此寺建筑唯以中部之重檐歇山顶最突出，其传统风貌也较其他部分为多。

自新建之寺门入内，经平面为矩形之小院，即达大殿之前廊，廊面阔三间，进深约1.4m。大殿面阔亦为三间，依进深建柱三列，即檐柱及前、后金柱。但柱径稍有变化，其檐柱与前金柱径均为0.20m，后金柱径0.24m。前、后二金柱相距4.30m，构成殿内之主要活动空间，而形成突出外观之重檐歇山屋顶即覆盖其上。

经观察发现大殿背墙业已后移，二侧之山墙亦有升高现象，表现在新构之砖砌体、屋檩增加及间距不一等方面，说明此殿近年已经改建。

后壁前之神龛中，供奉神像为头戴金盔之武将，殿两侧又列有置古代兵器之木架，不悉其与"峙山"之名有何关联。

9. 五福庙

五福庙在县城以西8.5公里之飞仙桥乡五福庙村，此庙与所在之村同名，表明其历史不短，且与该村有一定的渊源关系。

平面方形，每面约10.80m，占地面积约120m²。正面屏墙中央构石框门供出入，门内依次为门廊、小院（附侧屋）及大殿（面阔三间），形制与县内一般小寺庙无殊。

殿内仅明间置非对称之木梁架，其前坡长（6檩）后坡短（4檩），现因利用后檐墙为支承，省去后檐柱及相关二檩，故实际为三柱十檩。而脊檩下施甚长之脊瓜柱载于几位于二金柱中段之七架梁上，此种手法甚不正规，于县中各处亦难一见。

大殿后壁正中贴一黄色麒麟画象，不知寓意何为，而原来供奉何神，亦不知晓。神龛二侧之次间后壁，各辟直棂窗一处。

柱下石础种类约五种，虽大同小异，但原雕刻颇为细致，应是该庙早期之物。

10. 慈云庵

慈云庵亦位于五福村内，现该庵之外墙、大门、前院、焚帛塔及二侧附属房屋，无论自其形制，所用建材……皆为近期所建。而作为庵内主体之殿堂，亦经建后所屡修。据大门旁侧清代石碑之记载，此庵乃建于光绪十八年（壬辰，1892年）。

主体之殿堂位于全庵之中部，入大门经前院即达。由前廊、前殿及后殿组成，面阔三间，宽9.90m，进深前后七柱，14.90m，比例约2:3。建筑面积达150m²。

前廊因向二侧附属建筑延伸，故目前为面阔五间，檐柱上施如意斗拱，为已调查诸例首见。但额枋上未置平板枋及大斗，表明并未沿依规制。大殿三间。各于檐柱间辟四抹头槅扇，诸门之华板上，由左及右分别书写着"奉、善、诚、信""忠、孝、节、义"及"礼、义、廉、耻"字样。其裙板上则绘以民间传说及故事中之神仙与人物，如明间为《西游记》中之唐三藏、悟空、八戒与沙僧。二次间则分绘道家之汉钟离、张果老、韩湘子、铁拐李、曹国舅、吕洞宾、兰采和、何仙姑"八仙"，但此种手法，皆与传统建筑大有差异。

前殿之后槽，奉有关羽神像。像后之上方横亘一槽状构造物，适在第四与第五列柱间，估计是原来位于此处之天井被封闭后，为解决二殿降水之应对设施——天沟。如此则现有之第四列柱应为前殿之后檐柱，而第五列柱则为后殿之前檐柱。

后殿后壁前置有神台三座。中台之龛内奉有如来、弥勒及□□三佛并列，但其前又列玉皇大帝及天后二像，上悬大匾"慈光普照"。左台龛中亦供三像，以着道冠蟒袍骑虎者居中，金冠长须坐方榻者在右，红袍官服者在左，其上悬匾"普赐洪恩"。右台龛中亦置三像，观音大士金身执白色宝瓶坐莲座上居中，绿衫束须神人坐左，由众多孩童围绕顶黑冠者在右，上悬匾"慈航普渡"。佛、道二教为我国历史最悠久与传播最广之两大宗教，但教义、仪典……均大相迳庭。然在清末以来，其界限在民间日益模糊，诸神祇同处一寺或一殿者比比皆是，本庵中之现象即为一例。自长远角度而言，如今后条件改善，似应加以区分为宜。

依殿内中檩下墨书，知该建筑已于2004年10月大修。就目前而言，前殿明间二侧梁架保存之旧时制式较多，可以作为今后再行修缮时之参考。

11. 洞庭庙

洞庭庙位于县城以西4.5公里之金石镇柳山村。

洞庭庙总体平面呈矩形，通面阔13.60m，通进深约17m，占地面积232m²，其门内天井及侧屋均经改造而面目全非（如右侧之廊屋已易建为现代民居）。

全庙外周以高垣，前屏墙砖砌（"一平一卧"式），正中辟一园券门，门上有墨书庙名之匾额。墙头出叠涩二道，上建瓦檐。侧墙砌以土坯砖，然自前檐墙处向后形成约占全墙长度一半之斜坡（斜率约1:2），此种作法为已调查诸例中首见。墙头以外之出檐甚长，计板椽三道，约0.80m。

门内之门屋甚为宽敞，进深达4.20m，其上施以四步梁，形制虽然简单，但如此长度则为县中其他寺庙所少有。

位于庙后部之三间大殿也多经改造，除前、后金柱外，其前檐柱已易木为方形砖墩。内部梁架亦全改为西方式样之桁架，其上列檩甚密，前、后坡各为数有七，究其原因，乃檩径率细（均在0.15m上下）所致。地面已遍抹水泥，仅屋面尚保留原来铺小瓦的两坡式样。大殿后壁中央绘有似马之异兽二头，相对而立。其前之神台上供神像六尊，但尺度甚小（约高0.7m），其中三男二女之坐像似为一组，另一执斧黑衣武将疑自他处移来。

大殿金柱下石础保存尚好，为上园鼓、中八角、下方座之习见形制。

12. □□庙

□□庙位于在县城以西4公里之金石镇李家塘村外，与不远处之太平桥遥相对应。

目前该庙已被废弃，墙垣倒塌，殿屋破损，内外杂草丛生，几难涉足。故仅能作一般之观察及摄影，而未及予以测绘。

总平面大体呈方形，外墙由卵石层叠砌成。正面屏墙于中央开一园券门，门上原有匾额因被白灰涂抹，致庙名难以知晓。此屏墙除于二端上部出具叠涩三级之墀头，其顶部亦有变化。首先是出较宽的叠涩二道承小瓦砌之两坡顶檐，并于两端起几乎呈直角起翘的复杂脊吻。其次是在距脊吻约2米处，将顶部檐脊升起呈硬山山墙状之三角形，而此处恰为庙内左、右侧殿之山面所在。此种手法不知是出自弥补当时建造中的考虑不周，还是别出心裁的巧思妙想，今日已无从得知。但就实际效果而言，笔者还是倾向于第二种构想。

大门内建一门廊，其内之天井较为宽阔，两旁均有侧殿，再后即为三间之大殿。

现右侧殿已全毁，左侧殿尚泰半存在，其梁架为三柱八檩，中柱落地，前檐有檩三，后檐有檩四。省略后檐柱，其梁承于侧墙上。

大殿明间之梁架为三柱十三檩（亦无后檐柱），但柱梁尺度率细。前檐有檩六，后檐有檩五。其脊檩下施甚长之中柱，但不落地，而承于位于二金柱中部之七架梁上。此种作法非同一般，另例则见于前述之五福庙。次间檩、枋之尽端皆载于大殿之山墙上，是否伸出墙外构成两坡之悬山顶，目前尚难判定。

庙中石柱础已知有方形板状及习见之上园鼓、中八角、下方座二种。

四、住宅

1、庆衍龙门李宅

庆衍龙门李宅位于县城以北4公里之金石镇松风亭村。

该宅前所构面阔一间、四柱九檩之木架门屋泰半已毁，但仍保留甚多特点。就其架构而言，于前檐置檩三，后檐置檩五，因所形成的前、后屋架进深与坡度的不同，表现了当地民间建筑特有的实用性与灵活性。在具体表现方面，如将门屋前檐之双步梁作成仿曲梁式样，其上之单步梁呈鱼龙形并承以似莲座之驼墩。而门楣上的横披窗则饰以由不同形状之冰裂纹、园环纹之组合图案等等，都是煞费心机的作品。

在门屋右外侧又建有一座内以砖砌而外施粉刷及雕塑图案（如斜檐字……）之方形柱墩，其顶部再塑一狮。此种装饰性很强的构筑物，在县内或他地都难以见到，不知使用它的意义何在，是否与习见置于大门前的石狮雕刻同一涵义。另现置于大门前檐内左侧的是一件长方形的石墩，估计是当时所用的上马墩。

庭院后即为正屋，面阔五间，其前檐内单、双步梁与梁下之镂空雀替以及各门窗上之木棂格俱甚为精细美观（图19~图22）。

图19 庆衍龙门李宅1

图20 庆衍龙门李宅2

图21 庆衍龙门李宅3

图22 庆衍龙门李宅4

2. 西村坊李宅

西村坊李宅位于县城东北一渡水镇小西村（图23~图27），此宅总体平面略呈面阔稍大于纵深之矩形（图28）。宅前因有自西向东之水沟及道路，故前端外墙之东侧呈弧形向内弯曲。全宅占地面积约250㎡，建筑皆依中轴线作对称排列，虽规模不大，仅有门屋及住屋二进，但其建筑之若干处理手法在县中却颇具特点。

图23 小西村全景鸟瞰

图24 小西村李宅东院墙外观庭院

图25 小西村李宅甲宅

图26 小西村李宅柱础房

前端外墙中央建门屋，入口处为砖砌墙壁，内部则为木构柱梁，其上部之歇山屋顶跨越庭院与住房中央之堂屋相接，而于搏风板处所构之如意形"悬鱼"，尺度之巨大为县内他宅所罕见。门屋两侧之外墙，各列砖制槅扇门（具五抹头及直、斜棂格透空棂格）四扇，其上施似椭园形网格之檐下砖构支承二层，然后覆以小瓦两坡压顶。槅扇门墙之外，再建具有墀头二层之山屏风墙，该墙墙体以陶砖作"一卧一侧"之斗式砌造。墙上部之山尖处辟直径约1米之园形盲窗（内施曲线及三角纹组成之棂格），墙顶再砌叠涩多道以承瓦檐。

门内之矩形平面庭院已为门屋划分为二区，因久无人迹，已荒草遍地，芜秽不堪。院两旁之廊屋下层各建厢房二间，其木门有方头及园券二式，旁侧之木窗大小及棂格亦不相同。上层之廊房甚低矮，似非供人居者，但对院之一侧仍建有施透空棂格之木栏杆。其上屋面之瓦件已部分脱落。

作为宅内主体建筑之住房面阔五间，中央明间为堂屋，次间之木壁及门窗已有部分损毁。其前廊于二端尽间之山墙上各辟侧门一道，

图27 小西村李宅中部街巷一之仓

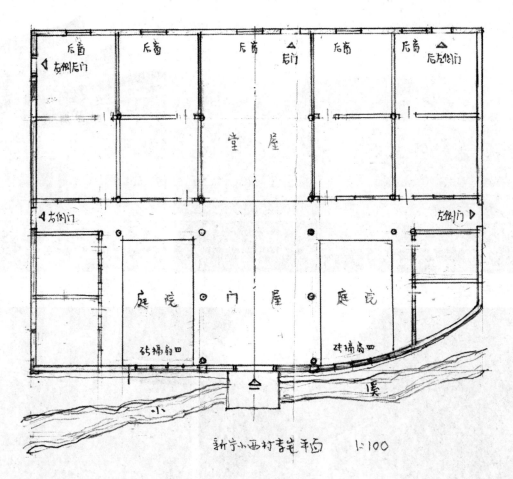

图28 小西村李宅平面

皆石框。右侧山墙近背墙处，另辟小石框门一。

　　该宅之背墙平直，墙上辟规制一律之木棂窗五扇，但其位置大多为非对称排列。另于左尽间及明间左侧又各置一木框门，它们是否均为原构，目前只能存疑待考。

　　宅后建有简易之畜栏若干间，现宅之后墙与畜栏间已辟为村道。其两端是否曾建有与住宅相接之围墙已了无痕迹可寻，而此区是否原属该宅尚难判断。

　　以宅主人外迁，门户上锁，除未能对内部建筑作进一步之调查与测量，并使上述诸多疑难，皆无从获得解答。

　　3. □□村民居

　　□□村民居门屋仍为单间面阔、两坡顶之木构建筑，前后三柱八檩（前3后4），但在结构构件形制上变化甚多。

　　① 前檐双步梁向外伸出之梁头，侧面施浮刻圆形边框，框内刻多种花草图案，梁头下则施镂空雕刻似雀替之"花芽子"。

　　② 前檐之檐柱上端二侧，各以雕刻呈曲线形之高托木夹持，其侧面亦满雕缠枝卷叶纹饰。

　　③ 前檐之双步梁外形作月梁状，梁背与梁腹俱剜出曲线。又于梁下二端各置小雀替承托，梁之侧面则饰以具扇形边框之浮雕。

　　④ 此双步梁上，以呈"翼形"之驼峰托大斗承单步梁，而单步梁则刻成曲身之麒麟状。

　　⑤ 木架居中之"分心造"中柱上端，分别向外、内伸出狭长之曲线形木板为饰。

　　⑥ 大门门额上出方形抹角之门簪二具，其对外表面原附之饰板已佚。

　　⑦ 门屋之后檐，因空间需要而展延其长度，但所置之三步、双步及单步梁俱为直体，仅局部稍有变化。

⑧ 后檐之双步梁梁头呈有凸凹之曲线形，侧面又刻以涡形纹为饰。梁上以前短后长之扁驼峰承檩及随檩枋，其下另以大斗及承于三架梁上。

⑨ 后檐之单步梁出头形状大致如上述之双步梁，唯长度略短。上部构造亦与双步梁相仿，但其下之支承则为外端刻浅曲线（亦刻涡形纹）内为直线之木墩。其与中柱相交处之梁下，置另一短小之托木，其装饰性大于构造性，现部分木板壁已佚。

⑩ 门屋后檐三面俱施木板壁，而于后壁中央辟一木门通向宅内。

门屋后即为平面呈狭长方形之庭院，现有居住建筑三座，分别列于院左、右及后侧。

左侧住房业经改造，仅其明间及向内之次间尚基本保持木构原貌，其向外之次间已全被拆除，正改建为二层之现代砖屋。内侧次间之山墙亦易木板墙为土坯砌造。此屋前廊地面仅高出庭院约20cm。木架构及装修均甚为简易，如梁枋上无雕饰，木柱下用扁方石板为柱础，门窗棂格俱为方格形……皆与门屋较高之构造形式与艺术水平出入甚大。

右侧住房三间尚较完整，但二侧之次间前檐皆已加砌土坯墙，致使原有风貌大为改观。其门窗亦均施方格木棂，但尺度较左屋为小，表明非建于同一时期。

原来院后正对大门之主屋所在，现建有出檐毗联之住屋两座，二者之间且形成一宽约1.80m之有顶夹道，但亦可由此见到二屋挑檐之长短不一（约1：2），表明二者建造时间并不一致。而正对住宅大门者，又非通常习见之主屋明间，而是左栋房屋之右次间，这些情况都与我国传统民间住宅之制式不牟。虽此二建筑位于同一台基之上，但可以肯定，俱为后建而非原屋。依庭院宽度及屋下台基推测，其原有正屋之面阔应为五间或七间。

依以上种种迹象，此宅之住层建筑均经不同时期与不同程度改造，故建筑之整体及局部皆不统一，而保持其旧日风貌较多者仅其门屋。现门屋亦已残毁，希能引起注意，予以抢救性保护（如修补屋顶、扶正木架……）。

五、其他

1. 怀远楼

怀远楼位于县城以东夫夷水对岸之金石镇怀远渡车头村。

该楼座落于村内过境道路之一侧，近旁未有其他建筑。目前其屋顶几已全毁，原有梁柱斜敧，门窗脱落，墙体无存。以内外野草蔓生，一时无从涉足，且屋架时有倒塌之虞，故未能进入该建筑进行测绘。

自现存木架构观察，主体建筑之平面应为矩形，面阔三间，高二层，屋盖为歇山式。其外檐柱柱径达23厘米，檐间留存之双步梁琢刻甚美。上层走道外侧尚残遗部分木栏干，棂格之式样为纵横交错之矩形组合。

此楼之名于已见之诸地志中均无载录。作为旧时县内供公众游息之楼阁建筑，目前所见仅一处。虽久经沧桑，损毁严重，但所幸尚未完全倒塌，并保存了不少重要信息。为此建议应予以重视，除从速进行测绘及研究。在条件成熟时，可再予以修复或考虑迁徙他处。

2. 路亭

路亭位于县城东北约15公里，由朱园冲村至半边山村途中之山间公路旁，共建有二座。

① 其一泰半残毁，屋瓦多处脱落，似早废弃弗用。面阔三间，其木构架形制与桥上廊屋建筑相似。

② 另一亦已久经风雨，但目前保存尚好。其木架结构及开间皆同上所述，惟尺度较大。此矩形平面之建筑，位置适与公路相垂直，其二端辟门，门上各悬有"桃李亭"匾额一方。亭内二侧亦设有供坐息之长凳。

2013年9月30日

Be Neighbors with the Republic of China
—Buildings of the Republic of China on Yihe Road, Nanjing

与民国做邻居
——南京颐和路民国建筑群

郭 玲* （Guo Ling）

每次来南京，都要去转转民国建筑保护区。不必说那粗壮的梧桐树，久违的放射状街心岛，单是那些或宽或窄，或直或弯的街巷就足以令人生奇，仿佛在不知不觉之间，走进了民国的时代。

民国期间的南京，是大兴土木的岁月。1921年孙中山先生就任中华民国临时大总统，定南京为国都；1927年蒋介石建立政权，也定南京为首都。于是，请来美国人亨利·墨菲和古力治，以林逸民为处长，由吕彦直做助手（中山陵设计者）为南京制定了《首都计划》。从正式执行的1929年算起至1949年，短短的20年间（其中8年还迁都重庆）留下的代表性建筑竟多达200多座，其中公馆建筑便是其中重要的遗存之一。

当年南京迎来了机遇，达官显贵、政要元老来了，外国使节也来了，南京真的变了。但是这种变，从来没有失去分寸，也不可能改变这座"六朝古都"的气脉，只是更增添了些许趣味和风雅，这些要归于对待西洋风派的吸纳和南北兼容的尝试。

只要在颐和路、宁海路走走，在琅琊路、牯岭路转转，再在普陀路、灵隐路、赤壁路和珞珈路这些小巷中盘旋几圈，当然还要熟悉保护区四围较宽的江苏路、西康路、宁夏路和天目路。那些形态各异的公馆小院，一栋接一栋，一座连一座，它们会告诉你当年是如何避开雷同，如何在追寻新意的审美中漫游。

阎锡山公馆在颐和路8号，中式大屋顶架在二层西式小楼上，特别是屋脊上的正吻和屋檐下的水泥斗拱更显突出，分明是将北方大宅与西方洋楼嫁接为一体。据说这里当年原是高级招待所，院内假山嶙峋，通廊似轩，一派江南秀色。

于右任公馆在宁夏路2号，西式尖顶三层楼。这位检察院院长是个清官，没钱盖房，自1946年直至前往台湾，在此住了三年多，一直是从退役经商的冯云亭手中租住。真是有些令人感慨。

薛岳公馆在江苏路23号。素粉墙，翠草坪，看上去惬意悠然。这位从广东走出来的国民政府参军长，在此建造了双开门、骑楼式小楼，流露出对南粤故土的深深眷恋。

陈诚和蒋纬国都住在普陀路，一个是10号，一个是15号。前者西式三层，后者西式二层。青平瓦，黄外墙，柳丝如茵，宁静安逸，这两位要人在台湾怕是也时常怀念这条不宽的巷子吧。

*《中国建筑文化遗产》编委，文化学者。

图1 颐和路十二片区民国建筑之一

图2 颐和路十二片区民国建筑之二

图3 颐和路十二片区民国建筑之三

图4 颐和路十二片区民国建筑之四

图5 颐和路十二片区民国建筑之五

图6 颐和路十二片区民国建筑之六

图7 颐和路十二片区民国建筑之七

图8 颐和路十二片区民国建筑之八

图1~图8为颐和路十二片区部分民国建筑现状（郭玲摄影）

这里还有顾祝同、周至柔、汤恩伯、汪精卫、胡琏、马鸿逵等200余处公馆。

还要特别提及当年这个街区中的众多大使馆，即便大都是西洋风格，也可分辨出美式与欧式的不同。颐和路有菲律宾和苏联大使馆；北京西路有澳大利亚、葡萄牙和埃及大使馆；天竺路有罗马教廷公使馆和加拿大、墨西哥大使馆；美国和英国大使馆建在西康路，马歇尔就住在附近的宁海路5号。偏偏他的公馆不是洋楼，歇山顶，琉璃瓦，一座正宗的中式仿古建筑。当年这里一度成为国共两党和谈代表频频出入的重要场所。

面对这些温馨别致的院落和街巷，我懂得这就是《首都计划》的一个缩影。真要感激为之付出的前辈学人，更当钦佩民国时期的建筑设计师。他们生逢其时，大显身手，建洋楼，造艺园，其中就有前辈杨廷宝、刘敦桢、梁思成等大师。而选择哪位建筑师，采用何等方案，则是检验房主文化修养的时刻。站在街巷之间，品读绿茵簇拥，暗香浮动的中西合璧式建筑，感受到的是恬淡，是端庄，仿佛从院落走出的人们，也都变得清新起来，成为了文人雅客。

难怪美国作家爱泼斯坦曾在他的见闻中，把当年的南京比喻成"一座带有普鲁士色彩的地方"，一座"艺术化的城市"。在这位文人眼里，南京既有都城的威武，又有江南的妩媚，与世界上许多西方首都相比，丝毫也不逊色。

听说这样的高档公馆当年有多个片区，约1700余栋，犹如"万国建筑博物馆"。颐和路和江苏路间，已

图9 南京新街口旧影

整修完好的"颐和近代建筑群"便是其中的第十二社区。漫步其中，一位长者见我看的仔细，主动上前搭话，告诉我她就住在对面，那里也有老房子，也都保护了起来，邻里们可爱惜老建筑呢。

记得南京博物院院长龚良先生特别推荐《首都计划》，他写道：翻开《首都计划》，你会感慨八十多年前，人们在规划方法、城市设计、规划管理诸多方面借鉴欧美模式，开创中国近代城市规划实践先河，其中既有对中华传统的继承，又有对西方文明的渴求。再读今天的南京，你会高兴地品味其"最漂亮、整洁、精心规划的城市"的评价，明白"民国特色"的由来，理解"一个时代的创造会成为下一个时代的遗产"。

"一条颐和路，半部民国史"。民国已去，精英离走，惟有这些建筑永远留在了南京。目前，仅这一片保护区就有省、市级文物保护单位40多处。区内道路不得扩宽，公交车辆绕道而行，老建筑物多加以维修，尽量维持原貌，一般不得拆除。十二片区26幢风格各异的民国时期别墅，已作为改造范本保护性适度利用，并于2014年荣膺联合国教科文组织亚太地区文化遗产保护荣誉奖。南京人保护了它们，呵护着它们，也珍藏起对百年历史的记忆。

我也愿学南京人，与民国做邻居。

图10 南京民国时期住宅旧影

Overview of American Museum Culture
—Discussion on the 15th Anniversary of "9.11" Attacks and American "9.11" Memorial Museum

美国博物馆文化纵览
——兼议"9.11"事件15周年及美国"9.11"纪念博物馆

CAH编辑部（CAH Editorial Office）

摘要：美国是个历史较短的国度，若从1776年7月4日宣布独立算起，它的建国史仅仅有240年，然而它的文化发展之道，政府、社会、市场的"铁三角"关系，使它的1万多座林林总总的博物馆让造访者感到这不是片场、也非秀场，而是真正的艺术精华与文化殿堂。短历史的文化是如何积淀的？传承、接纳以及嬗变、创造和颠覆。21世纪以来，随着联合国教科文组织文化遗产保护从"物质"向"非物质"的拓展，博物馆正经历着一场从"保存"到"保护"的变革。其中有从"自然生态"到"文化生态"、从"生物多样性"到"文化多样性"的观念发展，为博物馆遗产保护从"物质"到"非物质"的转变拓展了理论依据。本文以作者2012年至今对美国博物馆的参观、学习、研究为引，在介绍美国博物馆发展态势的同时，总括了对中国博物馆事业有价值的思想、经验与方法。特别结合2016年恰逢美国"9.11"事件15周年，阐述了对美国"9.11"纪念博物馆的认知与联想，从而使人们对灾难文化的表现有了新认识，即当代人对"灾难"的见证不应只有灾难文化叙事，而要上升到通过艺术转换对灾难中的人性、因果及相关本质的思考及追问进行新的激活。

关键词：美国博物馆，借鉴与思考，"9.11"灾难记忆，灾难主题的博物馆

Abstract: United States of America has a relatively short history, which was founded for only 240 years since it declared independence on 4th July, 1776. However, its more than 10,000 museums, which get benefits from American cultural development and iron-triangle relationship among the government, society and market, make the visitors feel they are real arts and culture palaces. How is a short history culture built up? The answer would be inheritance and acceptance, along with evolution, creation and subversion. Since the 21th century, along with the UNESCO's concept of protection to cultural heritage transferred from material to non-material, the museums are experiencing a revolution from preservation to protection. It contains the concept development from natural ecology to cultural ecology and from biodiversity to cultural diversity, which also provides theoretical basis to the protection of museum heritage converted from material to non-material. Based on visits, learning and research of the anthor from 2012 to this day, the article, introduces the development trend of American museums, and overviews the thoughts, experience and methods of worth on Chinese museums. Especially, based on the 15th Anniversary of "9.11" attacks, the article provides the perception and suggestion, which leads to a new knowledge to the performance of disaster culture, which comes to a conclusion that the witness of all contemporary should not only includes the recount of disaster culture, but also rises up to artistic conversion which leads to the new activation of humanity, karma and thinking and questioning of nature related.

Keywords: American museums, Referring and thinking, Disaster memory of "9.11" attacks, Museums of disaster theme

从公元前三世纪博物馆雏形的缪斯神庙，到1753年全世界第一个大型博物馆——英国伦敦大英博物馆的建立；从成立于1906年跨国际的美国博物馆协会（American Association of Museums, AAM）到1946年国际博物馆协会（The International Council of Museums）成立对博物馆概念的界定，都感受到核心主线从"保存"到"保护"的发展。所谓保存即指博物馆有目的、有计划地留住自然和社会发展中若干历史截面与截点上的建筑、器物、文献等，"保存"以"物"为核心，以保持"不变"为目的；所谓保护即指博物馆有计划地延续自然和社会发展中若干实践活动，保护以"人的活动"为核心，以确保生命力、创新力和"变"为目的。博物馆作为记忆、研究、传承的场所，它也在呵护城市文脉上发挥作用，这种保护观念正如单霁翔先生倡导的"从馆舍天地走向大千世界"理念一样，尤为引人注目。美国的历史遗产保护，肇始于民众自发的保护运动，以最早设在费城的联邦政府楼即美国独立宫为例，它是当年英国统治下十三个殖民地宣布脱离英国《独立宣言》之地方，是1816年经过宾夕法尼亚州市民的不懈斗争才保护下的建筑，如今这里不仅是博物馆更是国家独立公园及世界文化遗产。从"大千世界"的博物馆视野看，美国博物馆文化的另一个特点是将自然遗产与历史文化遗产相融合，如世界上最大的国家黄石公园，不仅有茂密的森林、奔腾的河流、喷吐的火山、奔跑的野兽，还有美国最早的土著印第安人的聚居地。据美国2015年12月的《考古学》杂志报道，美国旧金山东部为兴建地铁而进行开挖工程时，在地下近三米深的地方挖掘一座19世纪工厂的遗址和部分遗物，其中最重要的遗物是数台19世纪70年代制造的缝纫机，可见19世纪至1906年华人缝纫工曾居住于此，可认定这些缝纫机是当时华工用过的机器。旧金山唐人街是北美最古老的唐人街，从1848年兴起淘金热后，迁入旧金山的华人多从事仆役等受薪劳动。到19世纪末，旧金山已有超过2万名华人居住。1906年4月18日，旧金山大地震，大部分房屋遭毁，大量华人暂时迁往奥克兰，尽管后来华人又返回旧金山重建唐人街，但这批发现的唐人街遗迹弥足珍贵。

纵览美国博物馆文化，其规模之大、馆藏之丰富是其他国家不可比拟的，以大城市为例：如华盛顿国家艺术博物馆、宇航博物馆；纽约大都会艺术博物馆、美国自然历史博物馆、纽约历史学会博物馆；波士顿科学博物馆、费城艺术博物馆、芝加哥科学与工业博物馆、旧金山亚洲艺术博物馆等都是美国给人心灵震撼的"大馆"，当然更包括一些中小城市或专业性质的博物馆也更具特色。这里特别提及的是作为时代苦难和勇气纪念的灾难主题纪念博物馆，无论是二战题材的大屠杀纪念馆，还是"9.11"事件的纽约纪念博物馆都展示了亲历者的身心伤害与痛苦记忆，特别留下难以忘怀的心灵叩问。由此，让人联想到2015年诺贝尔文学奖得主，白俄罗斯女作家斯维特拉娜•阿列克谢耶维奇，授奖词这样描述她的贡献："她的复调式书写，是对我们时代苦难和勇气的纪念。"她何以写"二战"，这与她的生活成长经历有关，她有11位亲戚在战争中死去，她以女性的视角，写战争中的女性，反映战争遗产。作为第14位摘取诺贝尔文学奖桂冠的女性，她的灾难文化事件书写涉及"二战"卫国战争之惨烈、1986年4月26日切尔诺贝利核电站事故等，她将"时代、战争和人性"之宏大叙事主题砥砺人心，这些给予灾难隐喻式的表达，体现了遗产观念下的强烈危机意识和叙事下的深刻反思，它是对博物馆记忆方式的延拓。

一、遍布美国各地的博物馆文化

《中国建筑文化遗产》总第八辑曾发表过笔者的"伫立在华盛

图1 佛罗里达大屠杀纪念馆

图2 佛罗里达大屠杀纪念馆

顿犹太屠杀纪念馆"一文，它作为一个有深度的代表性博物馆，展示了一个蒙受战争灾难民族永远的痛。此外这个主题的博物馆甚至在南佛罗里达州的坦帕市所属的圣彼得堡市的"佛罗里达州大屠杀纪念馆"；坦帕市有特色的大本得发电站（历史建筑），其中最诱人的是利用发电厂热量给海水，建立了海牛保护博物馆；令人十分惊奇的是在坦帕市郊外有一座可代表美国马戏发展历史的博物馆，它建在沙拉索坦庄园中，博物馆利用传统建筑，其展陈、场景设计与建设精湛绝伦。作为大城市的博物馆，纽约的博物馆能够代表美国的博物馆文化。纽约在17世纪原为荷兰殖民地，后来被授予英国约克公爵（Duke of York），因此易名为"纽约"（New York），至今纽约市旗中的橘色部分就是为了纪念这段历史。每年全球元首汇聚于此召开联合国大会，每年全球设计师相约于此观摩时装周，每年全球无数旅客赴此见识作为世界五大博物馆"大都会博物馆"的浩瀚藏品。2016年正值"9.11"事件15周年，这让人想到连同全球2001年"9.11"事件的恐怖与反恐活动都源于此，尽管早在1979年建筑师库哈斯就写有《癫狂的纽约》一书，且有人评介纽约不是艺术审美的结果，而是据人际法则建造的城市，库哈斯更将其视为"曼哈顿是西方文明终结期的竞技场"。但正如美国是一个深受造物主眷顾的地方，拥有得天独厚的地理条件，同样，纽约在美国这个历史文化遗产"有限"的过渡中，也扮演着举足轻重的文化传统与创意设计的地位。1789年4月30日，美国的首位总统乔治·华盛顿在纽约宣誓就职，从而使纽约成为美国历史上第一个首都（1790年迁至费城），如今虽然227年过去了，经过近现代文艺复兴运动的多元文化洗礼，纽约成为继伦敦、米兰、巴黎之后的文化之都。

有资料表明，美国有大约1.75万个各类博物馆，每年吸引超过8.5亿人的世界参观者，这一数据相当于每年观看篮球、棒球、橄榄球等各大体育赛事人数之和的六倍。但应该承认，无论从博物馆建筑的历史还是精湛度，美国的博物院或许难与欧洲博物馆相

图3 基韦斯特灯塔博物馆

图4 基韦斯特海明威博物馆

比（因为美国1776年才成立），然而考察其发挥博物馆的功能，美国确是在借鉴欧洲博物馆的经验上，不断赋予博物馆的现代科技与文化教育之魅力，在某些方面靠展陈使之比欧洲有过人之处，因此有太多理由可以用来评估这座城市博物馆建筑焕发的活力。如果说1876年美国百年庆典时的自由女神像是纽约的象征，1930年代建成的381米高帝国大厦是纽约地标，那么，纽约在世界人心目中的文化地标当属1872年对外开放的大都会博物馆，然而对于深度游览纽约博物馆的文化人士，纽约历史协会下的博物馆才是纽约最古老的博物馆（1804年建立），它是纵览纽约乃至美国历史的好去处。此外，纽约还有"二战文化遗产"，不仅指当年布鲁克林海军船厂所制造的战舰、航空民航和登陆艇等"遗产地"，也指70年前发生在时代广场的"胜利之吻"经典照片，刊于《生活》杂志后在20世纪产生的非凡影响力。正是这些不平凡，纽约不仅多所大学有自己的特色博物馆，在哥伦比亚大学、纽约大学、帕森斯设计学院等都拥有全美一流的文博专业。美国历史建筑乃至文博保护高等教育，得益于1964年两位20世纪美国最杰出的专家詹姆斯•马斯顿•费奇（James Marston Fitch）、查尔斯•埃米尔•彼得森（Charles Emil Peterson）在美国常青藤大学联盟之一的哥伦比亚大学创建了美国历史上第一个研究生层次的历史建筑保护专业，随后一系列建筑遗产保护专业才陆续诞生，如康奈尔大学（1975年）、波士顿大学（1976年）、东密歇根大学（1979年）。美国第一个本科层次的历史建筑保护专业1977年诞生在马里兰州巴尔第摩市的古谢大学和罗德岛布里斯托市的罗杰威廉斯大学。据美国历史建筑保护教育委员会（National Council for Preservation Education）2010年11月1日的统计，全美10所大学有本科专业、24所大学有研究生课程、27所大学及机构有证书课程。他们对中国建筑遗产与文博界的主要启示是合理的配置核心课程和选修课程，宾夕法尼亚大学历史建筑保护系开设的选修课程有历史保护法规与政策、建筑病理学、建筑诊断学、建筑考古学、1850年以前的美国住宅室内、保护科学、保护经济学等十几门，此外积极开展国际间历史建筑保护领域的合作且着力解决所在地区历史建筑保护的实际问题。

　　纽约作为一个世界著名的文化、艺术、设计的历史聚集地，无论在曼哈顿、布鲁克林区，还是布朗克斯、皇后区等都布满了各具特色的博物馆。在第五大道，从82街延伸

图5 纽约城市博物馆

图6 纽约库伯设计博物馆

图7 纽约库伯设计博物馆

至105街已成为众人皆知的"博物馆大道"或称博物馆1英里，十余家著名博物馆共同组成一个多元化的"文博群"。位于第五大道82街的大都会艺术博物馆，拥有超过200万件来自美洲、欧洲、非洲和远东的艺术品及古典作品、藏品等，在亚洲艺术展区有中国、日本、印度和东南亚的雕塑、绘画和陶瓷；位于86街的古根海姆博物馆很难被人错过，因为它自赖特20世纪50年代设计后，就以独特的螺旋结构优雅地矗立在第五大道上，这里常年展出康丁斯基、毕加索和夏加尔等人的画作；犹太博物馆位于96街，之所以成为展

图8 坦帕马戏博物馆外景

图9 坦帕马戏博物馆

示世界各地的犹太艺术与历史的最佳馆，是因为纽约乃除以色列以外最大的犹太人群体，南威廉斯堡是正统的犹太人教徒的聚结地。该馆1904年建立，1947年搬迁到这座法国哥特式城堡中，展馆中除有超过2.8万件绘画、雕塑、装饰艺术图片与考古文物外，还有教室与礼堂，置身该馆除跨越4千年的犹太遗产史外，还有与"二战"相关的犹太人遭迫害的资料；纽约市博物馆令人印象深刻，它位于"博物馆一英里"最北端的103街，1932年该建筑建成后纽约市博物馆便迁于此，1967年它入选纽约地标建筑名录。重要的是2015年该馆举办"Saving Place：50 Years of New York City Landmarks"展，该展览是为纪念50年前的1965年，时任纽约市长Robert F. Wagner.Jr.签署的《城市地标保护法（Landmarks Law）》，并由此建立了纽约市地标建筑保护委员会机制，而纽约市博物馆大楼本身恰恰是因为有了这个开创性的法规而设立的。建筑部件、原始档案、图表、报刊、绘画、图标摄影、模型和文字共同组成了这一名为"Saving Place"（拯救之地）的展览。对该馆印象深刻之处，除建筑内外别致的设计外，更有利用资料、档案所营建起的城市记忆，它确是迄今见到的最全面、最有特色的城市博物馆。

纽约的专业博物馆也十分耀眼。在2014年7月出版《设计博物馆》（金维忻、贠思瑶著）的美国篇章中，作者特别描述了库珀—休伊特国家设计博物馆（Cooper—Hewitt National Design Museum）的历史与发展，这不仅仅因为"设计博物馆"概念对中国设计遗产传承与利用有待挖掘，更展示着一种全新的博物馆内容与模式。1897年，该馆由著名美国实业家彼得·库帕的三个孙女莎拉·库珀·休伊特等共同创立。起初只是通过他人协助零散收藏一些经典的摄影作品副件和设计作品，以19世纪的绘画、纺织品、印刷品和具有维多利亚风格的日用品为主。创立的目的是为纽约市建设一座如同巴黎装饰艺术博物馆的项目。1967年该馆加入史密森学会（Smithsonian Institution），该馆包括三幢建筑，主体建于1910年的纽约第五大道美国20世纪钢铁大王安德鲁·卡内基故居中。近20年来，库珀设计博物馆既不满足于优雅的乡村格调，也不沉溺于传统之中，而是不断探求创新的新定位。前任馆长汤普森曾任伦敦设计博物馆等展人及馆长，2001年他受命库珀，使库珀从仅仅展示传统工艺美术的博物馆，一跃成为传统与当代设计相融合的专业性设计博物馆，其展陈的内容也越来越将重点放在当代设计与艺术。现如今，库珀设计博物馆有21万件设计展品及一座对中外学人开放的国际性设计类图书馆，使库珀成为集精湛设计经典陈列、深层设计教育及前沿设计思想为一身的综合类大馆，再更新（RE-NEW）、再教育（RE-EDUCATE）、再保证（RE-ASSURE）是库珀呈现给世界的发展愿景。该馆令人瞩目的是还面向设计界人士开放（或预约开放）的库帕设计博物馆的图书馆，这里有丰富的设计类历史图书，也有当今研究设计学的文博类图书，不仅是学生的好去处，也开辟了博物馆服务社会功能的一个方向。

由库珀设计博物馆的传承与创新设计思想，自然想到单霁翔提出的从"馆舍天地"走向"大千世界"的理念，位于纽约曼哈顿西区的高线公园，不仅是工业遗产的产物，也是城市更新的作品，同时它是遍布在纽约的"大千"博物馆。步入高空观景的城市平台，处处可见新开放的书店与精品屋、设计店与展示店铺，在一个名为"Life is Beautiful"的艺术展中，大众文化产品中的典型意象与有相当分量如在德加舞女的画作中添加了卓别林的银幕形象，美国家喻户晓的插画师Norman Rockwell的海报，还有城市手拿涂料刷的城市艺术师的形象，所有这些让观者在感到趣味时，也有策展人暗示对城市艺术价值的粉饰或嘲讽。事实上，这一带的轨道早在19世纪中期便形成，主要运送货物，因常有车祸发生，20世纪30年代使用高架铁路取代。但20世纪50年代由于州际公路货运的发展，使铁路运输业萎缩，直到1980年最后一辆火车驶过这里，这条铁路即遭弃用，尔后它不断被蚕食拆除，十分荒寂。最终高轨道的一段段被保留下来，与市民组成的非盈利组织"高线之友（Friends of the High Line）及格林威治村历史保护联合会"的倡议有关，公众及志愿者提出要效仿巴黎，将废弃的高价轨道改建成空中林荫步行道，最终纽约市政府积极响应并使改造工程于2006年动工。迄今虽然250座老工业建

图10 坦帕海牛博物馆

筑只剩下不及35座，但它终究还是为纽约轨道历史留下记忆，同时由于遗产师与建筑师的合作与巧妙安排，已成为纽约中城西侧一个必须的新去处，这里有植物风景，更有新旧建筑与小品构成了绝妙城市景观，它让人可感受到别样的纽约文博魅力，在这里城市历史真正成为文化城市建设的容器。

据来自美国博物馆联盟研究中心预测，遍布美国大中小城市的博物馆（纪念馆）越来越呈现如下发展态势，即（1）进行"开放文化运动"博物馆像创建展厅和藏品保管设施那样，建造数字化基础设施以支持数据分享，为公众提供方便使用的数据，从而鼓励了科学家、艺术家、学生愿意花费时间在博物馆并与之互动；（2）史密森协会下有数十个博物馆，重要的是一切事情都要符合伦理，要具有管理道德的市场能力；（3）博物馆要警惕变化中的风险图景。近年来，应美国博物馆联盟的要求，美国博物馆和图书馆服务研究所运用来自博物馆世界的数据库文件的数据来鉴别位于美国海岸区以内的博物馆，确定风险应对之策；（4）以"缓慢运动"之精神体验博物馆文化。目前，美国已有三个认证城市通过减慢整体步伐来提升城市生活质量，它为到博物馆参观学习的来者提供了逃避喧嚣世界的机会，"慢读"博物馆是深品文化遗产的开始。

二、建在烧成瓦砾上的"9.11"纪念博物馆

历史的事实一再证明，没有什么地方比纽约更适合被毁灭了。毁灭城市虽是宗教末世预言的产物，但纽约的"毁灭史"让它至少扮演着三重身份，唯有危机来临方能重拾温情，唯有废墟过后方能涅槃重生：其一，纽约作为摩天大楼林立，一旦毁灭震撼人

图11 "9.11"纪念博物馆中世贸"三叉戟"雕塑

图12 "9.11"纪念博物馆中展出的世贸中心最后一根钢柱

心；其二，纽约作为资本高傲的大厦，一旦毁灭好似一场革命；其三，纽约作为文化符号的象征，一旦毁灭反证世界城市的精神困境。其实，历史上纽约城真遭受大火（1835年）；2012年"桑迪"飓风使纽约1/6被淹；2001年9月11日的"9.11"事件，不仅使"双子座"毁掉，更造成3000生灵的泯灭，它是21世纪里最黑暗的时刻，它使美国、纽约顷刻间成为全球最危险之地。用早期现代主义经典大师如休•费里斯、密斯•凡•德•罗、勒•柯布西耶等人的话，摩天大楼的建设不仅仅是遗产的需要，更是未来高技派建筑的追求，今人无论用何等方式纪念"9.11"事件，不仅要认知在设计建设上的"缺陷"，更要寻求"善为"、"和解"的安全遗产观。美国博物馆联盟在对博物馆安全建设的指南中强调：对于博物馆长期风险预测，将可恢复性视为改建或新建建筑的重要考量因素，不仅应对自然灾害，还要抵御人为灾祸及恐怖风险。"9.11"事件后并非纽约城被夷为平地，而是说在一定程度上，纽约的物理世界的秩序或社会被击碎以至于难以辨认，看似不可征服的摩天大楼猛然坍塌，数万计幸存者走在废弃的第五大道上，到处弥漫着不祥之感，这就是"9.11"事件带来的风险社会的严峻局面。

图13 "9.11"纪念博物馆外水池上冰结的鲜花

200多年来，世界大众对毁灭纽约的种种幻想一直念念不忘。20世纪30年代，怪兽片鼻祖《金刚》横空出世，这只力大无比的大猩猩从骷髅岛被载回纽约，在百老汇举办展览。不过人类势必要为自己的贪婪和傲慢付出代价，挣脱牢笼的金刚，不仅掀翻地铁，还登上了帝国大厦。"二战"爆发在即，画家路易斯•古列尔米的油画"心理地理学"将布鲁克林大桥想象为一座毁弃的大桥，桥身一掰两段，两座塔楼破碎不堪，一位女士跌坐在桥梁至上，一个炸弹戳进她的后背，画家显然是对法西斯潜在侵略做出了预警。如今，人们似乎不再害怕核弹，因为新的威胁接踵而至：陨石、病毒、怪兽、全球变暖……更为紧迫的是劫难绝不限于纽约一城，全世界休戚与共，一切均在劫难逃。如上所述，为什么灾难偏爱纽约至少有三个方面的原因，稍作描述：

（1）作为物理景观的纽约城，之所以适合被毁灭，首先在于林立的摩天大厦。超高层建筑堪称逆天的建筑，违抗重力，拔地而起，威风凛凛。相比之下，横向的、水平的建筑景观往往带来平稳和安全的感受。摩天大厦是垂直的景观，也是权力的景

图14 "9.11"事件前纽约的天际线

观，所以摧毁它，也就是摧毁人为设计的这种垂直性与复杂性，令其低下高昂的头，以此暴露城市脆弱的一面。

（2）作为资本大厦的纽约城，之所以被毁灭，或许是由于世人对纽约的仇恨。为了生存这第一要务，人们个个都变成了鲁滨逊。孤立无援的个体迈步走向茫茫黑暗和星星火光……信用卡刷不了，现金也派不上用场，手机不通、地铁难行。这构成了一场剥离了资本逻辑、剥离了技术控制的原始之旅，这正是毁灭的破坏性过程剥离了商品或建筑物的神话之伪装。

（3）作为文化符号的纽约城，之所以被毁灭，或者正反证了纽约的重要意义。作为世界城市的纽约不仅被视作美国的象征，也被视作世界文化的终结之处。毁灭女神偏爱纽约，换个视角，恰恰说明纽约到底有多么重要，这绝不是一种恭维。关于纽约的灾难故事之所以寻常可见，是基于一个理念，纽约是人类梦想的永恒的舞台背景。恰恰由于文化之力，这座城市犹如不死的凤凰，总能设法抖落灰烬，扑灭火灾，平息水患，再次展翅，重新找到辉煌。

应看到"9.11"事件后，出现"9.11"的文艺作品并不多，但于2014年对外开放的"9.11"国家纪念博物馆及世贸大厦则向世界说明："9.11"重建使被破坏的纽约城市形成了新符号。现在的"9.11"国家纪念博物馆采用了当年34岁的以色列建筑师迈克尔·阿拉德和71岁的美国园林设计师彼得·沃克共同提交的"倒映虚空"设计方案，它击败了来自63个国度和美国49个州的5201个方案后脱颖而出的。对此设计正如丹尼尔斯馆长所言："整个纪念馆最为引人注目的标志性景观是两个巨大的瀑布水池，这里曾经是双子座伫立的地方。与此同时，近3千名遇难者的姓名刻于水池周边的墙体，在绿树环抱中河流水声的映衬下显得非常平和。人们到此，仿佛当年'9.11'事件后人们聚集在这里一样。"两个巨大的方形瀑布池四周由青铜板环绕，冬季有些鲜花自然地冰结在铜壁上，这里镶刻着2001年"9.11"以及1993年世贸中心遭袭击中失去生命人们的名字，广场周边环绕着400棵树。

步入大厅，在一路前行，会发现那尊名为和平之球的雕塑，这塑作品在"9.11"事件前立于西塔之间的世贸中心广场；再有就是"幸存者的台阶"这已是一个遗产，它原本位于世贸中心的北端，是从一座高处露天广场通往其下方的大街。然而2001年"9.11"事件时，它竟成了数千计从混乱和爆炸中逃脱幸存者的生命通道；观众还有专门的悼念馆，它是专门为在两次恐怖袭击中丧生的人们设立，从2岁到85岁；最为震撼的当属上下刻满铭文和纪念文字的钢柱，它真正成为所有参加世贸中心遗址大规模回收和清理工作人员奉献精神的象征。据"9.11"纪念博物馆的罗伯特·德·尼罗介绍：这根柱子于2002年5月被整体切割，由于它是从世贸大厦遗址移除的最后一根钢柱，人

图15 纽约消防博物馆"9.11"纪念专馆中的死难者纪念墙

图16 美国"9.11"纪念遗址旁的纪念浮雕局部（一）

图16 美国"9.11"纪念遗址旁的纪念浮雕局部（二）

们便将它命名为"最后的支柱"。当时在仪仗兵的护送下,这根身披美国国旗的钢柱被装运完毕后驶离世贸遗址,肃穆而庄严的仪式标志着遗址清理工作的终结。虽然在"9.11"馆只停留了两个小时,但令每位观者痛彻心扉,它留给心灵的创伤与启示不止。当再次沿自动扶梯到达大厅时,又一次看到七层楼高的世贸"三叉戟"的雕塑,它分明象征着人们征服"9.11"恐怖灾难的勇气,更昭示了人们面对未来的希望之情。议到为营救灾难中的人们,纽约消防局的官兵功不可没,为此我们特来到为纽约城市安全服役150周年的纽约消防队,并深度感受了纽约市消防博物馆,它位于斯普林大街1904年的消防站内。它除了展示美国内战前的老式消防设备如手泵消防车、胶皮管、消防栓及旧头盔外,还讲述许 多纽约消防故事,为保卫纽约安危做出贡献的专职消防官兵及志愿者。尤其令人震撼的是专为在"9.11"事件中死去的343位消防英烈设置的纪念墙,使用这343名英烈的照片融在世贸双子座的背景中,极富感染力。

尽管关于美国博物馆文化本文的描述与解读过于感性,其归纳也只是片段,但它至少从大城市到小城市均介绍了不同类型的博物馆现状,对于建筑、文博、展陈乃至关心城市社会及历史业界人士及学生都会有所影响。

执笔:金维忻,美国布鲁内尔大学设计品牌硕士,现为纽约帕森设计学院设计历史与博物馆展陈专业研究生

金磊《中国建筑文化遗产》《建筑评论》主编

图17 美国"9.11"纪念遗址旁的纪念浮雕全景

General Review of Recent Developments in China Architectural Heritage

中国建筑文化遗产业内动态综述

*CAH*编辑部（*CAH* Editorial Office ）

2016全国房地产与设计形势座谈会暨全联房地产商会设计专业委员会换届会在京召开

2016年5月17日，“2016全国房地产与设计形势座谈会暨全联房地产商会设计专业委员会换届会”在京举行，全联房地产商会创会会长聂梅生出席并发表演讲，会议由商会副秘书长王玉清女士及《中国建筑文化遗产》金磊先生共同主持。全联房地产商会设计专业委员会（CREDL）四届CEO聚首京城，与六十余位联盟专家、常委、业界精英共同商讨中国房地产在新常态下的发展趋势，以联盟的力量共同应对建筑行业的寒冬。

本次活动在全联房地产商会的支持下，由全国房地产设计联盟主办，宝佳集团中国建筑传媒中心、《中国建筑文化遗产》编辑部协办，北京维拓时代建筑设计股份有限公司承办，旨在引导未来设计行业发展，讨论设计行业和设计企业发展方向、品牌建设、产品研发以及房地产行业转型升级对设计行业的影响进行深入讨论和分析。

全联房地产商会秘书长钟彬先生在致辞中谈到，联盟成员应积极与组织互动，与资本互动，与产业互动，以良性互助趋动设计联盟的可持续发展，设计联盟将继续为设计师与开发商搭建沟通、合作的平台，在国家倡导“工匠精神”的当下，鼓励开发商积极携手优秀设计机构，共同提升行业开发水平，改善我国人居环境与生活品质。

全联房地产商会创会会长聂梅生女士应邀针对“当前房地产市场分析及趋势研判”做主题演讲。聂会长通过近些年的房地产行业的数据分析及数据趋势表现指出，供给侧改革对目前房地产市场去库存、稳需求的作用在不断体现，同时针对目前房价的连涨现象结合设计行业的发展和开发需求做了综合解读。

图2 联盟新一届委员会接受授牌仪式

第四届CEO、加拿大宝佳国际建筑师有限公司首席代表高志先生就任期内的联盟工作作出总结报告，并对即将接任的新CEO提出了殷切希望。设计联盟在高志先生的带领下，开展了许多卓有成效的工作，带领设计联盟在学术研究、技术进步上取得了一系列重要成果，三年来，联盟开展的工作内容涉及建筑设计、城市规划、文博产业、遗产保护等领域，对提升建筑师在全社会的话语权和影响力作出巨大贡献。报告得到了房地产商会领导及设计联盟成员的一致肯定，也为下一届联盟工作的开展奠定扎实的基础。

图1 2016全国房地产与设计形势座谈会会场场景

中国勘察设计协会副理事长兼秘书长王子牛先

生介绍了勘察设计行业的发展概况，以"当前房地产设计行业发展趋势"为引线，将未来设计行业与地产的结合、品牌塑造、产品升级做了详细分析。

随后，在60余位业界精英的见证下，举行了设计联盟第四、五届CEO权杖交接仪式。根据联盟工作条例，第四届联盟副CEO、北京维拓时代建筑设计股份有限公司董事长孙祥恕先生正式接替第四届CEO高志先生就任全国房地产设计联盟第五届CEO职务。

聂梅生会长和设计联盟第二届CEO饶及人先生被推举为第五届指导委员，联盟第四届CEO、加拿大宝佳国际建筑师有限公司驻中国首席代表高志先生当选专家委员会主任。北京弘高创意建筑设计股份有限公司董事长何宁先生、维思平建筑设计董事长吴钢先生当选为联盟第五届副CEO。联盟第三届CEO、北京中联环建文建筑设计有限公司董事长刘光亚先生、当代置业执行董事兼首席技术官陈音先生、全联房地产商会专家刘泉先生、精瑞（中国）不动产研究院总建筑师鄢婴垣先生等在内20多位设计开发界知名人士当选为联盟专家。

第五届CEO孙祥恕先生在就职演讲中表示，应抓住挑战和机会并存的时代，整合资源、打包服务，在设计、技术、经营、特色业务等领域创新。

本次座谈会为探究新常态下的房地产行业发展趋势及建筑设计新方向，交流设计领域的新理念、新技术，提升整个房地产行业的创新水平做出巨大贡献，为引导会员及行业企业积极应对房地产行业升级转型作出积极探索。

（文/董晨曦　图/朱有恒）

图4　全联房地产商会创会会长聂梅生女士

图3　第四届CEO、加拿大宝佳国际建筑师有限公司首席代表高志先生

图5　高志博士与孙祥恕董事长进行换届交接

图6　与会嘉宾合影

图7　金磊主编接受钟斌秘书长授牌

品德垂范 贡献流芳——追思建筑师周治良先生

原北京市建筑设计院副院长周治良先生因病医治无效，于2016年2月4日在北京逝世，享年90岁。为深切缅怀为我国建筑与文博事业做出卓越贡献的周治良先生，中国文物学会传统建筑园林委员会、《中国建筑文化遗产》编辑部于2016年5月9日举行"建筑师周治良先生追思纪念会"。中国文物学会名誉会长谢辰生、原中国文物学会会长彭卿云、中国文物学会副会长、中国文物学会传统建筑园林委员会会长付清远，中国文物学会传统建筑园林委员会副会长、秘书长刘若梅、中国工程院院士、全国工程勘察设计大师、北京市建筑设计研究院总建筑师马国馨，原国家体育总局计财司司长杨嘉丽，全国工程勘察设计大师、北京市建筑设计研究院顾问总建筑师柴裴义，原北京市规划委员会主任赵知敬，中国文物学会副会长李瑞森，传统建筑园林委员会副会长李先逵，清华大学建筑学院教授王贵祥等专家、学者出席追思会，共同缅怀周治良先生在建筑、文博诸方面的成就，追忆周治良先生的光辉人生及优秀品德，以告慰周会长在天之灵。会议由《中国建筑文化遗产》《建筑评论》主编金磊主持。

付清远会长讲述了周会长自1996年以来担任传统建筑园林委员会会长期间所做出的功绩，他回忆道：在周老的带领下，我们学会团结了一大批建筑行业的建筑大师，将梁思成和刘敦桢先生对中国传统建筑的保护热情传递给建筑界，每届年会都为古建筑与新建筑专业人员提供学术交流的平台。他非常注重带动学会专家，协助地方开展文物保护工作，对吐鲁番申报国家历史文化名城、山西古建筑抢救性修护起到重要

图1 追思会会场之一

图2 追思会会场之二

作用，对深圳大鹏所城的保护规划以及避暑山庄的保护与合理利用提出了宝贵意见；在学术研究方面，周先生把工作通讯当作学术界交流的平台，"跨界保护文化遗产"成为学会的宗旨，每次年会都由天津大学出版社出版论文集，使我们学会成为中国文物学会重要的骨干力量。

马国馨院士将周总的业绩归纳为三个方面：一是周总在北京市建筑设计研究院担任领导期间，对院里的业务建设和项目管理倾注了大量心血，尤其在亚运会的管理方面，为体育建筑和体育赛事的结合做了很有益的探索；二是社会工作方面，周总不仅带领传统园林委员会在文物遗产保护方面做出贡献，更是体育建筑的带头人，他担任体育建筑委员会副主任委员时期，利用专委会的学术活动将我国的体育建筑推进到一个新的水准；三是周总从不吝于提携后进，尽最大可能为青年建筑师创造条件，无微不至地关心青年人业务及爱好方面的成长。

刘若梅副会长表示，跟随周会长工作15年，他从没有为报酬、金钱所扰，他给学会立的规矩就是"我们在学会尽义务，一分钱都不拿。"这个作风延续至今，他不凡的出身及为人品行给我们做出了榜样。周会长是在任时间最长的一位，一直支持传统建筑园林委员会的工作，在他的带领下，学会工作蒸蒸日上，每次年会都会得到院士、大师及各大设计院院长的积极支持，很多大型全国学术会议因为名额限制，无法满足会员参与的热情，这都是因为周会长的个人魅力及工作能力，她提出希望以纪念集的形式作为学会对周会长的怀念。

杨嘉丽司长谈到周总为体育建筑分会工作将近30年，在体育建筑平台的搭建、完善以及学术方面的成长都作出了重大贡献。周总在做北京亚运会工程规划设计部副部长兼总建筑师的时候，每周都要召集体育界的使用方、赛事组织方和建筑师们进行交流。为了项目顺利开

展，他还组织北京院的建筑师搜寻资料，做了很多前瞻性的技术工作，为推进技术成熟倾注了大量心血。1990年亚运会为中国建筑师提供了一个非常好的发挥机会，其后，北京市建筑设计研究院被建设部定为体育建筑的定点设计院，在全国的体育建筑方面形成专业的示范指导，带动各省市的体育馆在结构上、在建筑形式上做出大胆创新，这是一次利用中国主场的历史机遇来推进我们自己建筑创作的积极探索。

金磊主编以如下话语总结周院长的功绩：作为建筑师，他瞩目践行的设计研究项目生动而富有学术意味；作为管理者，他以博雅的视野发现并启用后学，使一位位英才成长为国家建筑的栋梁；作为遗产专家，他用拓荒者的胸襟不断填平传统建筑与当代设计的鸿沟。他是中国北京亚运会建设的大功臣，更是北京申奥成功的砥柱中流，他有那样深厚底蕴的家世与文化，但这样一位有教养、有谦德、有慧眼、有胆识的大家从不炫耀，永远在自己的岗位上扎实地做好本职工作；他主持中国文物学会传统建筑园林委员会工作较早地建设起传统建筑修缮设计与当代建筑创作同根同脉的文化桥梁。品德垂范、贡献流芳，让精神飞扬，更让敬仰先生之风传播于天下。

周治良院长是北京市建筑设计研究院的代表人物，更是北京院历史的见证人，作为与共和国同龄的设计机构，北京院在很多重大建设历史阶段起到了非常重要的作用。周院长不仅具有广阔的国际视野、国际建筑理论及经验，还具有深厚的中国传统建筑文化根基，多方面的结合造就了这一代人稳固的学术地位。与会嘉宾一致认为，以周治良先生为代表的一代建筑师直接传承了中国营造学社的精神，将传统基因同现代建筑样式有机的、完整的、全面的融合在一起，这一代学人的精神应该一直传下去。应该向周总这样对工作认真负责、对新一代认真培养、对建筑事业做出突出贡献的前辈学习，加强职业道德建设，重建人文精神和价值底线，以建筑师的职业良知，认真负责地做好每一个项目。今天我们不仅追思周总在工作上取得的成就，还有他给后辈留下的优秀品格和行事风范，总结他的精神对我们这个时代确实具有很重要的现实意义。周先生身上的儒雅、长者之风，他待人的平和、亲和、诲人不倦、谆谆善诱，他完全从事业、从国家、从学术、从后辈的发展空间上出发，不带一点私利的做事，在学识和做人方面给我们作出了完美的表率。

（文/董晨曦　图/陈鹤）

图3 左起：韩扬副会长、谢辰生先生、彭卿云先生、付清远会长

图4 马国馨院士发言

图5 金磊副会长发言

图6 左起：杨嘉丽司长、赵知敬主任、金多文女士（周治良夫人）、周婷女士（周治良女儿）等

图7 与会专家追忆周治良先生

缅述建筑先贤，感悟大师心路——"在建筑思想中漫步：记忆中的师友情"建筑师茶座于清华园梁思成故居召开

在第21个"世界读书日"到来之际，由《中国建筑文化遗产》《建筑评论》编辑部主办的"在建筑思想中漫步：记忆中的师友情"建筑师茶座在清华大学新林院8号"太太的客厅"举行。清华大学建筑系教授曾昭奋、中国文化遗产研究院研究员崔勇、著名华裔建筑师华揽洪的女儿华新民、中国建筑图书馆馆长季也清等十数位与建筑圈有着不解之缘的专家学者，聚首在梁思成、林徽因等先贤工作、生活过的地方，共同讲述中国建筑界百年间的人和事，寄情于那些故去的历史。本次建筑师茶座不仅反思曾经，还慎终追远并催护新生，道出了记忆中的恩师与学习榜样的力量。

《中国建筑文化遗产》编辑部主编金磊在发言中提到：世界读书日的日期的确定来自于莎翁的的生辰。1995年，联合国教科文组织确立这一纪念日，旨在让各国政府与公众更加重视图书这一传播知识、表达观念和交流信息的形式。目前国内每年出版各类新书约40万种，其中建筑类图书不足万种，凭借专业基础和强大的专家队伍，从中选出优秀作品，对专业读者及社会公众都是一种便利。面对各种"年度好书"的榜单，却很少发现城市、建筑、艺术类好书的名字，这恰恰成为自2015年4月21日"建筑师茶座"建筑阅读：良知传播+精品出版后，组建"中国建筑读书会"的任务之一。告诉大家，目前《中国建筑图书报告：阅读•传播•评介（2011—2015年）》书的编辑工作告毕，中国建筑界有了自己的好书评价"品牌"。我们就是要在"好"字面前，持质疑态度，大胆的质疑和思考，为行业的建筑理论发展与公众普及发现"好"书，推荐好书。

本次茶座的场景选择不仅仅为了纪念梁思成、林徽因，更是为了在清明时寄怀情释业界更多的建筑先贤。对于建筑记忆，马国馨院士有一系列著述，他于2015年5月出版了《长系师友情》一书，用31篇写就师友的"故事"梳理了中华人民共和国记忆，可贵的是该书体现了对建筑界人士的敬畏与珍视。因此以"在建筑思想中漫步：记忆中的师友情"为主题的茶座，不仅要缅怀并反思；还要慎终追远并催护新生；要道出记忆中的建筑恩师与学习榜样对你的影响；

如果说，一位位建筑先贤的离世，意味着20世纪我们又失去见证人；但希望通过诸如这样的"茶座"交流，找寻到有"场所时代"感的记忆，更要有能作为20世纪建筑精神遗产可弥散开来的"乡愁"。任何人的辞世是不可避免的，但拯救那些被淹没的记忆是我们的使命。

（文、图/朱有恒）

图1 与会嘉宾合影

图2 金磊主编展示华揽洪所著的《重建中国》一书

图3 与会嘉宾听取华新民女士讲解

图4 曾昭奋教授与华新民女士

向公众解读建筑，向社会展示责任——《建筑师的自白》于三联韬奋书店首发

5月27日，"向公众解读建筑 向社会展示责任——《建筑师的自白》首发座谈会"在北京三联韬奋书店举行，发布会由《中国建筑文化遗产》《建筑评论》编辑部与北京三联韬奋图书中心联合主办。本书作者中国工程院院士马国馨、崔愷，中元国际公司资深总建筑师费麟、全国工程勘察设计大师张宇、黄星元、胡越等来自建筑界、文博界、传媒界的二十余位知名专家学者到会，畅谈自己对建筑的理解，讲述建筑背后的故事。这是一次从阅读城市转向阅读建筑师的革命，也是把建筑师由幕后推向舞台的积极尝试。座谈会由《建筑师的自白》编者金磊主持。

"作为国内首部建筑师思想集，《建筑师的自白》要告诉业界和社会，中国建筑师不是权利的奴隶和金钱的玩偶。"金磊于开场向公众解读本书的编撰缘由。"对建筑创作的自白，意在让中国建筑师这个思想群体、让中国建筑文化能够鲜活的活在公众视野中。它是建筑师创作理性的宣言书；它是可领略中国建筑思想的地图集；它是向公众呈现建筑情怀的自白书，愿自白的建筑评论之声还能继续，愿理性与思辨能够渐行渐近，走进城市，走进我们公众之中。"

图1 建筑师的自白 书影

畅谈建筑师的责任

谈到建筑师的责任，中国工程院院士、全国工程勘察设计大师马国馨认为，追求"高大上"建筑的现象反映了国人为了面子进行的一种炫耀性消费，这本身就是一种价值观的扭曲。最近有很多建筑被公众冠名，"水煮蛋""鸟巢"的名号甚至超越了建筑本身而为人所熟知，说明建筑业对整个社会的影响非常大，不能单纯为了设计费而做出不得体的建筑。"建筑作为一种公共艺术，有种强制性，建好了摆在那里，路过它的时候总要看几眼。建筑师消耗着物质财富，又要创造物质产品和精神产品，实际上是一个责任非常重的职业。"

图2 本书部分作者于三联书店前合影

"工匠精神"是中元国际工程公司资深总建筑师费麟先生反复提及的关键词,"我理解工匠精神有狭义和广义的,狭义的工匠精神是精益求精,做好本职工作,是一种创造性劳动;广义的工匠精神包括贵族精神,即敢于担当,有社会责任,光明磊落,这些对建筑师非常重要。"费总以建筑界第一代建筑师柯布西耶设计的马赛公寓为例,强调建筑师的理想。"公寓里有很多公共服务,体现了平民思想,能为普通而平凡的百姓设计普通而平凡的建筑,这是真真正正为大众服务,是贵族精神的集中体现。"

"传统生活的缺失是城市缺少魅力空间的原由,这里既有城市管理者的责任、设计师的责任,也有在座所有人的责任。" 全国工程勘察设计大师胡越提到,如果城市想变得更好,需要所有人关注我们的生活。"如果能把生活留下,将来的城市一定比现在更好。"他在《自白》一书的文章也提到,许多人们习以为常的"城市伤疤"随着城市更新和改造慢慢消失了,变成了现在的超级市场,少了许多人情味。"城市记忆最后就变没了。"

"建筑师创造了大家的生存环境、创造了社区、创造了生活各个方面的空间,在特定的空间里,会形成人的性格、价值观以及各方面的体验。"中国建筑技术集团有限公司总建筑师罗隽认为,我们生活的建筑和城市,都是由建筑师创造的,建筑师应该是对公众影响最大的人,"优秀的建筑师应该具备广泛的人文、社会、历史、哲学、技术、艺术方面的知识,由这些拥有极强责任感的人引领社会进步。"

向公众解读建筑

"社会大众把建筑师看得很神秘,盖大楼,做地标性建筑,把这类建筑当作欣赏的艺术,而对于普通的建筑缺乏关注。"中国工程院院士、全国工程勘察设计大师崔愷认为,建筑其实是对生活环境的设计,好的建筑要把环境做得更好,让城市更友善,令建筑更开放。"《建筑师的自白》这本书非常难得,无论是跨界文化的交流,还是对建筑专业科普的认识,公众能从中看到我们这一辈子辛辛苦苦想的是什么。其实大众阅读建筑并不需要太专业,但当它成为一种文化态度的时候,可能更容易与建筑师交流,提升整个社会建筑文化的品质。"

全国工程勘察设计大师黄星元认为,一些媒体的表述形式很不恰当,往往用一张照片或者局部的场景下结论,实际上城市设计需要人沉浸在当中,才能体验空间。而且城市之间差异很大,对建筑美观的评判有更高的要求,需要专业性的认识。《建筑师的自白》这本书容纳了不同建筑师设计中的个性化体会和设计实践结果的提炼,是一本可以影响公众教育的读物。

图3 马国馨院士致辞

在建筑承载国家精神的时代,"向公众解读建筑"更需要建筑师加强自身修养。全国工程勘察设计大师张宇谈到刚刚结束的中国建筑学会年会时这样说:"本届年会题目叫做'建筑的春天',从整个国家层面强调城市设计的重要性,强调要培养一批具有国际视野的,拥有民族自尊、自信、自强的建筑师队伍,强调建筑评论的重要性。建筑作为一种文化,承载着地域文化、地域精神、时代精神,我们非常有必要通过一个平台、通过媒介更好的向社会和大众传播。"

本书汇集了与中华人民共和国共同成长的优秀的建筑师群体,通过全国51位著名建筑师的自白,用一个个意味隽永的创作故事,表达出中国优秀建筑师群体文化的思想动态,反映建筑师的理性追求,在传播中国当代建筑文化中,让这个群体鲜活地呈现在公众可品评的视野中。旨在表达中国优秀建筑师群体的"建筑思想界"之动态。

(文/董晨曦 图/朱有恒 陈鹤)

图4 三联书店会场一角

"建筑在当下"——河北省土木建筑学会春季学术活动成功举办

2016年5月13至14日，河北省土木建筑学会建筑师分会2016年春季学术论坛在河北省建筑设计研究院举办。本次活动以"建筑在当下"为主题，以学术交流、田野考察等形式开展。活动由河北省土木建筑学会建筑师分会主办，《中国建筑文化遗产》《建筑评论》编辑部协办。河北建筑设计研究院有限责任公司副院长郭卫兵、北方工程设计研究院有限公司总经理孙兆杰、河北九易庄宸科技股份有限公司总建筑师孔令涛、河北北方绿野建筑设计有限公司董事长郝卫东等相关领导出席了本次茶座并做主旨演讲。学术论坛由《中国建筑文化遗产》《建筑评论》主编金磊主持。

金磊主编在主持词中强调，"建筑在当下是一个很接地气的论坛主题，除了字面上读到的意思之外，'当下'两个字还带有现代进行时态的感觉，它要讲建筑师的现在状态，就是在当下我们在追索历史中也必须关照现实。"

郭卫兵院长也在发言中对茶座的主题进行了解释："建筑的当下是什么？我认为建筑的当下就是在彼时彼地，此时此地的建筑本质，是不同时期建筑有着相互关联，而更具特色的当下，建筑的当下关乎着过去和未来，在许许多多的两者之间。"

孙兆杰总经理进一步探讨了建筑在多方之间博弈中的地位和价值，他认为："为什么出现建筑、规划、景观的相互支撑与牵引呢？因为近应该说近十五六年，从2000年开始，我就一直从事着建筑、规划和景观之间同时来运作的项目运作环境当中，所以有时候我们在设计的时候需要景观在先说话，有时候需要规划先说话，有时候是建筑先说话，那不管谁说话的同时，每一个专业都在互动，我才能够感觉我们的设计最后能达到相对比较完美的境界。"

孔令涛总建筑师从脚踏实地说起，谈论了低技术对建筑带来的影响，他强调："我说的低技术不是不使用技术，而是一种设计方法，

图1 考察合影

图2 考察合影2

图3 部分考察团队成员于雨中合影

图4 会场入口

图5 与会嘉宾于茶歇期间进行交流

图6 会场环境

也是我们职业建筑师在整个设计作业过程当中所采用的方法以及如果不具备计算机辅助强大的功能知识，不具备明星建筑师天马行空的灵感，作为职业建筑师最坚守的基本底线。面对不同类型的建筑，可能会有一些复杂和矛盾的心态，我们如何在现有设计条件下，能够做到一个有效的控制，这是我们职业建筑师追求的方向，我觉得做有态度的建筑，作有态度的建筑。"

郝卫东董事长从建筑师的文化素养谈起，解读了文化积累对建筑创作工作的价值，他指出："最近我们大家都在研判文化，甚至一些行政主管在重新审视，我们现在天生一面，我们的文化到底怎么样，我们各地文化应该是什么样的状态。在这里作为专业本身的交流，可能有一些观点和我们的一些冠冕堂皇的交流不太一样。这里我更愿意用我自己的感受，而非是媒体式的概念去探讨文化。"

5月14日上午，作为本次春季活动的延续，参会嘉宾在蒙蒙细雨中驱车前往太行八径之第五径——井陉，开始了田野考察之行。井陉为晋冀交通之要喉，历来为兵家必争之地，散落在其中的古村落就像是被岁月包浆的太行遗珠。随着社会的快速发展，传统村落文化产生断层，保留了传统村落文化的古村越来越受到各界的关注。嘉宾们饶有兴致地参观了南横口村、吕家村、大梁江村、天长古镇，感受到了燕赵建筑文化悠久的历史传承。

（文/图　朱有恒）

图7 会场环境2

图8 嘉宾对话

图9 嘉宾发言——建筑师孙兆杰

图10 嘉宾发言——建筑师郭卫兵

图11 嘉宾发言——建筑师孔令涛

图12 嘉宾发言——建筑师郝卫东

《天地之间——建筑思想集成研究》首发式在西安召开

2016年4月3日下午，梳理张锦秋院士建筑创作思想和理念，总结张锦秋院士建筑历程研究的专著《天地之间—张锦秋建筑思想集成研究》隆重发布，是丙申(2016)年清明公祭轩辕黄帝系列活动之一。首发式由中国建筑工程总公司、黄帝陵基金会主办，中建西北院承办，《中国建筑文化遗产》编辑部协办。陕西省副省长庄长兴，中国工程院副院长徐德龙，中国建筑学会理事长、中国建设科技集团董事长修龙，中国工程院王景全、何镜堂、崔俊芝、王小东、刘加平、王建国、孟建民等院士，中

图1 与会者合影

国勘察设计协会副理事长王树平，中国建筑学会副理事长周畅，全国建筑大师张宇，何梁何利基金会秘书长段瑞春，黄帝陵基金会理事长王晓安，中国建筑工程总公司中国建筑设计集团执行总经理周文连、中国建筑工业出版社社长沈元勤、《中国建筑文化遗产》主编金磊等建筑界、文博界、出版界知名专家及领导出席了本次活动。

发布会主持人中建西北院院长熊中元在发言中感谢陕西省政府以及社会各界对中建西北院的关心支持，并指出张锦秋院士是引领西北院不断前进的光辉旗帜，对张院士的研究也应该是开放式的、国际化的、永远处于进行时。

发布会上，庄长兴副省长称赞张锦秋院士是探索中国建筑现代化承上启下的著名建筑大师和领军人物，将现代与传统相结合，对城市设计和城市风貌的研究，为西安整体风貌和特色的形成作出了卓越贡献。

中国工程院副院长徐德龙认为张锦秋院士治学精神态度以及传承中继承各类文明成果不断创新的思想值得建筑界同仁学习，这本书的发行必将产生深刻的影响，激发中国当代建筑师创作的热情，提升中华民族的文化自觉和文化自信。

中国建筑学会理事长、中国建设科技集团董事长修龙说张锦秋院士也是建筑界的标杆和榜样，建筑学会要进一步弘扬张锦秋建筑创作思想与理论，《天地之间》对实现城市绿色发展，延续城市历史文脉具有借鉴意义。

何梁何利基金会秘书长段瑞春赞誉《天地之间》是张锦秋院士用匠心在三秦大地这本大书里写就的属于自己的精彩一页,锦秋建筑将立于天地之间述说中华文化的复兴。

中国建筑总公司中国建筑设计集团、执行董事周文连称赞张锦秋院士将毕生精力和智慧奉献给了中国建筑事业，是中建系统学习的楷模。黄帝陵基金会理事长王晓安说到，《天地之间》首发为丙申年清明公祭轩辕黄帝增光增彩。

中建西北院总建筑师赵元超在首发会上介绍了《天地之间》内容和编著体会，他表示中建西北院继续建立一个平台，集社会各界的力量研究张锦秋院士的建筑创作和历程，《中国建筑文化遗产》主编金磊介绍本书的编撰过程，中国建筑工业出版社社长沈元勤介绍出版的意义。

《天地之间——张锦秋建筑思想集成研究》一书由中国建筑工业出版社出版，是中建西北院以"张锦秋星"命名仪式为契机，对张锦秋建筑思想的集成研究。由《中国建筑文化遗产》主编金磊策划、中建西北院总建筑师赵元超编著，分为五个篇章，是一部对张锦秋院士建筑历程研究的专著。

（文/李照 苗淼，图/朱有恒）

图2 熊中元院长在首发式上的致辞

图3 《天地之间——张锦秋建筑思想集成研究》书影

图4 张锦秋院士与张宇、赵元超、金磊等交谈

跨越四十年的相聚——唐山抗震纪念的两座丰碑

　　四十年前的唐山"7·28"大地震，顷刻间毁掉了一座堪称"中国近代工业摇篮"的工业城市，在这惨绝人寰的巨大打击下，242769人死亡，164851人重伤，4200多名16岁以下的儿童落难成孤儿，绝户家庭7218户……四十年后的今天，崭新的凤凰城上耸立起两座纪念碑——一座是物质的纪念碑，建筑师李拱辰设计的唐山抗震纪念碑成为唐山的标志性建筑，承载着难以忘却的记忆；一座是精神的纪念碑，王子平教授为唐山灾后救援与重建创立的"灾害社会学"，从心理建设上加强灾害教育，为解决全球城市化进程中面临的日益严峻的灾害问题奠定了理论基础，提供了成功的防灾范例。

　　近日，为纪念唐山大地震四十周年，《中国建筑文化遗产》《建筑评论》编辑部前往唐山，与河北省建筑设计研究院有限责任公司资深总建筑师李拱辰、总建筑师郭卫兵，我国灾害社会学奠基人王子平教授、唐山市城乡规划局局长高怀军、唐山市规划建筑设计研究院院长王春燕、党委书记王建华等专家、领导进行座谈，就二位老者在抗震方面做出的贡献以及建筑师、规划师在结构抗震、城市防灾减灾等方面的社会责任，会议由《中国建筑文化遗产》主编金磊主持。

　　面对历史的自然巨灾，重要的是启蒙与警醒，找到更有价值的心灵印痕。纪念建筑是人类精神需求的产物，从纪念建筑的模式上，它的表情最能唤起人们的思念、敬仰、膜拜的心境，所以它的建筑语汇既要有个性，又要有文化脉络和超常的尺度。李拱辰总设计的唐山抗震纪念碑虽已矗立30载，它的设计与用材适度，仍旧让人感到非凡。当凭吊者缓步登上台阶时，所见浮雕场景使人产生某种哀思和沉寂之感。四根高耸入云相互分开、又相互聚拢的梯形棱柱，既寓意地震给人类带来的天崩地裂的巨灾，更象征着全中国四面八方对唐山救援乃至重建的支持。纪念碑上端造型犹如伸向天际线的巨手，象征着人们不惧灾难的坚韧，更是一个城市乃至国度的精神，要用顽强的努力，去创造可庇护的城市环境，让人类减少各方灾难的侵蚀。

　　王子平教授为唐山"7.28"救灾抗灾作史的《瞬间与十年——唐山地震始末》一书，树立起一座精神的"丰碑"：他通过地震篇、救灾篇、

图1 参会嘉宾于唐山抗震纪念碑前合影

重建篇，忠实记录着唐山地震、救灾和重建的全过程，堪称中国地震社会学理论与应用的奠基之作。随后我国第一部地震社会学专著《地震社会学初探》问世，他提出的"地震灾害"大防御战略观是人类对待地震灾害防御上的一大进步，当时联合国倡导的"国际减灾十年"刚刚启动，这部著作无疑是中国学者对世界减灾事业的一大贡献。而后在马宗晋院士主持的《中国灾害研究丛书》这个"国家九五重点图书工程"中，他的《灾害社会学》一书又站在大灾害观的视角下，在"环境——灾害——需要"三者的背景下，通过社会学的本质分析，将发达国家对灾害研究的社会学认知、将中国传统文化中最可宝贵的人与自然观予以深刻揭示。2002年《灾害社会学》随《中国灾害研究丛书》一同荣获第十二届中国图书奖。

　　两座唐山抗震丰碑的建造者李拱辰与王子平前辈，虽然职业有别，但都以各自不同的学术背景和使命感为唐山"7.28"祭奠敲响有世界意义的"巨灾毁城"的警钟；无论是在唐山抗震纪念碑下默念刻在宛如残垣断壁副碑上的碑文，还是在阅读《灾害社会学》为我们展示历史与今天灾情的社会应对之策，防灾文化与自信的建立正是今天我们走近这两座纪念碑的价值所在。愿唐山平安，愿两座丰碑永驻心间。

（文/董晨曦 图/朱有恒）

图2 从右至左：李拱辰、金磊、王子平、郭卫兵